高等职业教育机电类专业教学改革系列教材

机电设备装配与维修

主　编　罗红专　唐立伟
副主编　李　权　吴光辉　王伟平
参　编　谭补辉　谢志勇　付芝芳
　　　　蔡翰志　陈远洪
主　审　罗正斌

机械工业出版社

本教材共分6个部分：概论部分讲述了机械装配基础知识及机电设备维修综述，学习情境一讲述了机械零部件的测绘与维修，学习情境二讲述了CA6140型车床的装调与维修，学习情境三讲述了X6132型卧式铣床的装调与维修，学习情境四讲述了数控设备的装调与维修，学习情境五讲述了矿山提升设备的装配与维修。本教材的特点是少理论、多技能、多图片，并配备了实用的实训内容，在内容上符合生产实践的需求，在形式上符合高职教育的特点。

本教材可作为高职高专机械类专业的教学用书，也可作为机械类中专和技师的培训教材，以及从事设备维修、设备管理的人员和设备安装调试人员的参考书。

本教材配有电子教案，凡使用本教材的教师可登录机械工业出版社教育服务网（http://www.cmpedu.com）下载，或发送电子邮件至cmpgaozhi@sina.com索取。咨询电话：010-88379375。

图书在版编目（CIP）数据

机电设备装配与维修/罗红专，唐立伟主编. —北京：机械工业出版社，2015.9（2022.1重印）
高等职业教育机电类专业教学改革系列教材
ISBN 978-7-111-51374-2

Ⅰ.①机… Ⅱ.①罗…②唐… Ⅲ.①机电设备-设备安装-高等职业教育-教材②机电设备-维修-高等职业教育-教材 Ⅳ.①TH17②TH182

中国版本图书馆CIP数据核字（2015）第197251号

机械工业出版社（北京市百万庄大街22号 邮政编码100037）
策划编辑：邹云鹏 责任编辑：邹云鹏
责任印制：郜 敏 责任校对：胡艳萍
北京富资园科技发展有限公司印刷
2022年1月第1版·第2次印刷
184mm×260mm·12印张·290千字
3 001—3 500册
标准书号：ISBN 978-7-111-51374-2
定价：36.00元

电话服务	网络服务
客服电话：010-88361066	机 工 官 网：www.cmpbook.com
010-88379833	机 工 官 博：weibo.com/cmp1952
010-68326294	金 书 网：www.golden-book.com
封底无防伪标均为盗版	机工教育服务网：www.cmpedu.com

前　言

“机电设备装配与维修”课程是机电类高职工科专业开设的实践性很强，与生产实践联系密切，将机械修理和电路维修融合到一起，集机械、液压、电气、计算机于一体的技术应用型课程。本课程培养具有机械部件、电气系统、整机装配、故障排查等机电设备制造和机械加工的关键性岗位能力，具备良好的职业素质、合格的机电设备从业人员。

在学习本课程前，学生需具备机械、电气识图和零件测绘能力，维修工具和仪器的使用能力，典型机电设备的使用能力，钳工、焊工、维修电工等的操作能力。先修课程为机械制图与CAD，极限、配合与技术测量，金属切削机床，机械设计基础，电机与拖动，机床电气控制，液气压传动等，后续课程为岗位综合实训、毕业设计。

在编写本教材的过程中，我们根据高职教材应以培养综合型、实用型人才为目标的原则，在注重基础理论教育的同时，突出实践性教学环节，力图做到深入浅出、层次分明、详略得当，尽可能体现高职教育的特点。本教材的突出特点是采用“学习情境”组织教学。一方面采用理论与实践一体化教学，强调技术应用；另一方面采用“学习情境”结构，并以“渐进式”方式设置模块内容，大部分模块后设有综合实训内容，以实际项目的分析、研究、设计、操作等来达到教学目的。在教学方法上，建议根据教材特点，采用“以学生为中心”和“以项目为中心”的灵活多样的教学方法。课程全程采用讲练结合的教学方式，课堂讲解与演示相结合，“我教”与“你做”相结合，课程的大部分内容安排到实训室进行，实现仿真生产环境下的“教、学、做合一”教学，实现课堂与实训地点一体化教学模式，达到本课程的教学目的。

本教材从内容上讲分为5个学习情境，建议教学时数为96学时。

本教材由娄底职业技术学院罗红专、唐立伟担任主编；娄底职业技术学院李权、吴光辉，湖南汽车工程职业学院王伟平担任副主编；益阳职业技术学院谭补辉，娄底职业技术学院谢志勇、付芝芳、蔡翰志，娄底市农业机械化研究所陈远洪参加编写。本书由罗正斌教授担任主审，由罗红专负责全书的统稿。

因编者水平有限，书中错漏在所难免，恳请读者批评指正。

编　者

目　录

概　　论

专题1　机械装配基础知识

一、机械装配的一般工艺原则和要求

一部庞大复杂的机电设备是由许多零件和部件所组成。按照规定的技术要求，将若干个零件组合成组件，将若干个组件和零件组合成部件，最后将所有的部件和零件组合成整台机电设备的过程，分别称为组装、部装和总装，统称为装配。

机电设备修理后质量的好坏，与装配质量的高低有密切的关系。机电设备修理后的装配工艺是一个复杂细致的工作，要按技术要求将零、部件连接或固定起来，使机电设备的各个零、部件保持正确的相对位置和相对关系，以保证机电设备所应具有的各项性能指标。若装配工艺不当，即使有高质量的零件，机电设备的性能也很难达到要求，严重时还可造成机电设备事故或人身事故。因此，修理后的装配必须根据机电设备的性能指标，严格、认真地按照技术规范进行。做好充分周密的准备工作，正确选择并熟悉和遵从装配工艺是机电设备修理装配的两个基本要求。

（一）装配的技术准备工作

1）研究和熟悉机电设备及各部件的装配图和有关技术文件与技术资料；了解机电设备及零、部件的结构特点、作用、相互连接关系及其连接方式；对于那些有配合要求、运动精度较高或有其他特殊技术条件的零、部件，尤应引起特别的重视。

2）根据零、部件的结构特点和技术要求，确定合适的装配工艺、方法和程序；准备好必备的工、量具及夹具和材料。

3）按清单清理检测各备装零件的尺寸精度与制造或修复质量，核查技术要求，凡有不合格者一律不得装配。对于螺栓、螺柱、键及销等标准件稍有损伤者，应予以更换，不得勉强留用。

4）零件装配前必须进行清洗。对于经过钻孔、铰削、镗削等机械加工的零件，要将金属屑末清除干净。润滑油道要用高压空气或高压油吹洗干净；相对运动的配合表面要保持洁净，以免因脏物或尘粒等混杂其间而加速配合件表面的磨损。

（二）装配的一般工艺原则

装配时的顺序应与拆卸顺序相反。要根据零、部件的结构特点，采用合适的工具或设备，严格、仔细按顺序装配，注意零、部件之间的方位和配合精度要求。

1）对于过渡配合和过盈配合零件的装配，如滚动轴承的内、外圈等，必须采用相应的铜棒、铜套等专门工具和工艺措施进行手工装配，或按技术条件借助设备进行加温、加压装配。如遇到装配困难的情况，应先分析原因，排除故障，提出有效的改进方法，再继续装配，千万不可乱敲乱打、鲁莽行事。

2）对油封件必须使用心棒压入；对配合表面要经过仔细检查和擦净，若有毛刺应经修整后方可装配；螺纹联接按规定的旋紧力矩值分次均匀紧固；螺母紧固后，螺栓或螺柱的露出螺牙不少于2个且应等高。

3）凡是摩擦表面，装配前均应涂上适量的润滑油，如轴颈、轴承、轴套、活塞、活塞销和缸壁等。各部件的密封垫（纸板、石棉、钢皮、软木垫等）应统一按规格制作，自行制作时，应细心加工，切勿让密封垫覆盖润滑油、水和空气的通道。机电设备中的各种密封管道和部件，装配后不得有渗漏现象。

4）过盈配合件装配时，应先涂润滑脂，以利于装配和减少配合表面的初磨损。另外，装配时应根据零件拆卸下来时所做的各种安装记号进行装配，以防装配出错而影响装配进度。

5）对某些有装配技术要求的零、部件，如装配间隙、过盈量、灵活度、啮合印痕等，应边装配边检查，并随时进行调整，以避免装配后返工。

6）在装配前，要对有平衡要求的旋转零件按要求进行静平衡或动平衡试验，合格后才能装配。这是因为某些旋转零件如带轮、飞轮、风扇叶轮、磨床主轴等的新配件或修理件，可能会由于金属组织密度不匀、加工误差、本身形状不对称等原因，使零、部件的重心与旋转轴线不重合，在高速旋转时，会因此而产生很大的离心力，引起机电设备的振动，加速零件磨损。

7）每一个部件装配完毕，必须严格、仔细地检查和清理，防止有遗漏或错装的零件。严防将工具、多余零件及杂物留存在箱体之中。确定无误之后，再进行手动或低速试运行，以防机电设备运转时引起意外事故。

二、典型零部件的装配工艺

（一）螺纹联接件的装配

螺纹联接件的装配和拆卸一样，不仅要使用合适的工具、设备，还要按技术文件的规定施加适当的旋紧力矩。表0-1列出的是旋紧碳素钢螺纹件的标准力矩。

表0-1　旋紧碳素钢螺纹件的标准力矩（40钢）

螺纹公称直径/mm	8	10	12	14	16	18	20	22	24
标准旋紧力矩/（N·m）	10	30	35	53	85	120	190	230	270

用扳手旋紧螺纹联接件时，应视螺纹直径的大小来确定是否用套管加长扳手，当直径在20mm以内时要注意用力的大小，以免损坏螺纹。

重要的螺纹联接件都有规定的旋紧力矩，安装时必须用指针式扭力扳手按规定旋紧。对成组螺纹联接的装配，施力要均匀，按一定顺序轮流旋紧，如图0-1所示。如有定位装置（如定位销）时，应该先从定位装置附近开始。

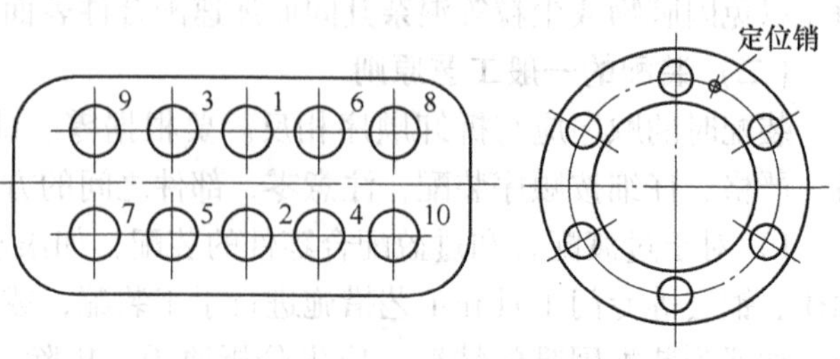

图0-1　螺纹组旋紧顺序

螺纹联接中还应考虑其防松问

题。如果螺纹联接一旦出现松脱，轻者会影响机械设备的正常运转，重者会造成严重的事故。因此，装配后采取有效的防松措施，才能防止螺纹联接松脱，保证螺纹联接安全可靠。

螺纹联接的防松方法，按照其工作原理可分为摩擦防松、机械防松、铆冲防松等。粘合防松法近年来得到了发展，它是在旋合的螺纹间涂以液体密封胶，硬化后使螺纹副紧密粘合。这种防松方法，效果良好且具有密封作用。此外，还有一些特殊的防松方法可满足某些专业产品的特殊需要（可参考有关资料）。螺纹联接常用的防松方法见表0-2。

表 0-2 螺纹联接常用的防松方法

防松方法		结构类型	特点和应用
摩擦防松	对顶螺母	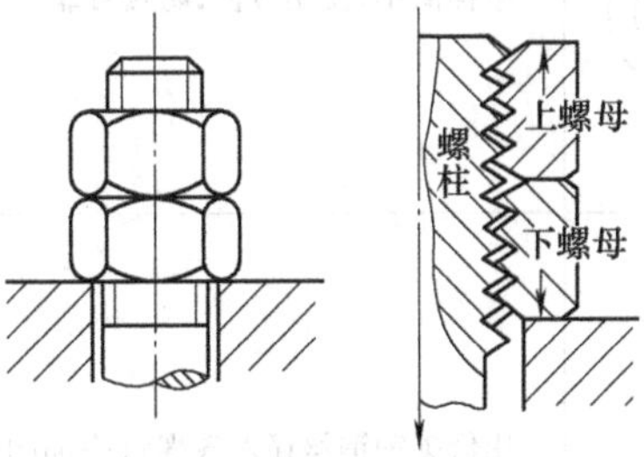 上螺母 螺柱 下螺母	两螺母对顶旋紧后,使旋合螺纹间始终受到附加的压力和摩擦力的作用。工作载荷有变动时,该摩擦力仍然存在,旋合螺纹间的接触情况如图所示。下螺母螺纹牙受力较小,其高度可小些,但为了防止装错,两螺母的高度取成相等为宜 结构简单,适用于平稳、低速和重载的联接
	弹簧垫圈	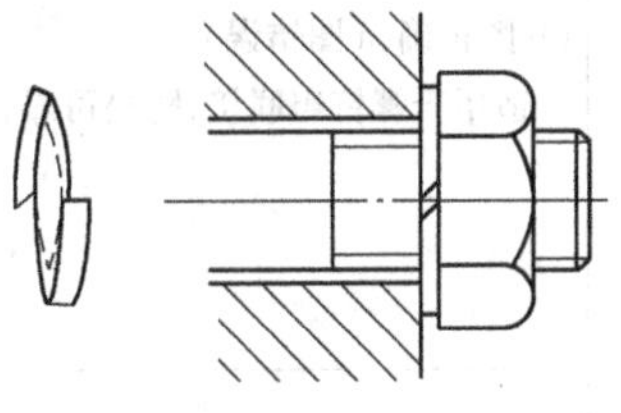	螺母旋紧后,靠垫圈压平而产生的弹性反力使旋合螺纹间压紧。同时垫圈斜口的尖端抵住螺母与被动联接件的支承面也有防松作用 结构简单、防松方便,但由于垫圈的弹力不均,在冲击、振动的工作条件下,其防松效果较差。一般用于不甚重要的联接
	自锁螺母	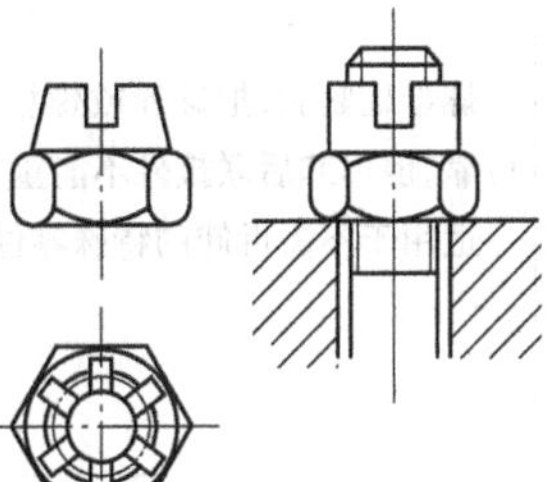	螺母一端制成非圆形收口或开缝后径向收口。当螺母旋紧后,收口涨开,利用收口的弹力使旋合螺纹间压紧 防松可靠,可多次拆装而不降低防松性能。适用于较重要的联接
机械防松	开口销与槽形螺母	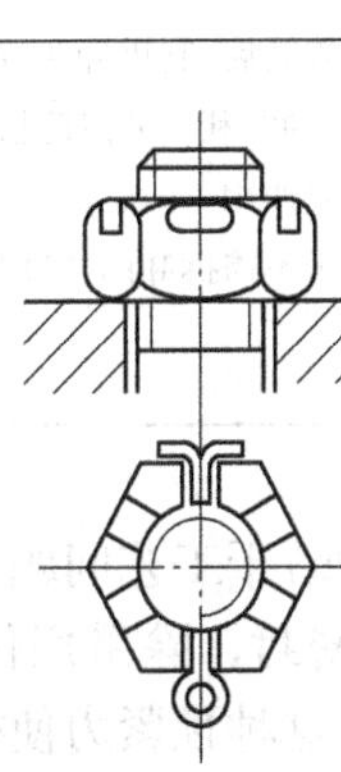	槽形螺母旋紧后将开口销穿入螺柱局部小孔和螺母的槽内,并将开口销尾部搬开与螺母侧面贴紧。也可用普通螺母代替槽形螺母,但需旋紧螺母后再配钻孔 适用于较大冲击、振动的高速机械间的联接

（续）

防松方法		结构类型	特点和应用
机械防松	止动垫圈		螺母旋紧后，将单耳或双耳止动垫圈分别向螺母和被动联接件的侧面折弯贴紧，即可将螺母锁住。如两个螺母需要双联锁紧时，可采用双联止动垫圈，使两个螺母互相制动 结构简单，使用方便，防松可靠
	串联钢丝	a) 错误　b) 正确	用低碳钢钢丝穿入各螺钉头部的孔内，将各螺纹串联起来，使其互相制动。使用时必须注意钢丝的穿入方向（b 图正确，a 图错误） 适用于螺钉组联接，防松可靠，但拆装不便
铆冲防松	端铆	(1~1.5)	螺母旋紧后，把螺栓或螺柱末端伸出部分铆死。防松可靠，但拆卸后联接件不能重复使用 适用于不需拆卸的特殊零件
	冲点	冲头	螺母旋紧后，利用冲头在螺栓或螺柱末端与螺母的旋合缝处打冲，利用冲点防松。防松可靠，但拆卸后联接件不能重复使用 适用于不需拆卸的特殊零件

下面以柴油发动机为例，说明螺纹联接件装配中的若干工艺问题。

（1）气缸盖螺栓为了保证柴油发动机气缸的良好密封，除采用优质缸垫和对气缸平面的良好加工外，气缸盖螺栓要有恰当而足够的预紧力。这种预紧力使得缸垫和缸盖产生一定的变形。发动机工作时，在反复爆发压力的作用下，缸盖对气缸垫进行冲击，一般运行

1000~2000km 以后才能开始适应这种情况，但此时螺栓的预紧力就降低了。对于增压柴油机，情况就更加突出。因此，若预紧力过大，会使机体、缸盖和缸垫产生过度的变形，螺栓产生残余应力，反而损害密封作用。因此，在紧固气缸盖螺栓时，必须做到以下几点：

1）在装配前先将螺栓或螺栓的螺纹部分涂以润滑油，并将缸体上的螺孔清洗干净，擦净油和水，以免运转时因孔中的油和水膨胀，而影响螺栓的紧固力，甚至使螺孔的周围产生裂纹。

2）按顺序并分次紧固螺栓。一般发动机维修说明书中，均规定有气缸盖螺栓的紧固顺序。在紧固时应按规定的旋紧力矩，分 2~3 次完成。

3）气缸盖螺栓在经过一定时间运转后，必须重新检查紧固，其方法是先将螺栓或螺母放松，然后再按规定的旋紧力矩紧固。

（2）主轴承盖螺栓与连杆螺栓　主轴承盖螺栓承受着弯曲应力和拉伸应力，因而多采用可靠的特种钢材制造。若主轴承盖螺栓松弛，将会使曲轴受到较大的弯曲应力，从而造成烧伤轴承和曲轴断裂等事故。因此，必须在螺栓的螺纹部分涂上润滑油，并从中间向两侧分次逐渐紧固螺栓至规定的旋紧力矩值。

连杆螺栓也多采用特种钢材制造。若旋紧力矩不符合规定要求，过大或过小，运转一定时间后，同样会出现重大事故。因此在装配前，必须认真检查连杆螺栓有无损伤，各个部位有无变形，若有损伤应更换新件，并以规定的旋紧力矩紧固。

（3）飞轮螺栓　飞轮紧固螺栓是传递发动机转矩的重要零件，必须分次并对称地旋紧，一定要使其旋紧力矩达到规定值，并且必须将锁止垫片紧贴在螺栓头的侧面上，防止松脱。

（4）其他螺栓　发动机上的螺纹紧固件很多，除上述主要螺栓外，还有摇臂调整螺栓、喷油器固定螺栓、喷油器紧固螺母、出油阀紧固螺母和油底壳体螺栓等，也是很重要的。如喷油器的固定螺栓在紧固时，必须紧固均匀，否则将出现漏气现象，对有些燃烧室的喷油器来说，还将因此而改变喷孔的喷射角度，影响燃烧。又如紧固油底壳体的螺栓时，各螺栓的旋紧力矩不宜过大，且各螺栓紧度必须均匀，否则将引起变形，由此导致漏油。因而，罩、盖件螺栓紧固的均匀度很重要，尤其是使用软木、纸垫和橡胶垫时，更应重视。

（二）带轮的装配

装配圆锥轴配合的带轮时，首先将键装在轴上，然后将带轮的键槽对准轴上的键套入，旋紧轴向固定螺钉即可。

对直轴配合的带轮，装配时将键装在轴上，带轮从轴上渐渐压入。压装带轮时，最好用专用工具或用木槌敲打装配。

（三）滚动轴承的装配

滚动轴承在装配前必须经过洗涤，以使新轴承上的防锈油（由制造厂涂在其上）被清除掉，同时也清除掉在储存和拆箱时落在轴承上的灰尘和泥沙。根据轴承尺寸、轴承精度、装配要求和设备条件，可以采用手压床和液压机等装配设备。若无条件，可采用适当的套管，用锤子打入，但不能直接敲打轴承。图 0-2 所示为各种心轴安装滚动轴承的

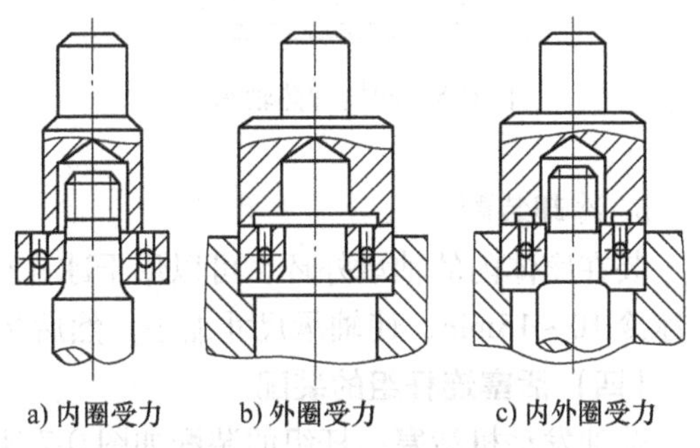

图 0-2　滚动轴承的安装

情况。

根据轴承的不同特点，可以选用常温装配、加热装配和冷却装配等方法。

1. 常温装配

常温装配如图0-3所示，是用齿条手压床将轴承装在轴上。轴承与手压床之间垫以垫套，用手扳动手压床的手把，通过垫套将轴承压在轴上。

图0-4所示为用垫棒敲击，进行轴承装配（垫棒一般用黄铜制成）。

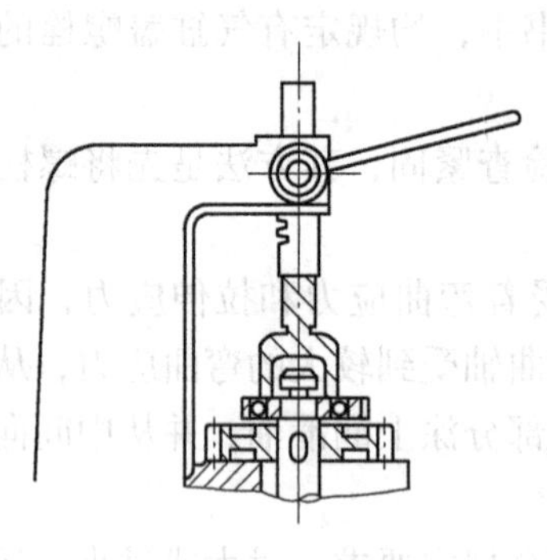

图0-3 手压床安装轴承

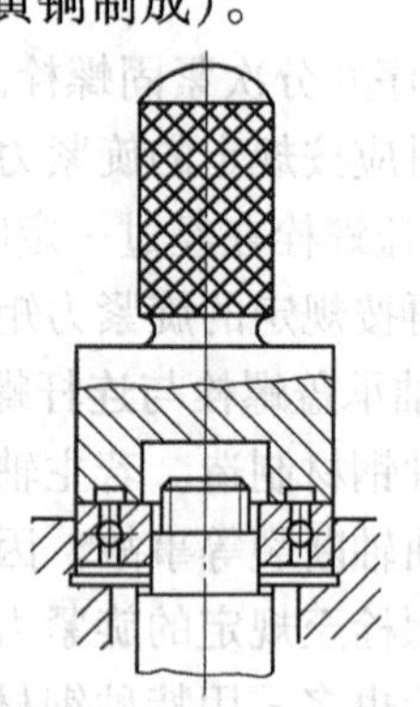

图0-4 垫棒敲击安装轴承

2. 加热装配

安装滚动轴承时，若过盈量较大，可利用热胀冷缩的原理装配，即用油浴加热等方法，将轴承预热至80~100℃，然后进行装配。图0-5所示为用来加热轴承的特制油箱，轴承加热时放在槽内的网格上，网格与箱底有一定距离，以避免轴承接触到比油温高得多的箱底而形成局部过热，且使轴承不接触到箱底沉淀的脏物。

对有些小型轴承，可以将其挂在吊钩上在油中加热，如图0-6所示。

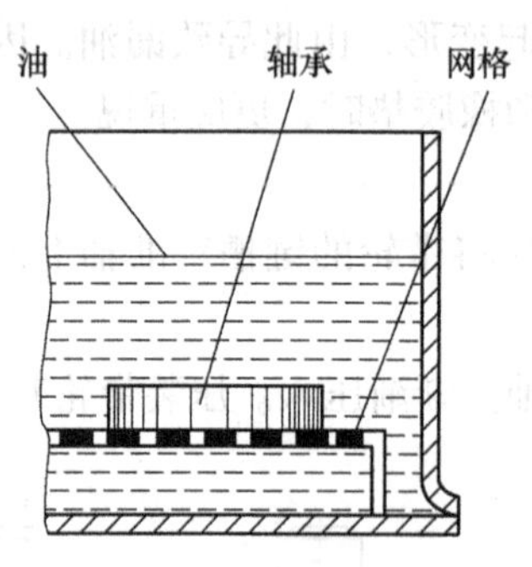

图0-5 网格加热轴承

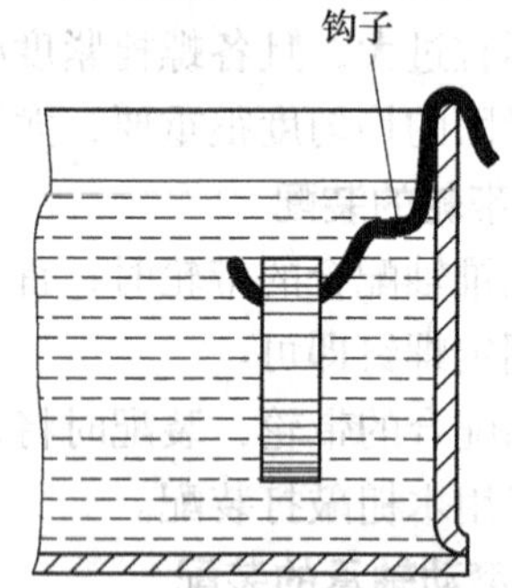

图0-6 吊钩加热轴承

3. 冷却装配

装在座体内的轴承外环，可以用干冰先行冷却或者将轴承放在-40~-50℃的工业冰箱里冰冷10~15min，使轴承尺寸缩小，然后装入座孔。

（四）活塞连杆组的装配

柴油发动机活塞连杆组的装配如图0-7所示，其组件的装配程序如下：

1）首先在活塞销孔一端装上一个活塞卡环11，然后用环箍由下而上地将两个油环3和三个气环2装入活塞1的环槽里。压缩环的斜面应朝上，相邻环的开口应错开180°。

2）将带环的活塞1浸入机油盆里，加温至80～100℃，历时10min；取出活塞1，把连杆5的小头插入活塞1，并对正销孔，将活塞销4装入销孔。

3）旋松长螺栓8，连同长螺栓一起将连杆盖7拆下，并装上连杆轴承6。装连杆轴承时应注意：一定要使连杆轴承的定位唇与连杆和连杆盖上孔的唇口相吻合。

4）用机油润滑连杆轴承6，并用装配套（见图0-8）将活塞连杆组装入已涂有机油的缸套里，并使其向连杆大端的轴线方向移动，使连杆轴承孔对正所要装配的曲轴轴颈。

5）装配曲轴，装上连杆盖7，并以160～180N·m的力矩将长螺栓8、10紧固，然后用预先所套的锁片9把长螺栓8、10锁住，使锁片靠在长螺栓头的棱面上。

6）检查连杆轴承6与曲轴轴颈的轴向间隙，其间隙应在0.15～0.57mm范围内。

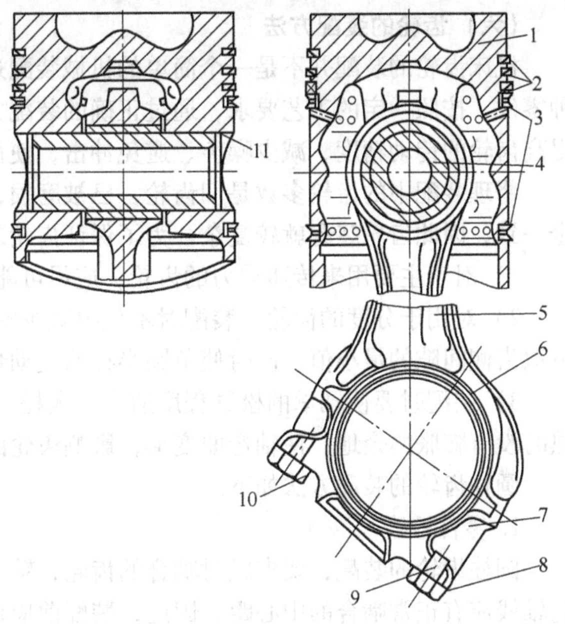

图0-7 活塞连杆组装配

1—活塞 2—气环 3—油环 4—活塞销 5—连杆 6—连杆轴承 7—连杆盖 8、10—长螺栓 9—锁片 11—活塞卡环

（五）电动机的装配

电动机的装配顺序与拆卸时的顺序相反。在装配端盖时，可用木槌（不能用铁锤）均匀敲击端盖四周，不可单边着力；旋紧端盖螺栓时，也要四周对称均匀用力，上下左右对角逐个旋紧，不能按圆周顺序依次逐个旋紧，否则，易造成前后轴承孔同轴度不良。装配时，应将各零、部件按拆卸时所作标记复位。对于绕线转子异步电动机，装配刷架、刷握、电刷等时，应注意集电环与电刷表面要光滑清洁，吻合密切，刷握内壁应清洁，弹簧压力应调整均匀等。电动机装配完毕后，用手转动电动机转子，应转动灵活、均匀，无停滞或偏重现象。

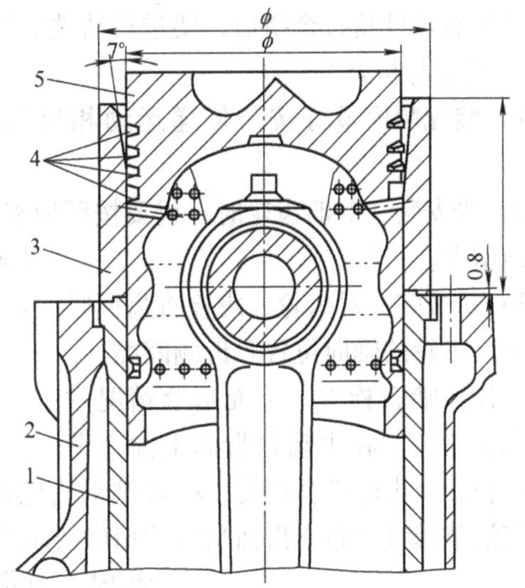

图0-8 活塞连杆组装入气缸

1—气缸 2—缸体 3—装配套 4—活塞环 5—活塞

电动机带轮的安装方法：对于中小型电动机，在带轮端面垫上木块，用锤子打入。若打入困难时，为了使轴承不受损伤，应在轴的另一端垫上木块后，顶在墙上再打入带轮。对于

较大型电动机的带轮（或联轴器），可用千斤顶将其顶入，但要用固定支持物顶住电动机的另一端和千斤顶底部。

（六）齿轮的装配方法

机床齿轮的装配并不是一个简单的机械装配过程，而是将被装配的齿轮、轴及轴承等多种零件，按照一定的工艺要求，通过正确的装配方法装配起来，并要经过必要的调整，从而提高齿轮的传动精度、减少噪声、避免冲击，使齿轮传动装置能长久可靠地工作。

修理装配中的齿轮多数是旧齿轮，已被磨损，而且两个啮合的齿轮，其磨损程度也不完全一致，因此齿轮装配就较复杂。为了保证齿轮装配质量，应注意以下一些问题：

1）对于主要用来传递动力的齿轮，应尽可能维持其原来的啮合状态，以减小噪声。

2）对用于分度的齿轮，装配时不仅要减少噪声，并且还要保证分度均匀。在调整时尽量取齿侧间隙的最小值，同时使节圆半径的变动量最小。

3）装配时要使轴承的松紧程度适当。太松，轴承旋转时会产生噪声；太紧，则当轴受热时没有膨胀的余地，使轴弯曲变形，影响齿轮的啮合。

圆柱齿轮的装配方法如下。

1. 零件检查

圆柱齿轮的装配，要求成对啮合的齿轮，轴线必须在同一平面内，并且互相平行；两齿轮轴线应有正常啮合的中心距。因此，装配前应检查全部零件，尤其是齿轮箱和轴。检查时应注意以下两点：

1）齿轮箱各有关轴孔的轴线应互相平行，中心距偏差应在公差范围之内。否则，应进行修复。

2）轴不能有弯曲，必要时要予以校正。

待所有零件检查合格后，要进行清洗以待装配。

2. 装配与检查

1）装配顺序最好按与传递运动相反的方向进行，即从最后的被动轴开始，以便于调整。

2）当安装一对旧齿轮时，仍要按照原来磨合的轴向位置装配，否则将会产生振动，并使噪声增大。

3）每装完一对齿轮，应检查齿面啮合情况、齿轮的轴向位置和齿侧间隙。

a) 正确　b) 中心距太大　c) 中心距太小　d) 轴线倾斜

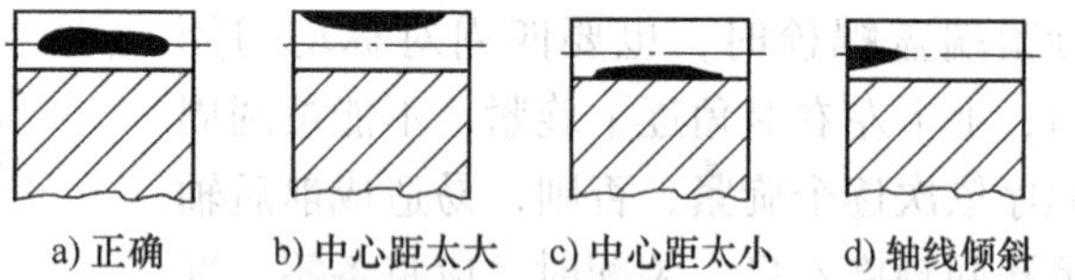

图 0-9　圆柱齿轮啮合印痕

①齿面啮合检查。齿面啮合情况常用涂色法检查。在主动轮齿面上涂一薄层红丹粉，使齿轮啮合旋转，检查被动齿轮齿面上的接触印痕（见图 0-9）。正确的啮合应使印痕沿节圆线分布。齿面啮合的精度要求见表 0-3。

表 0-3　齿面啮合的精度要求

齿轮的精度等级		6	7	8	9
啮合印痕(%)	按齿高度≥	50	45	40	30
	按齿宽度≥	70	60	50	40

②齿轮轴向位置的要求是：当啮合齿轮轮缘宽度≤20mm 时，轴向错位不得超过 1mm；

轮缘宽度>20mm 时，不得大于 5% 齿宽，最大不得大于 5mm（两啮合齿轮轮缘宽度不同时，按其中较窄的计算）。

③齿侧间隙检查。齿侧间隙是指互相啮合的一对齿轮在非工作面之间沿法线方向的距离。齿侧间隙的检查，可用塞尺、百分表或压铅丝等方法来实现。

图 0-10 所示为用百分表检查齿侧间隙。将百分表座 1 放在箱体上，把检验杆 4 装在轴Ⅰ上，百分表测头 3 顶住检验杆。然后转动Ⅰ轴齿轮，让Ⅱ轴齿轮固定，记下百分表指针读数，按下式计算齿侧间隙

$$\delta_0 = \delta_1 R/L \qquad (0\text{-}1)$$

式中　δ_0——齿侧间隙（mm）；

δ_1——百分表读数；

R——转动齿轮的节圆半径（mm）；

L——检验杆旋转中心到百分表测点的距离（mm）。

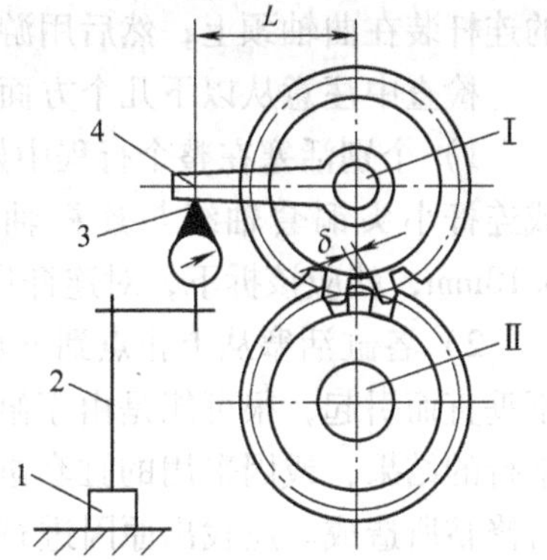

图 0-10　用百分表检测齿侧间隙

1—百分表座　2—百分表架　3—百分表测头　4—检验杆

齿侧间隙应符合技术要求，否则须查明原因。

（七）蜗轮、蜗杆的装配方法

蜗杆传动装置根据用途可分为传动蜗轮蜗杆和分度蜗轮蜗杆两种。为了保证蜗杆传动的平稳性，要求蜗轮与蜗杆的轴线相互垂直并有准确的中心距和适当的啮合侧隙及正确的啮合接触面。

三、机械零、部件装配后的调整

机械零、部件装配后的调整是机电设备修理的最后程序，也是最为关键的程序。有些机电设备，尤其是其中的关键零、部件，不经过严格、仔细的调试，往往达不到预定的技术性能，甚至不能正常运行。

机械零、部件的调整与调试是一项技术性、专业性及实践性很强的工作，操作人员除了应具备一定的技术、专业知识基础外，还应注意积累生产实践经验，方可有正确判断和灵活处理问题的能力。

下面仅以柴油发动机的调整与调试中的几个问题，初步进行讨论。

（一）偏缸问题

发动机装配后若出现偏缸，会引起活塞敲缸、活塞与缸套不正常磨损、活塞气密性变坏和向缸中窜机油等故障，将严重地破坏发动机的性能，其危害非常大。

引起偏缸的原因很多，如：缸体变形，修理时未进行检查和修复；曲轴磨削工艺不当，各连杆轴颈不平行；连杆弯曲和扭曲，未进行检查和校直；连杆小头铜套孔轴线与连杆大头轴承孔轴线不平行；风冷式气缸定位基准磨损，珩缸前未进行修整；缸盖螺栓的紧固不匀。为避免偏缸发生，修理中必须保证各道工序的技术要求，综合解决有关的技术问题。

为了正确解决偏缸问题，必须通过专用的仪器、工具检验缸体主轴承座孔的轴线与气缸（或缸套轴承孔）的垂直度，若超过规定的误差范围，则不应进行装配。另外，对装配好的活塞连杆组也应进行检查。检查方法之一是在连杆检验仪上进行，检查其弯曲度，并左右摆动活塞 45°，测量活塞与仪器的垂直平板间隙来判定是否存在扭曲。这种方法是假设曲轴完

全平直，所得到的弯曲值，与缸中的真实情况有差异，因此只得在不装活塞环的情况下，将活塞连杆组装入缸内，以检查活塞是否偏缸，甚至拆装多次，操作较麻烦。

另一种较切实可行的方法，是在曲轴上进行检查，将检验仪装在主轴颈上，带有活塞销的连杆装在曲轴颈上，然后用游标万能角度尺进行检查。

检查中注意从以下几个方面查找偏缸现象：

1）个别活塞在整个行程中始终偏靠一边。出现这种偏缸现象，其主要原因是连杆弯曲或连杆小头铜套轴线与连杆轴承轴线不平行。用塞尺检查后，两边差值若超过 0.05～0.10mm，就应该拆下，对连杆进行校直，直到符合标准要求为止。

2）各缸活塞从上止点到下止点均偏靠一侧。这种情况多由于各缸中心线与主轴承轴线不垂直而引起，很可能是由于缸体变形，引起主轴承与原定位基准不平行的结果，或因采用的缸套缸体原定位基准遭受破坏，珩缸前未进行修整所造成。应找出原因进行处理，直至符合要求，否则不宜进行装配。

3）在上止点处活塞偏靠一侧，而在下止点处活塞偏靠另一侧。如图 0-11 所示，在上止点时，活塞偏靠左上侧；而当活塞运动至下止点时，则偏靠右下侧。这主要是曲轴颈的轴线与主轴颈的轴线不平行所造成的。在上止点时，曲轴颈左低右高；而在下止点时，曲轴颈则左高右低，所以活塞出现左右摆动的现象。

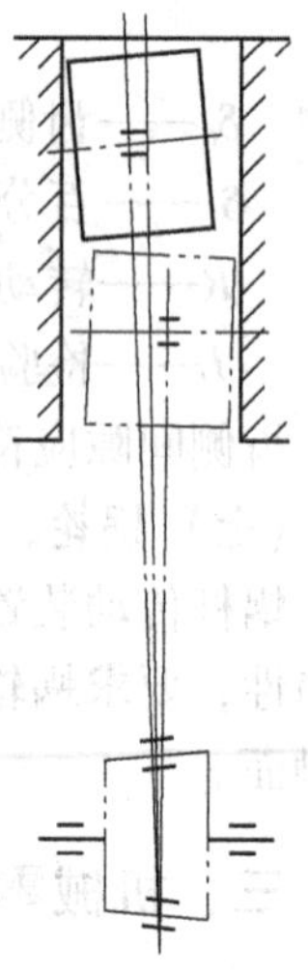

图 0-11　活塞偏缸示意图

4）活塞在上、下止点位置不偏，而在中间部位向前偏靠或向后偏靠。这种现象是由于连杆扭曲而产生的。在一根无弯无扭的连杆上，无论连杆摆动到什么位置，连杆小头上的活塞销轴线始终和气缸轴线相垂直。连杆扭曲后，活塞销轴线在上、下止点仍与气缸轴线相垂直，但离开上、下止点位置就逐渐与气缸轴线形成一个可变动的角度，这样活塞也必然产生同样的倾斜角度，形成偏缸。这种倾斜角度在曲轴从上止点转动接近 90°时，其倾斜角度最大，在此位置偏缸现象最明显，离开这个位置又逐渐减小；到下止点时，活塞销轴线又与气缸轴线相垂直，无偏缸现象。对扭曲严重的连杆应经过校正后，方可进行装配。

（二）气门间隙的调整

有些柴油发动机的配气凸轮轴装配在气缸盖上，直接驱动气门组件。测量气门间隙时的工作位置由凸轮轴的凸起位置来确定，即使凸轮最大升程点位置朝上，如图 0-12 所示。测量的具体步骤是：

1）拆下气缸盖罩，这样可以用手转动发动机曲轴；使凸轮最大升程点位置朝上时，用塞尺测量所有处于该位置的各气门间隙（气门间隙应为 2.34mm ±0.01mm）。

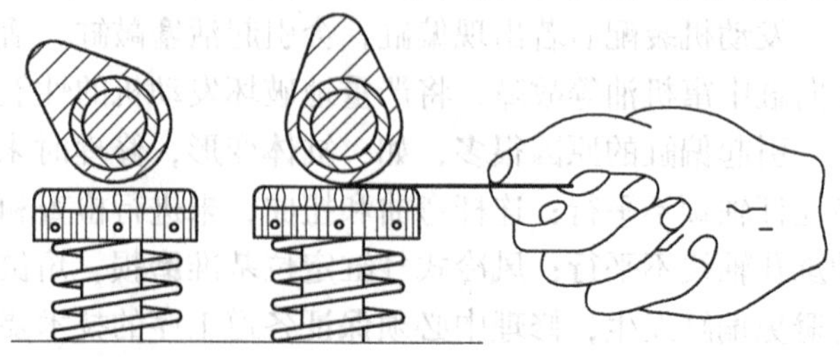

图 0-12　气门间隙的测量

2）沿柴油机工作转动方向使曲轴转动 360°，再测量其余各气门间隙。

3）如气门间隙不符合规定值，则可按图 0-13 所示的方法进行调整。用专用钳子，通过锁盘圆圈上的小孔，将气门锁盘压下，使锁盘与气门推盘脱开，再用呆扳手旋转气门座。间隙过小时，向下旋入；间隙过大时，向上旋出。然后松开锁盘，使其与推盘恢复原连接，重新检查间隙，直至间隙符合标准规定为止。

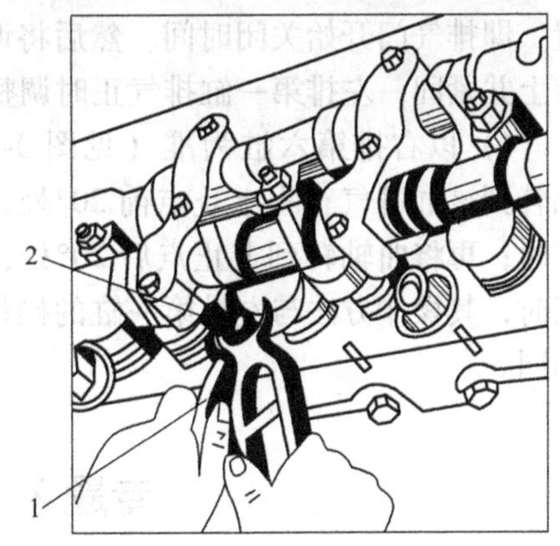

图 0-13　气门间隙的调整
1—呆扳手　2—专用钳子

（三）柴油机配气正时的调整

在调整好所有的气门间隙之后，对柴油机的配气正时要进行检查。图 0-14 所示为某柴油机的配气相位图。检查与调整的步骤如下：

1）沿柴油机正转方向转动手把，如图 0-15 所示，将左排第一缸活塞转到进气行程止点前 20°处。

2）如图 0-16 所示，将进气凸轮轴 3 端部的锁环 6 取下，并松开凸轮轴螺母，拔出调整衬套 5；转动进气凸轮轴 3，使左排第一缸的进气凸轮与进气门调整盘刚好接触（见图 0-17），这就是进气门开启位置。然后将调整衬套 5 装上，并把凸轮轴螺母 7 旋紧，用锁环 6 锁住防松，左排第一缸进气正时调整完毕。

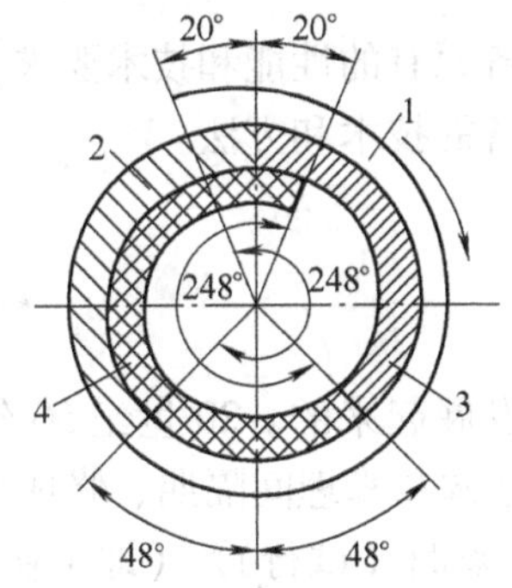

图 0-14　配气相位图
1—进气行程　2—压缩行程
3—做功行程　4—排气行程

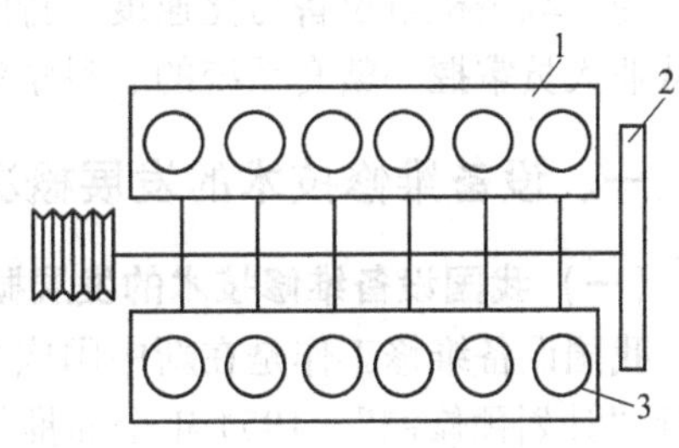

图 0-15　发动机气缸排列
1—左气缸体　2—飞轮　3—右气缸体

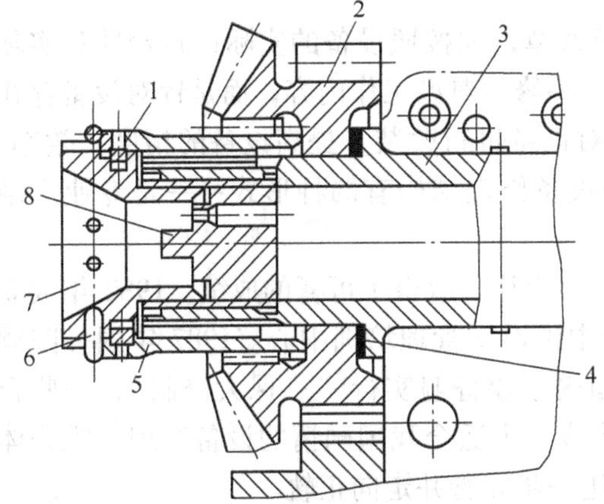

图 0-16　凸轮轴驱动齿轮结构图
1—弹簧圈　2—复合齿轮　3—凸轮轴　4—调整环
5—调整衬套　6—锁环　7—凸轮轴螺母　8—堵塞

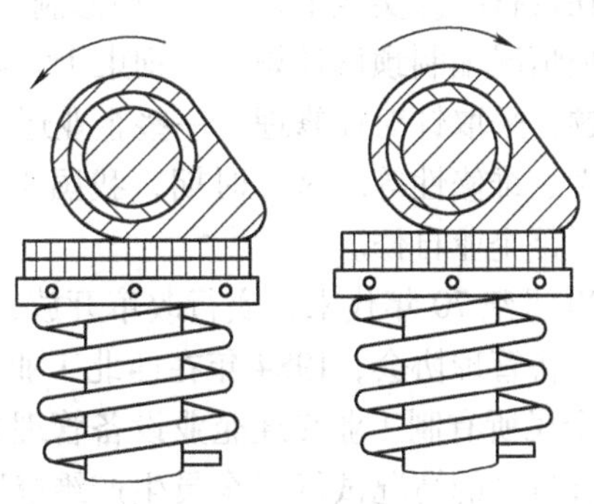

图 0-17　左排第一缸进、排气正时调整

3）将曲轴转到上止点后20°处，把排气凸轮轴调整衬套取下，转动排气凸轮轴，使左排第一缸的排气凸轮处于刚好要离开推盘的位置，即排气门开始关闭时间。然后将调整衬套等装上并紧固，左排第一缸排气正时调整完毕。

4）以右排第六缸为准（见图0-18），将曲轴转到该缸进气行程上止点前20°处，调整进气正时；再将曲轴转到上止点后20°处，调整排气正时，其操作方法与左排第一缸的操作步骤完全相同。

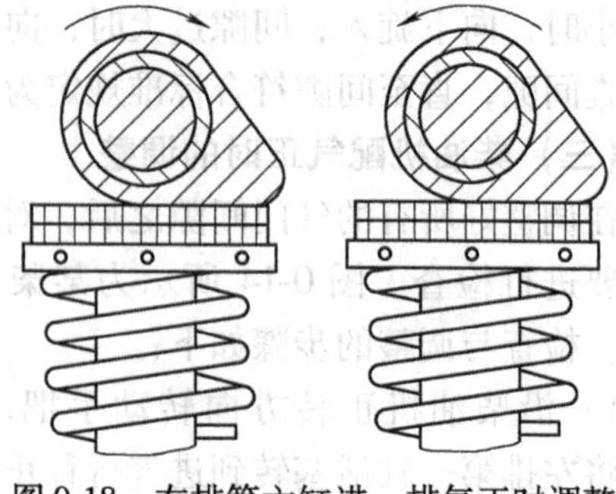

图0-18　右排第六缸进、排气正时调整

专题2　机电设备维修综述

机电设备在使用过程中，不可避免地会由于磨损、疲劳、断裂、变形、腐蚀和老化等原因造成设备性能的劣化以致出现故障，从而会使其不能正常运行，最终导致设备损坏和停产而使企业蒙受经济损失，甚至造成灾难性的后果。

为了减缓机电设备劣化速度、排除故障、恢复设备原有的性能和技术要求，需要设备维修从业人员掌握一整套系统的、科学的维护和修理设备的技术和方法。

一、设备维修技术的发展概况和发展趋势

（一）我国设备维修技术的发展概况

我国设备维修工作是在新中国成立后迅速建立、发展起来的。20世纪50年代开始尝试推行“计划预修制”，1954年全面推行设备管理周期结构和修理间隔期、修理复杂系数等一套定额标准。1961年国务院颁布《国营工业企业工作条例（试行）》（即工业七十条），逐步建立了以岗位责任制为中心的包括设备维修保养制度在内的各项管理制度。1963年机械工业出版社开始组织编写出版资料性、实用性很强的《机修手册》，使设备维修技术向标准化、规范化方向迈进了一大步。

在设备维修实践中，“计划预修制”不断有所改革，如按照设备的实际运转台数和实际的磨损情况编制预修计划；不拘束于大修、项修、小修的典型工作内容，而是针对设备存在的问题，采取针对性修理。一些企业还结合修理对设备进行改装，提高设备的精度、效率、可靠性、维修性等。这一时期，我国工业企业的设备修理结构有两种形式：一是专业厂维修，二是企业自修。

20世纪70年代末，实行改革开放，加强了国际交往，取得了可喜的成绩。1982年成立中国设备管理协会，1984年在西北工业大学筹建中国设备管理培训中心。1987年国务院颁布《全民所有制工业交通企业设备管理条例》。国内企业普遍实行“三保大修制”，一些企业结合自己的情况试行“全员生产维修”，初步形成一个适合我国国情的设备管理与维修体制——设备综合管理体制，使我国设备维修工作进一步完善并走向正轨。

20世纪90年代，随着微电子、机电一体化等技术的不断成熟，特别是我国工业化水平的迅速提高，以技术改造和修理相结合的设备维修工作迅速发展。这一时期，在设备维修制度上，普遍推行状态维修、定期维修和事后维修等3种维修方式，以定期维修为主、向定期

维修和状态维修并重的方向发展（事后维修仍然存在）。在修理类别上，大修、项修、小修3种类别已具有一定的代表性和普及性。

进入21世纪后，随着改革开放的不断深入，我国的社会主义市场经济不断完善，国外制造企业不断迁入我国，计算机技术、信号处理技术、测试技术、表面工程技术等不断应用于设备维修，改善性维修、无维修设计等得到迅猛发展。

随着设备的技术进步，企业的设备操作人员不断减少，而维修人员则不断增加（图0-19）。另一方面，操作的技术含量不断降低，而维修的技术含量却在逐年上升（图0-20）。现今的维修人员遇到的多是机电一体化的设备，以及集光电技术、气动技术、激光技术和计算机技术为一体的复杂设备。当代的设备维修已经不是传统意义上的维修工所能胜任的工作了。

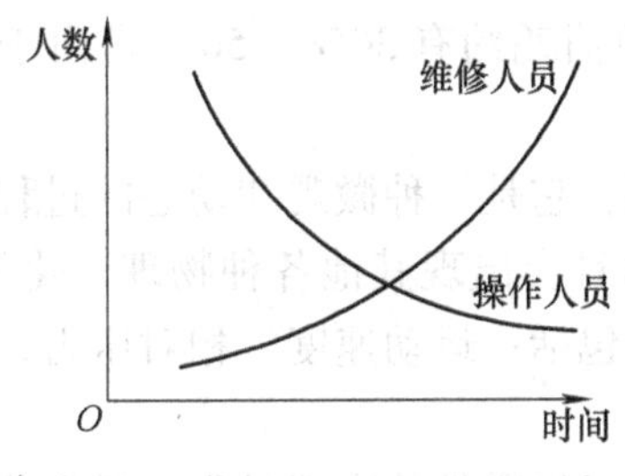

图0-19　设备操作人员与维修人员的比例关系

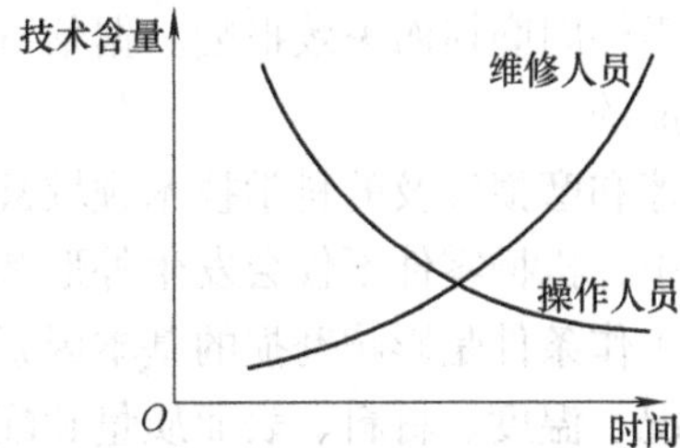

图0-20　设备维修人员和操作人员与技术含量的关系

（二）设备维修技术的发展趋势

现代科学技术和社会经济相互渗透、相互促进、相互结合，机电设备越来越机电一体化、高速化、微电子化，这使机电设备的操作越来越容易，而机电设备故障的诊断和维修则变得困难。而且，机电设备一旦发生故障，尤其是连续化生产设备，往往会导致整套设备停机，从而造成一定的经济损失，如果危及安全和环境，还会造成严重的社会影响。随着社会经济的迅速发展，生产规模的日益扩大，先进的生产方式的出现和采用，机电设备维修技术不断得到人们的重视和关注。设备维修技术的发展必然朝着以计算机技术、信号处理技术、测试技术、表面工程技术等现代技术为依托，以现代设备状态监测与故障诊断技术为先导，以机电一体化为背景，以满足现代化工业生产日益提高的要求为目标，以不断完善的维修技术为手段的方向迅猛地发展。

二、机械零件的失效形式及其对策

机器失去正常工作能力的现象称为故障。在设备使用过程中，机械零件由于设计、材料、工艺及装配等各种原因，丧失规定的功能，无法继续工作的现象称为失效。当机械设备的关键零、部件失效时，就意味着设备处于故障状态。机器发生故障后，其经济技术指标部分或全部下降而达不到预定要求，如功率下降、精度降低、加工表面粗糙度达不到预定值，或发生强烈振动、出现不正常的声响等。

机电设备的故障分为自然故障和事故性故障两类。自然故障是指机器各部分零件的正常磨损或物理、化学变化造成零件的变形、断裂、蚀损等，使机器零件失效所引起的故障。事故性故障是指因维护和调整不当，违反操作规程或使用了质量不合格的零件和材料等造成的故障，这种故障是人为造成的，可以避免。

机器的故障和机械零件的失效密不可分。机械设备类型很多，其运行工况和环境条件差异很大。机械零件失效模式也很多，主要有磨损、变形、断裂、蚀损等4种普通的、有代表性的失效模式。

（一）机械零件的磨损及其对策

相接触的物体相互移动时发生阻力的现象称为摩擦。相对运动的零件的摩擦表面发生尺寸、形状和表面质量变化的现象称为磨损。摩擦是不可避免的自然现象，磨损是摩擦的必然结果，两者均发生于材料表面。摩擦与磨损相伴产生，造成机械零件的失效。当机械零件配合面产生的磨损超过一定限度时，会引起配合性质的改变，使间隙加大、润滑条件变坏，产生冲击，磨损也会变得越来越严重，在这种情况下极易发生事故。一般机械设备中约有80%的零件因磨损而失效报废。据估计，世界上的能源消耗约有30% ~50%是由于摩擦和磨损造成的。

摩擦和磨损涉及的科学技术领域甚广，特别是磨损，它是一种微观和动态的过程，在这一过程中，机械零件不仅会发生外形和尺寸的变化，而且会出现其他各种物理、化学现象。零件的工作条件是影响磨损的基本因素。这些条件主要包括：运动速度、相对压力、润滑与防护情况、温度、材料、表面质量和配合间隙等。

以摩擦副为主要零件的机械设备，在正常运转时，机械零件的磨损过程一般可分为磨合（跑合）阶段、稳定磨损阶段和剧烈磨损阶段，如图0-21所示。

（1）磨合阶段　新的摩擦副表面具有一定的表面粗糙度，实际接触面积小。开始磨合时，在一定载荷作用下，表面逐渐磨平，磨损速度较大，如图中的 *OA* 线段。随着磨合的进行，实际接触面积逐渐增大，磨损速度减缓。在机械设备正式投入运行前，认真进行磨合是十分重要的。

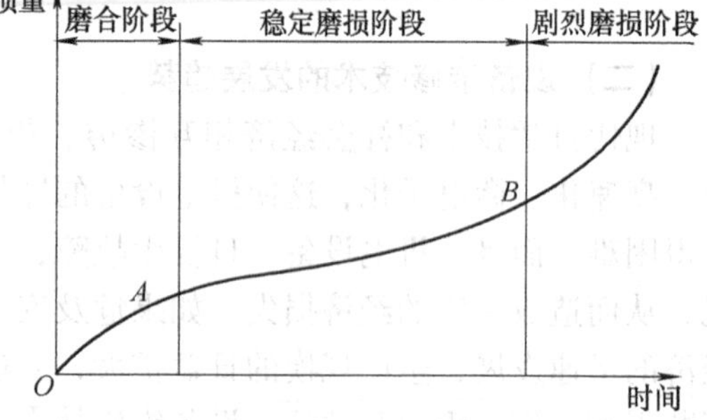

图0-21　机械磨损过程

（2）稳定磨损阶段　经过磨合阶段，摩擦副表面发生加工硬化，微观几何形状改变，建立了弹性接触条件。这一阶段磨损趋于稳定、缓慢。*AB* 线段的斜率就是磨损速度，*B* 点对应的横坐标时间就是零件的耐磨寿命。

（3）剧烈磨损阶段　经过 *B* 点以后，由于摩擦条件发生较大的变化，如温度快速升高、金属组织发生变化、冲击增大，使磨损速度急剧增加、机械效率下降、精度降低等，从而导致零件失效，机械设备无法正常运转。

通常将机械零件的磨损分为黏着磨损、磨料磨损、疲劳磨损、腐蚀磨损和微动磨损5种类型。

1. 黏着磨损

黏着磨损又称为黏附磨损，是指当构成摩擦副的两个摩擦表面相互接触并发生相对运动时，由于黏着作用，接触表面的材料从一个表面转移到另一个表面所引起的磨损。

根据零件摩擦表面的破坏程度，黏着磨损可分为轻微磨损、涂抹、擦伤、撕脱和咬死等5类。

（1）黏着磨损机理　摩擦副的表面即使是抛光得很好的光洁表面，实际上也还是高低不平的。因此，两个金属零件表面的接触，实际上是微凸体之间的接触，实际接触面积很小，仅为理论接触面的1%～1‰。所以即使在载荷不大时，单位面积的接触应力也很大，如果当这一接触应力大到足以使微凸体发生塑性变形，并且接触处很干净，那么这两个零件的金属面将直接接触而产生黏着。当摩擦表面发生相对滑动时，黏着点在切应力作用下变形甚至断裂，造成接触表面的损伤破坏。这时，如果黏着点的黏着力足够大，并超过摩擦接触点两种材料之一的强度，则材料便会从该表面上被扯下，使材料从一个表面转移到另一个表面。通常这种材料的转移是由较软的表面转移到较硬的表面上。在载荷和相对运动作用下，两接触点间重复产生“黏着—剪断—再黏着”的循环过程，使摩擦表面温度显著升高，油膜破坏，严重时表层金属局部软化或熔化，接触点产生进一步黏着。

在金属零件的摩擦中，黏着磨损是剧烈的，常常会导致摩擦副灾难性破坏，应加以避免。但是，在非金属零件或金属零件和聚合物零件构成的摩擦副中，摩擦时聚合物会转移到金属表面上形成单分子层，凭借聚合物的润滑特性，可以提高耐磨性，此时黏着磨损则起到有益的作用。

（2）减少或消除黏着磨损的对策　摩擦表面产生黏着是黏着磨损的前提，因此，减少或消除黏着磨损的对策就有两方面。

1）控制摩擦表面的状态。摩擦表面的状态主要是指表面自然洁净程度和微观粗糙度。摩擦表面越洁净，越光滑，越可能发生表面的黏着。因此，应当尽可能使摩擦表面有吸附物质、氧化物层和润滑剂。例如，润滑油中加入油性添加剂，能有效地防止金属表面产生黏着磨损；大气中的氧通常会在金属表面形成一层保护性氧化膜，能防止金属直接接触和发生黏着，有利于减少摩擦和磨损。

2）控制摩擦表面材料的成分和金相组织。材料成分和金相组织相近的两种金属材料之间最容易发生黏着磨损，这是因为两个摩擦表面的材料形成固溶体的倾向强烈，因此，构成摩擦副的材料应当是形成固溶体倾向最小的两种材料，即应当选用不同材料成分和晶体结构的材料。此外，金属间化合物具有良好的抗黏着磨损性能，因此也可选用易于在摩擦表面形成金属间化合物的材料。如果这两个要求都不能满足，则通常在摩擦表面覆盖能有效抵抗黏着磨损的材料，如铅、锡、银等软金属或合金。

2. 磨料磨损

磨料磨损也称为磨粒磨损，它是当摩擦副的接触表面之间存在着硬质颗粒，或者当摩擦副材料一方的硬度比另一方的硬度大得多时，所产生的一种类似金属切削过程的磨损。它是机械磨损的一种，特征是在接触面上有明显的切削痕迹。在各类磨损中，磨料磨损约占50%，是十分常见且危害性最严重的一种磨损，其磨损速率和磨损强度都很大，致使机械设备的寿命大大降低，能源和材料大量消耗。

根据摩擦表面所受的应力和冲击的不同，磨料磨损的形式可分为錾削式、高应力碾碎式和低应力擦伤式3类。

（1）磨料磨损机理　磨料磨损的机理属于磨料颗粒的机械作用。磨料的来源有外界沙尘侵入、切屑侵入、流体带入、表面磨损产物、材料组织的表面硬点及夹杂物等。

目前，关于磨料磨损机理有4种假说：

1）微量切削：认为磨料磨损主要是由于磨料颗粒沿摩擦表面进行微量切削而引起的，

微量切屑大多数呈螺旋状、弯曲状或环状，与金属切削加工的切屑形状类似。

2）压痕破坏：认为塑性较大的材料，因磨料在载荷的作用下压入材料表面而产生压痕，并从表层上挤出剥落物。

3）疲劳破坏：认为磨料磨损是磨料使金属表面层受交变应力而变形，使材料表面疲劳破坏，并呈小颗粒状态从表层脱落下来。

4）断裂：认为磨料压入和擦划金属表面时，压痕处的金属要产生变形，磨料压入深度达到临界值时，伴随压入而产生的拉伸应力足以产生裂纹。在擦划过程中，产生的裂纹有两种主要类型：一种是垂直于表面的中间裂纹；另一种是从压痕底部向表面扩展的横向裂纹。当横向裂纹相交或扩展到表面时，便发生材料呈微粒状脱落形成磨屑的现象。

（2）减少或消除磨料磨损的对策　磨料磨损是由磨料颗粒与摩擦表面的机械作用而引起的，因而，减少或消除磨料磨损的对策也有2方面。

1）磨料方面。磨料磨损与磨料的相对硬度、形状、大小（粒度）有密切的关系。磨料的硬度相对于摩擦表面材料硬度越大，磨损越严重；呈棱角状的磨料比圆滑状的磨料的挤切能力强，磨损率高。实践与实验表明，在一定粒度范围内，摩擦表面的磨损量随磨粒尺寸的增大而按比例较快地增加，但当磨料粒度达到一定尺寸（称为临界尺寸）后，磨损量基本保持不变。这是因为磨料本身的缺陷和裂纹随着磨料尺寸增大而增多，导致磨料的强度降低，易于断裂破碎。

2）摩擦表面材料方面。摩擦表面材料的显微组织、力学性能（如硬度、断裂韧度、弹性模量等）与磨料磨损有很大关系。在一定范围内，硬度越高，材料越耐磨，因为硬度反映了被磨损表面抵抗磨料压力的能力。断裂韧度反映材料对裂纹的产生和扩散的敏感性，对材料的磨损特性也有重要的影响。因此必须综合考虑硬度和断裂韧度的取值，只有两者配合合理时，材料的耐磨性才最佳。弹性模量的大小，反映被磨材料是否能以弹性变形的方式去适应磨料、允许磨料通过，而不发生塑性变形或切削作用，避免或减少表面材料的磨损。

3. 疲劳磨损

疲劳磨损是摩擦表面材料微观体积受循环接触应力作用产生重复变形，导致产生裂纹和分离出微片或颗粒的一种磨损。

疲劳磨损根据其危害程度可分为非扩展性疲劳磨损和扩展性疲劳磨损2类。

（1）疲劳磨损机理　疲劳磨损的过程就是裂纹产生和扩展的破坏过程。根据裂纹产生的位置，疲劳磨损的机理有2种情况：

1）滚动接触疲劳磨损。在滚动接触过程中，材料表层受到周期性载荷作用，引起塑性变形、表面硬化，最后在表面出现初始裂纹，并沿与滚动方向呈小于45°的倾角方向由表向里扩展。表面上的润滑油由于毛细管的吸附作用而进入裂纹内表面，当滚动体接触到裂口处时将把裂口封住，使裂纹两侧内壁承受很大的挤压作用，加速裂纹向内扩展。在载荷的继续作用下，形成麻点状剥落，在表面上留下痘斑状凹坑，深度在0.1~0.2mm以下。

2）滚滑接触疲劳磨损。根据弹性力学，两滚动接触物体在表面下0.786b（b为平面接触区的半宽度）处切应力最大。该处塑性变形最剧烈，在周期性载荷作用下的反复变形使材料局部弱化，并在该处首先出现裂纹。在滑动摩擦力引起的切应力和法向载荷引起的切应力叠加作用下，使最大切应力从0.786b处向表面移动，形成滚滑疲劳磨损，剥落层深度一般为0.2~0.4mm。

（2）减少或消除疲劳磨损的对策　疲劳磨损是由于疲劳裂纹的萌生和扩展而产生的，因此，减少或消除疲劳磨损的对策就是控制影响裂纹萌生和扩展的因素，主要有4个方面：

1）材质。钢中存在的非金属夹杂物，易引起应力集中，这些夹杂物的边缘最易形成裂纹，从而降低材料的接触疲劳寿命。

材料的组织状态对其接触疲劳寿命有重要影响。通常，晶粒细小均匀、碳化物呈球状且均匀分布，均有利于提高滚动接触疲劳寿命。轴承钢经处理后，残留奥氏体越多，针状马氏体越粗大，则表层有益的残余压应力和渗碳层强度越低，越容易发生微裂纹。在未溶解的碳化物状态相同的条件下，马氏体中碳的质量分数在0.4%～0.5%时，材料的强度和韧性配合较佳，接触疲劳寿命高。对未溶解的碳化物，通过适当热处理，使其趋于量少、体小、均布，避免粗大或带状碳化物出现，都有利于避免疲劳裂纹的产生。

硬度在一定范围内增加，其接触疲劳强度将随之增大。例如，轴承钢表面硬度为62HRC左右时，其抗疲劳磨损能力最大。对传动齿轮的齿面，硬度在58～62HRC范围内最佳，而当齿面受冲击载荷时，硬度宜取下限。此外，两个接触滚动体表面硬度匹配也很重要。例如，滚动轴承中，滚道和滚动体的硬度相近，或者滚动体比滚道硬度高出10%为宜。

2）接触表面粗糙度。试验表明，适当降低表面粗糙度可有效提高抗疲劳磨损的能力。例如，滚动轴承表面粗糙度由 Ra 0.40μm降低到 Ra 0.20μm，寿命可提高2～3倍；由 Ra 0.20μm降低到 Ra 0.10μm，寿命可提高1倍；而降低到 Ra 0.05μm以下，对寿命的提高影响甚小。表面粗糙度要求的高低与表面承受的接触应力有关，通常接触应力大，或表面硬度高时，均要求表面粗糙度低。

3）表面残余压应力。一般来说，表层在一定深度范围内存在有残余压应力，不仅可提高弯曲、扭转疲劳强度，还能提高接触疲劳强度，减小疲劳磨损。但是，残余压应力过大也有害。

4）其他因素。润滑油的选择很重要，润滑油黏度越高越利于改善接触部分的压力分布，同时不易渗入表面裂纹中，这对抗疲劳磨损均十分有利；而润滑油中加入活性氯化物添加剂或是能产生化学反应形成酸类物质的添加剂，则会降低轴承的疲劳寿命。机械设备装配精度影响齿轮齿面的啮合接触面的大小，自然也对接触疲劳寿命有影响。具有腐蚀作用的环境因素对疲劳往往起有害作用，如润滑油中的水。

4. 腐蚀磨损

在摩擦过程中，金属同时与周围介质发生化学反应或电化学反应，引起金属表面的腐蚀剥落，这种现象称为腐蚀磨损。它是与黏着磨损、磨料磨损、疲劳磨损等相结合时才能形成的一种机械化学磨损。因此，腐蚀磨损的机理与前述三种磨损的机理不同。腐蚀磨损是一种极为复杂的磨损过程，经常发生在高温或潮湿的环境下，更容易发生在有酸、碱、盐等特殊介质的条件下。

按腐蚀介质的不同类型，腐蚀磨损可分为氧化磨损和特殊介质下的腐蚀磨损两大类。

（1）氧化磨损　除金、铂等少数金属外，大多数金属表面都被氧化膜覆盖着。若在摩擦过程中，氧化膜被磨掉，摩擦表面与氧化介质反应速度很快，立即又形成新的氧化膜，然后又被磨掉，这种氧化膜不断被磨掉又反复形成的过程，就是氧化磨损。

氧化磨损的产生必须同时具备以下条件：一是摩擦表面要能够发生氧化，而且氧化膜生成速度大于其磨损破坏速度；二是氧化膜与摩擦表面的结合强度大于摩擦表面承受的切应力；三是氧化膜厚度大于摩擦表面破坏的深度。

在通常情况下，氧化磨损比其他磨损轻微得多。

减少或消除氧化磨损的对策主要有：

1）控制氧化膜生长的速度与厚度。在摩擦过程中，金属表面形成氧化物的速度要比非摩擦时快得多。在常温下，金属表面形成的氧化膜厚度非常小，例如铁的氧化膜厚度为1～3nm，铜的氧化膜厚度约为5nm。但是，氧化膜的生成速度随时间而变化。

2）控制氧化膜的性质。金属表面形成的氧化膜的性质对氧化磨损有重要影响。若氧化膜紧密、完整无孔，与金属表面基体结合牢固，则有利于防止金属表面氧化；若氧化膜本身性脆，与金属表面基体结合差，则容易被磨掉。例如铝的氧化膜是硬脆的，在无摩擦时，其保护作用大，但在摩擦时其保护作用很小。低温下，铁的氧化物是紧密的，与基体结合牢固，但在高温下，随着厚度增大，内应力也增大，将导致膜层开裂、脱落。

3）控制硬度。当金属表面氧化膜硬度远大于与其结合的基体金属的硬度时，在摩擦过程中，即使在小的载荷作用下，也易破碎和磨损；当两者相近时，在小载荷、小变形条件下，因两者变形相近，故氧化膜不易脱落，但若受大载荷作用而产生大变形时，氧化膜也易破碎。最有利的情况是氧化膜硬度和基体硬度都很高，在载荷作用下变形小，氧化膜不易破碎，耐磨性好。例如镀硬铬时，其硬度为900HBW左右，铬的氧化膜硬度也很高，所以镀硬铬得到广泛应用。然而，大多数金属氧化物都比原金属硬而脆，厚度又很小，故对摩擦表面的保护作用很有限。但在不引起氧化膜破裂的工况下，表面的氧化膜层有防止金属之间黏着的作用，因而有利于抗黏着磨损。

（2）特殊介质下的腐蚀磨损　特殊介质下的腐蚀磨损是摩擦副表面金属材料与酸、碱、盐等介质作用生成的各种化合物，在摩擦过程中不断被磨掉的磨损过程，其机理与氧化磨损相似，但磨损速度较快。

由于其腐蚀本身可能是化学的或电化学的性质，故腐蚀磨损的速度与介质的腐蚀性质和作用温度有关，也与相互摩擦的两个金属形成的电化学腐蚀的电位差有关。介质腐蚀性越强，作用温度越高，腐蚀磨损速度越快。

减少或消除特殊介质下的腐蚀磨损的对策主要有：

1）使摩擦表面受腐蚀时能生成一层结构紧密且与金属基体结合牢固、阻碍腐蚀继续发生或使腐蚀速度减缓的保护膜，可使腐蚀磨损速度减小。

2）控制机械零件或构件所处的应力状态，因为这对腐蚀影响很大。当机械零件受到重复应力作用时，所产生的腐蚀速度比不受应力时快得多。

5. 微动磨损

两个接触表面由于受相对低振幅振荡运动而产生的磨损称为微动磨损。它产生于相对静止的接合零件上，因而往往易被忽视。微动磨损的最大特点是：在外界变动载荷作用下，产生振幅很小（小于100μm，一般为2～20μm）的相对运动，由此发生摩擦磨损，例如在键联接处、过盈配合处、螺栓联接处、铆钉连接接头处等产生的磨损。

微动磨损使配合精度下降，过盈配合部件结合紧度下降甚至松动，连接件松动乃至分离，严重者会引起事故。微动磨损还易引起应力集中，导致连接件疲劳断裂。

（1）微动磨损的机理　由于微动磨损集中在局部范围内，同时两个摩擦表面永远不脱离接触，磨损产物不易往外排除，磨屑在摩擦表面起着磨料的作用；又因摩擦表面之间的压力使表面凸起部分黏着，黏着处被外界小振幅引起的摆动所剪切，剪切处表面又被氧化，所以微动磨损兼有黏着磨损和氧化磨损的作用。

微动磨损是一种兼有磨料磨损、黏着磨损和氧化磨损的复合磨损形式。

（2）减少或消除微动磨损的对策 实践与试验表明，外界条件（如载荷、振幅、温度、润滑等）及材质对微动磨损影响相当大，因而，减少或消除微动磨损的对策主要有以下几个方面：

1）载荷。在一定条件下，随着载荷增大，微动磨损量将增加，但是当超过某临界载荷之后，微动磨损量将减小。采用超过临界载荷的紧固方式可有效减少微动磨损。

2）振幅。当振幅较小时，单位磨损率较小；当振幅超过 50～150μm 时，单位磨损率显著上升。因此，应有效地将振幅控制在 30μm 以内。

3）温度。低碳钢在 0°C 以上时，微动磨损量随温度上升而逐渐降低；在 150～200°C 时，微动磨损量突然降低；继续升高温度，微动磨损量上升；温度从 135°C 升高到 400°C 时，微动磨损量增加 15 倍。中碳钢在其他条件不变、温度为 130°C 时，微动磨损量发生转折；超过此温度，微动磨损量大幅度降低。

4）润滑。用黏度大、抗剪强度高的润滑脂有一定效果，固体润滑剂（如二硫化钼 MoS_2、聚四氟乙烯 PTFE 等）效果更好。普通的液体润滑剂对防止微动磨损效果不佳。

5）材质性能。提高硬度及选择适当材料配副都可以减小微动磨损。将一般碳钢表面硬度从 180HV 提高到 700HV 时，微动磨损量可降低 50%。一般来说，抗黏着性能好的材料配副对抗微动磨损也好。采用表面处理（如硫化或磷化处理以及镀上金属镀层）是降低微动磨损的有效措施。

（二）机械零件的变形及其对策

机械零件或构件在外力的作用下，产生形状或尺寸变化的现象称为变形。过量的变形是机械失效的重要类型，也是判断韧性断裂的明显征兆。例如，各类传动轴的弯曲变形，桥式起重机主梁的挠曲或扭曲变形，汽车大梁的扭曲变形等。变形量随着时间的推移而不断增加，逐渐改变产品的初始参数，当超过允许极限时，将丧失规定的功能。有的机械零件因变形引起结合零件出现附加载荷、相互关系失常或加速磨损，甚至造成断裂等灾难性后果。

根据外力去除后变形能否恢复，机械零件或构件的变形可分为弹性变形和塑性变形两大类。

1. 弹性变形

金属零件在作用应力小于材料屈服强度时产生的变形称为弹性变形。

弹性变形的特点是：

1）当外力去除后，零件变形消除，恢复原状。

2）材料弹性变形时，应变与应力成正比，其比值称为弹性模量，它表示材料对弹性变形的阻力。在其他条件相同时，材料的弹性模量越高，由这种材料制成的机械零件或构件的刚度便越高，在受到外力作用时保持其固有的尺寸和形状的能力就越强。

3）弹性变形量很小，一般不超过材料原长度的 0.1%～1.0%。

在金属零件使用过程中，若产生超量弹性变形（超量弹性变形是指超过设计允许的弹性变形），则会影响零件正常工作。例如，当传动轴工作时，超量弹性变形会引起轴上齿轮啮合状况恶化，影响齿轮和支承它的滚动轴承的寿命；机床导轨或主轴超量弹性变形，会引起加工精度降低甚至不能满足加工精度。因此，在机械设备运行中，防止超量弹性变形是十分必要的。除了正确设计外，正确使用十分重要，应严防超载运行，注意运行温度规范，防止热变形等。

2. 塑性变形

塑性变形又称为永久变形，是指机械零件在外加载荷去除后留下来的一部分不可恢复的变形。金属零件的塑性变形从宏观形貌特征上看，主要有翘曲变形、体积变形和时效变形3种形式。

（1）翘曲变形　当金属零件本身受到某种应力（例如机械应力、热应力或组织应力等）的作用，其实际应力值超过了金属在该状态下的拉伸屈服强度或压缩屈服强度后，就会产生呈翘曲、椭圆或歪扭的塑性变形。因此，金属零件产生翘曲变形是它自身受复杂应力综合作用的结果。翘曲变形常见于细长轴类零件、薄板状零件以及薄壁的环形零件和套类零件。

（2）体积变形　金属零件在受热与冷却过程中，由于金相组织转变引起比容变化，导致金属零件体积胀缩的现象称为体积变形。例如，钢件淬火相变时，奥氏体转变为马氏体或下贝氏体时比容增大，体积膨胀；淬火相变后残留奥氏体的比容减小，体积收缩。马氏体形成时的体积变化程度，与淬火相变时马氏体中的含碳量有关。钢件中含碳量越多，形成马氏体时的比容变化越大，膨胀量也越大。此外，钢中碳化物不均匀分布往往会增大变形程度。

（3）时效变形　钢件热处理后产生不稳定组织，由此引起的内应力处于不稳定状态；铸件在铸造过程中形成的铸造内应力也处于不稳定状态。在常温下较长时间的放置或使用，不稳定状态的应力会逐渐发生转变，并趋于稳定，由此伴随产生的变形称为时效变形。

塑性变形导致机械零件各部分尺寸和外形的变化，将引起一系列不良后果。例如，机床主轴塑性弯曲，将不能保证加工精度，导致废品率增大，甚至使主轴不能工作。

零件的局部塑性变形虽然不像零件的整体塑性变形那样引起明显失效，但也是引起零件失效的重要形式。如键联接、花键联接、挡块和销等，由于静压力作用，通常会引起配合的一方或双方的接触表面挤压（局部塑性）变形，随着挤压变形的增大，特别是那些能够反向运动的零件将引起冲击，使原配合关系破坏的过程加剧，从而导致机械零件失效。

3. 防止和减少机械零件变形的对策

变形是不可避免的，可从下列4个方面采取相应的对策防止和减少机械零件变形。

（1）设计　设计时不仅要考虑零件的强度，还要重视零件的刚度和制造、装配、使用、拆卸、修理等问题。

1）正确选用材料，注意工艺性能。如铸造的流动性、收缩性；锻造的可锻性、冷镦性；焊接的冷裂、热裂倾向性；机加工的可加工性；热处理的淬透性、冷脆性等。

2）合理布置零件，选择适当的结构尺寸。如避免尖角，棱角改为圆角，台阶处倒角；厚薄悬殊的部分可开工艺孔或加厚太薄的地方；安排好孔洞位置，把不通孔改为通孔等。形状复杂的零件在可能条件下采用组合结构、镶拼结构，改善受力状况。

3）在设计中，注意应用新技术、新工艺和新材料，减少制造时的内应力和变形。

（2）加工　在加工中要采取一系列工艺措施来防止和减少变形。对毛坯要进行时效处理以消除其残余内应力。时效有自然时效和人工时效两种。自然时效，可以将生产出来的毛坯在露天存放1~2年，这是因为毛坯材料的内应力有在12~20个月逐渐消失的特点，其时效效果最佳，缺点是时效周期太长。人工时效可使毛坯通过高温退火、保温缓冷而消除内应力；也可利用振动作用来进行人工时效。高精度零件在精加工过程中必须安排人工时效。

在制定零件机械加工工艺规程时，要在工序、工步的安排上，工艺装备和操作上采取减少变形的工艺措施。例如，粗、精加工分开的原则，在粗、精加工中间留出一段存放时间，以利于消除内应力。

机械零件在加工和修理过程中要减少基准的转换，保留加工基准给维修时使用，减少维修加工中因基准不统一而造成的误差。对于经过热处理的零件来说，注意预留加工余量、调整加工尺寸、预加变形，这是非常必要的。在知道零件的变形规律之后，可预先加以反向变形量，经热处理后两者抵消；也可预加应力或控制应力的产生和变化，使最终变形量符合要求，达到减少变形的目的。

（3）修理　在修理中，既要满足恢复零件的尺寸、配合精度以及表面质量等技术要求，还要检查和修复主要零件的形状、位置误差。为了尽量减少零件在修理中产生的应力和变形，应当制定出与变形有关的标准和修理规范，设计简单可靠、好用的专用量具和工夹具，同时注意大力推广“三新”技术，特别是新的修复技术，如刷镀、粘接等。

（4）使用　加强设备管理，制定并严格执行操作规程，加强机械设备的检查和维护，不超负荷运行，避免局部超载或过热等。

（三）机械零件的断裂及其对策

断裂是零件在机械、热、磁、腐蚀等单独作用或者联合作用下，其本身连续性遭到破坏，发生局部开裂或分裂成几部分的现象。

机械零件断裂后不仅完全丧失工作能力，而且还可能造成重大的经济损失或伤亡事故。尤其是现代机械设备日益向着大功率、高转速的趋势发展，机械零件断裂失效的概率有所增加。尽管与磨损、变形相比，机械零件因断裂而失效的机会很少，但断裂往往会造成严重的机械事故，产生严重的后果，是一种最危险的失效形式。

机械零件的断裂一般可分为延性断裂、脆性断裂、疲劳断裂和环境断裂4种形式。

（1）延性断裂　延性断裂又称为塑性断裂或韧性断裂。当外力引起的应力超过抗拉强度时发生塑性变形后造成断裂就称为延性断裂。延性断裂的宏观特点是断裂前有明显的塑性变形，常出现“缩颈”现象。延性断裂断口形貌的微观特点是断面有大量韧窝（即微坑）覆盖。延性断裂实际上是显微空洞形成、长大、连接以致最终导致断裂的一种破坏方式。

（2）脆性断裂　金属零件或构件在断裂之前无明显的塑性变形、发展速度极快的一类断裂叫脆性断裂。它通常在没有预示的情况下突然发生，是一种极危险的断裂形式。

（3）疲劳断裂　机械设备中的许多零件，如轴、齿轮、凸轮等，都是在交变应力作用下工作的。它们工作时所承受的应力一般都低于材料的屈服强度或抗拉强度，按静强度设计的标准是安全的，但在实际生产中，在重复及交变载荷的长期作用下，机械零件或构件仍然会发生断裂，这种现象称为疲劳断裂，它是一种普通而严重的失效形式。在机械零件的断裂失效中，疲劳断裂占很大的比重，约为80%～90%。

疲劳断裂的类型很多，根据循环次数的多少可分为高周疲劳和低周疲劳2种类型。

高周疲劳通常简称为疲劳，又称为应力疲劳，是指机械零件断裂前在低应力（低于材料的屈服强度甚至弹性极限）下，所经历的应力循环次数多（一般大于10^5次）的疲劳，是一种常见的疲劳破坏。如曲轴、汽车后桥半轴、弹簧等零部件的失效一般均属于高周疲劳破坏。

低周疲劳又称为应变疲劳。低周疲劳的特点是承受的交变应力很高，一般接近或超过材料的屈服强度，因此每一次应力循环都有少量的塑性变形，而断裂前所经历的循环次数较少，一般只有 $10^2 \sim 10^5$ 次，寿命短。

（4）环境断裂　环境断裂是指材料与某种特殊环境相互作用而引起的具有一定环境特征的断裂方式。延性断裂、脆性断裂、疲劳断裂，均未涉及材料所处的环境，实际上机械零件的断裂，除了与材料的特性、应力状态和应变速度有关外，还与周围的环境密切相关，尤其是在腐蚀环境中材料表面的裂纹边沿由于氧化、腐蚀或其他过程使材料强度下降，促使材料发生断裂。环境断裂主要有应力腐蚀断裂、氢脆断裂、高温蠕变断裂、腐蚀疲劳断裂及冷脆断裂等形式。

（5）减少或消除机械零件断裂的对策

1）设计：在金属结构设计上要合理，尽可能减少或避免应力集中，合理选择材料。

2）工艺：采用合理的工艺结构，注意消除残余应力，严格控制热处理工艺。

3）使用：按设备说明书操作、使用机电设备，杜绝超载使用机电设备。

（四）金属零件的蚀损及其对策

蚀损即腐蚀损伤。金属零件的蚀损，是指金属材料与周围介质产生化学反应或电化学反应而导致的破坏。疲劳点蚀、腐蚀和穴蚀等，统称为蚀损。疲劳点蚀是指零件在循环接触应力作用下表面发生的点状剥落的现象；腐蚀是指零件受周围介质的化学及电化学作用，表层金属发生化学变化的现象；穴蚀是指零件在温度变化和介质的作用下，表面产生针状孔洞，并不断扩大的现象。

金属腐蚀是普遍存在的自然现象，它所造成的经济损失十分惊人。据不完全统计，全世界因腐蚀而不能继续使用的金属零件，约占其产量的10%以上。

金属零件由于周围的环境以及材料内部成分和组织结构的不同，腐蚀破坏有凹洞、斑点、溃疡等多种形式。

按金属与介质作用机理，金属零件的蚀损可分为化学腐蚀和电化学腐蚀2大类。

1. 金属零件的化学腐蚀

化学腐蚀是指单纯由化学作用而引起的腐蚀。在这一腐蚀过程中不产生电流，介质是非导电的。化学腐蚀一般有2种形式：一种是气体腐蚀，指干燥空气、高温气体等介质中的腐蚀；另一种是非电解质溶液中的腐蚀，指有机液体、汽油、润滑油等介质中的腐蚀，它们与金属接触时进行化学反应形成表面膜，在不断脱落又不断生成的过程中使零件腐蚀。大多数金属在室温下的空气中就能自发地氧化，但在表面形成氧化物层之后，如能有效地隔离金属与介质间的物质传递，就成为保护膜；如果氧化物层不能有效阻止氧化反应的进行，那么金属将不断地被氧化。

据研究，金属氧化膜要在含氧气的条件下起保护膜作用必须具有下列条件：

1）氧化膜必须是紧密的，能完整地把金属表面全部覆盖住，即氧化膜的体积必须比生成此膜所消耗掉的金属的体积大。

2）氧化膜在气体介质中是稳定的。

3）氧化膜和基体金属的结合力强，且有一定的强度和塑性。

4）氧化膜具有与基体金属相同的热膨胀系数。

在高温空气中，铁和铝都能生成完整的氧化膜。由于铝的氧化膜同时具备了上述4个条件，故具有良好保护性能，而铁的氧化膜与铁结合不良，故起不了保护作用。

2. 金属零件的电化学腐蚀

电化学腐蚀是金属与电解质物质接触时产生的腐蚀。大多数金属的腐蚀都属于电化学腐蚀，涉及面广，造成的经济损失大。电化学腐蚀与化学腐蚀的不同点在于其腐蚀过程有电流产生。电化学腐蚀过程比化学腐蚀强烈得多，这是由于电化学腐蚀的条件易形成和存在决定的。

电化学腐蚀的根本原因是腐蚀电池的形成。在原电池中，作为阳极的锌被溶解，作为阴极的铜未被溶解，在电解质溶液中有电流产生。电化学腐蚀原理与此很相近，同样需要形成原电池的3个条件：两个或两个以上的不同电极电位的物体，或在同一物体中具有不同电极电位的区域，以形成正、负极；电极之间需要有导体相连接或电极直接接触；有电解液。金属材料中一般都含有其他合金或杂质（如碳钢中含有渗碳体、铸铁中含有石墨等），由于这些杂质的电极电位的数值比铁本身大，便产生了电位差，而且它们又都能导电，杂质又与基体金属直接接触，所以当有电解质溶液存在时便会构成腐蚀电池。

腐蚀电池有微电池和宏观腐蚀电池2种。上述腐蚀电池中由于渗碳体和石墨含量非常小，作为腐蚀电池中的阴极常称为微阴极，这种腐蚀电池也称为微电池。当不同金属浸于不同电解质溶液，或两种相接触的金属浸于电解质溶液，或同一金属与不同的电解质溶液（包括浓度、温度、流速不同）接触，这时构成腐蚀电池阳极的是金属整体或其局部，这种腐蚀电池称为宏观腐蚀电池。

金属零件常见的电化学腐蚀形式主要有：

1）大气腐蚀：即潮湿空气中的腐蚀。

2）土壤腐蚀：如地下金属管线的腐蚀。

3）在电解质溶液中的腐蚀：如酸、碱、盐等溶液中的腐蚀。

4）在熔融盐中的腐蚀：如热处理车间熔盐加热炉中的盐炉电极和所处理的金属发生的腐蚀。

3. 减少或消除金属零件蚀损的对策

（1）正确选材　根据环境介质和使用条件，选择合适的耐腐蚀材料，如含有镍、铬、铝、硅、钛等元素的合金钢。在条件许可的情况下，尽量选用尼龙、塑料、陶瓷等材料。

（2）合理设计　在制造机械设备时，即使采用了较优质的材料，如果在结构的设计上不从金属防护角度加以全面考虑，常会引起机械应力、热应力以及流体的停滞和聚集，局部过热等，从而加速腐蚀过程。因此设计结构时应尽量使整个部位的所有条件均匀一致，做到结构合理、外形简化、表面粗糙度合适。

（3）覆盖保护层　在金属表面上覆盖一层不同的材料，可改变表面结构，使金属与介质隔离开来，以防止腐蚀。常用的覆盖材料有金属或合金保护层、非金属保护层和化学保护层等。

（4）电化学保护　对被保护的机械设备通以直流电流进行极化，以消除电位差，使之达到某一电位时，被保护金属的腐蚀可以很小，甚至呈无腐蚀状态。这种方法要求介质必须是导电的、连续的。

（5）添加缓蚀剂　在腐蚀性介质中加入少量缓蚀剂（缓蚀剂是指能减小腐蚀速度的物质），可减轻腐蚀。按化学性质的不同，缓蚀剂有无机化合物和有机化合物两类。无机化合物能在金属表面形成保护，使金属与介质隔开，如重铬酸钾、硝酸钠、亚硫酸钠等；有机化合物能吸附在金属表面上，使金属溶解和还原反应都受到抑制，减轻金属腐蚀，如胺盐、琼脂、动物胶、生物碱等。

(6) 改变环境条件　将环境中的腐蚀介质去除，可减少其腐蚀作用。如采用通风、除湿、去除二氧化硫气体等。对常用金属材料来说，把相对湿度控制在临界湿度（50% ~ 70%）以下，可显著减缓大气腐蚀。

三、设备维修前的准备工作

为了保证设备正常运行和安全生产，对设备实行有计划的预防性修理，是工业企业设备管理与维修工作的重要组成部分。本节介绍设备大修理工艺过程、设备修理方案的确定、设备修理前的技术和物质准备等内容。

(一) 设备大修理工艺过程

为保持机电设备的各项精度和工作性能，在实施维护保养的基础上，必须对机电设备进行预防性计划修理，其中大修理工作是恢复设备精度的一项重要工作。在设备预防性计划修理类别中，设备大修理（简称为设备大修）是工作量最大、修理时间较长的一类修理。设备大修就是将设备全部或大部分解体，修复基础件，更换或修复机械零件、电器元件，调整修理电气系统，整机装配和调试，以达到全面清除大修前存在的缺陷、恢复设备规定的精度与性能的目的。

机电设备大修的修理技术和工作量，在大修前难以预测得十分准确。因此，在大修过程中，应从实际情况出发，及时地采取各种措施来弥补大修前预测的不足，并保证修理工期按计划或提前完成。

机电设备大修过程一般包括：解体前整机检查、拆卸部件、部件检查、必要的部件分解、零件清洗及检查、部件修理装配、总装配、空运转试车、负荷试车、整机精度检验、竣工验收。在实际工作中应按大修作业计划进行并同时做好作业调度、作业质量控制以及竣工验收等主要管理工作。

机电设备的大修过程一般可分为修前准备、修理过程和修后验收 3 个阶段。

1. 修前准备

为了使修理工作顺利地进行并做到准确无误，修理人员应认真听取操作者对设备修理的要求，详细了解待修设备的主要毛病，如设备精度丧失情况、主要机械零件的磨损程度、传动系统的精度状况和外观缺陷等，了解待修设备为满足工艺要求应做哪些部件的改进和改装，阅读有关技术资料、设备使用说明书和历次修理记录，熟悉设备的结构特点、传动系统和原设计精度要求，以便提出预检项目。经预检确定大件、关键件的具体修理方法，准备专用工具和检测量具，确定修后的精度检验项目和试车验收要求，这样就为整台设备的大修做好了各项技术准备工作。

2. 修理过程

修理过程开始后，首先进行设备的解体工作，按照与装配相反的顺序和方向，即“先上后下，先外后里”的方法，有次序地解除零、部件在设备中相互约束和固定的形式。拆卸下来的零件应进行二次预检，根据二次预检的情况提出二次补修件。还要根据更换件和修复件的供应、修复情况，大致排定修理工作进度，以使修理工作有步骤、按计划地进行，以免因组织工作的衔接不当而延长修理周期。

设备修理能够达到的精度和效能与修理工作配备的技术力量、设备大修次数及修前技术状况等有关。一般认为，对于初次大修的机械设备，它的精度和效能都应达到原出厂的标准；经过两次以上大修的设备，其修后的精度和效能可比新设备低。如果上次大修后的技术状态比较好，则将会使本次大修的质量容易接近原出厂的标准；反之，就会给本次大修造成困难，其修后质量较难接近原出厂标准，甚至无法进行修理。

对于在修理工作中能够恢复到原有精度标准的设备，应全力以赴，保证达到原有精度标准。对于恢复不到原出厂标准的设备，应有所侧重，根据该设备所承担的生产任务，对于关系较大的几项精度指标，多投入技术力量和多下功夫，使之达到保证生产工艺最起码的要求。对于具体零、部件的修复，应根据待修零件的结构特点、精度高低并结合现场的修复能力，拟定合理的修理方案和相应的修复方法进行修复，直至达到要求。

设备整机的装配工作以验收标准为依据进行。装配工作应选择合适的装配基准面，确定误差补偿环节的形式及补偿方法，确保各零、部件之间的装配精度，如平行度、同轴度、垂直度以及传动齿轮的啮合精度要求等。

3. 修后验收

凡是经过修理、装配调整好的设备，都必须按有关规定的精度标准项目或修前拟定的精度项目，进行各项精度检验和试验，如几何精度检验、空运转试验、载荷试验和工作精度检验等，全面检查衡量所修理设备的质量、精度和工作性能的恢复情况。

设备修理后，应记录对原技术资料的修改情况和修理中的经验教训，做好修后工作小结，与原始资料一起归档，以备下次修理时参考。

（二）设备修理方案的确定

对设备大修，不但要达到预定的技术要求，而且要力求提高经济效益。因此，在修理前应切实掌握设备的技术状况，制定切实可行的修理方案，充分做好技术和生产准备工作；在修理中要积极采用新技术、新材料、新工艺和现代管理方法，做好技术、经济和组织管理工作，以保证修理质量，缩短停修时间，降低修理费用。

必须通过预检，在详细调查了解设备修理前技术状况、存在的主要缺陷和产品工艺对设备的技术要求后，立即分析、制定修理方案。修理方案的主要内容有：

1）按产品工艺要求，确定设备的出厂精度标准能否满足生产需要；如果个别主要精度项目标准不能满足生产需要，能否采取工艺措施提高精度；哪些精度项目可以免检。

2）对多发性重复故障部位，分析改进设计的必要性与可能性。

3）对关键零、部件，如精密主轴部件、精密丝杠副、分度蜗杆副的修理，本企业维修人员的技术水平和条件能否胜任。

4）对基础件，如床身、立柱、横梁等的修理，采用磨削、精刨或精铣工艺，在本企业或本地区其他企业实现的可能性和经济性。

5）为了缩短修理时间，哪些部件采用新部件比修复原部件更经济。

6）如果本企业承修，哪些修理作业需委托外企业协作，与外企业联系并达成初步协议。如果本企业不能胜任和不能实现对关键零、部件和基础件的修理工作，应确定委托其他企业来承修，这些企业是指专业修理公司、设备制造公司等。

（三）设备修理前的技术准备

机电设备大修前的准备工作很多，大多是技术性很强的工作，其完善程度和准确性、及时性都会直接影响大修进度、修理质量和经济效益。设备修理前的技术准备，包括设备修理的预检的准备、设备图样资料的准备、各种修理工艺的制定及修理工检具的制造和供应。

1. 预检

为了全面深入了解设备技术状态劣化的具体情况，在大修前安排的停机检查，通常称为预检。预检工作由主修技术人员负责，设备使用单位的机械人员和维修工人参加，并共同承担。预检工作量由设备的复杂程度、劣化程度决定，设备越复杂、劣化程度越严重，预检工作量就越大，预检时间也越长。

预检既可验证事先预测的设备劣化部位及程度，又可发现事先未预测到的问题，从而全面深入了解设备的实际技术状态，并结合已经掌握的设备技术状态劣化规律，为制定修理方案提供依据。从预检结束至设备解体大修开始之间的时间间隔不宜过长，否则可能在此期间设备技术状态加速劣化，致使预检的准确性降低，给大修施工带来困难。

2. 编制大修技术文件

通过预检和分析确定修理方案后，必须以大修技术文件的形式做好修理前的技术准备。机电设备大修技术文件有修理技术任务书、修换件明细表、材料明细表、修理工艺和修理质量标准等。这些技术文件是编制修理作业计划，准备备品、配件、材料，校算修理工时与成本，指导修理作业以及检查和验收修理质量的依据，它的正确性和先进性是衡量企业设备维修技术水平的重要标志之一。

（四）设备修理前的物质准备

设备修理前的物质准备是一项非常重要的工作，是搞好维修工作的物质条件。实际工作中经常由于备品配件供应不上而影响修理工作的正常进行，延长修理停歇时间，造成“窝工”现象，使生产受到损失。因此，必须加强设备修理前的物质准备工作。

主修技术人员在编制好修换件明细表和材料明细表后，应及时将明细表交给备件、材料管理人员。备件、材料管理人员在核对库存后提出订货。主修技术人员在制定好修理工艺后，应及时把专用工、检具明细表和图样交给工具管理人员。工具管理人员经校对库存后，把所需用的库存专用工、检具，送有关部门鉴定，按鉴定结果，如需修理提请有关部门安排修理，同时要对新的专用的工、检具提出订货。

习题与思考题

1. 机械装配的一般工艺原则有哪些？
2. 什么叫装配工艺系统图？它有什么作用？
3. 什么是装配工艺规程？制定装配工艺规程的目的是什么？
4. 滚动轴承的装配有哪些方法？
5. 装配方法有哪几种？各有何特点？
6. 简述机电设备维修技术的发展趋势。
7. 机械零件的失效形式有哪几大类？
8. 机械磨损过程曲线对机电设备的维护、使用有什么指导意义？
9. 机械零件的磨损形式主要有哪几种？有何对策？
10. 对于机电设备中零件的变形，应从哪些方面进行控制？
11. 设备修理前的准备工作内容是什么？

学习情境一　机械零部件的测绘与维修

子情境一　轴套类零件的测绘与维修

【学习目标】

1）掌握零部件精度检测的常用方法。
2）了解零件测绘的基本步骤。
3）能用测量工具测绘传动轴的各种尺寸。
4）能正确绘制出传动轴的零件图。
5）能进行传动轴常见故障的分析及维修。

【任务描述】

设备维修工接到某机床传动轴维修任务。首先了解传动轴在机床中的作用及所使用的材料，选用量具测量传动轴的尺寸并绘制出传动轴的零件工作图；然后对传动轴进行鉴定，并采用适合的技术手段修复传动轴；最后交付使用，对已完成的工作进行存档。

【相关知识】

一、轴套类零件的功用与结构

轴套类零件是组成机器的重要零件之一，因而是机器测绘中经常碰到的典型零件。轴类零件的主要功用是支承其他转动件回转并传递转矩，同时它又通过轴承与机器的机架连接。

轴类零件是回转体零件，其长度大于直径，通常由外圆柱面、圆锥面、内孔、螺纹及相应端面所组成。轴上往往还有花键、键槽、横向孔、沟槽等。根据功用和结构形状，轴类零件有多种形式，如光轴、空心轴、半轴、台阶轴、花键轴、曲轴、凸轮轴等，分别起支承、导向和隔离等作用。

套类零件的结构特点是：零件的主要表面为同轴度较高的内外旋转表面，壁较薄、易变形，长度一般小于直径等。

二、轴套类零件的视图表达及尺寸标注

1. 视图表达

1）轴套类零件是回转体，一般在车床、磨床上加工，常用一个基本视图表达，轴线水平放置，并且将小头放在右边，便于加工时看图。

2）轴上的单键槽最好画出完整形状。

3）对于轴上孔、键槽等的结构，一般用局部剖视图或断面图表示。断面图中的移出断

面，除了清晰表达结构形状外，还能方便地标注有关结构的尺寸公差和几何公差。

4）退刀槽、倒圆等细小结构用局部放大图表达，如图 1-1 所示。

5）外形简单的套类零件常用全剖视图，如图 1-2 所示。

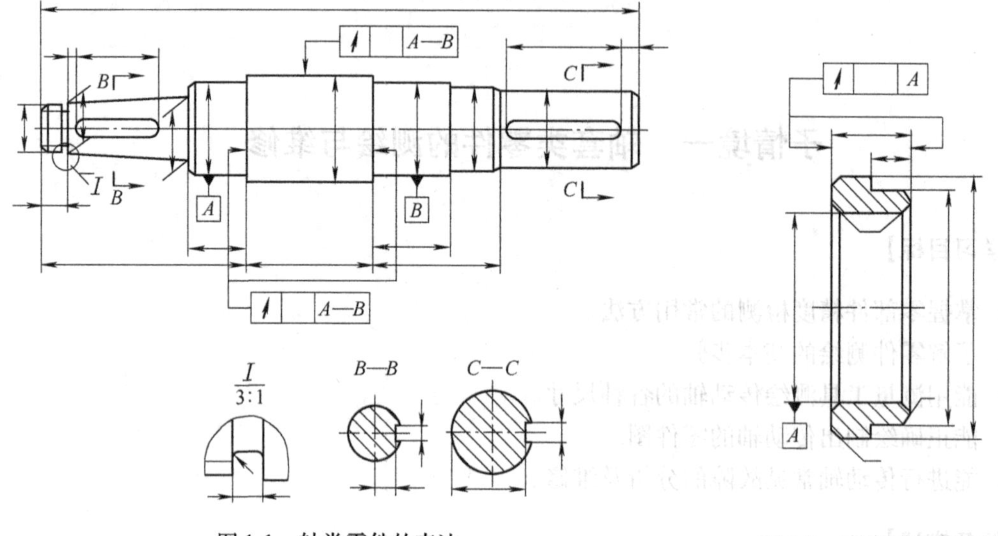

图 1-1　轴类零件的表达

图 1-2　套类零件的表达

2. 尺寸标注

1）长度方向的主要基准是安装的主要端面（轴肩）。轴的两端一般作为测量基准，轴线一般作为径向基准。

2）主要尺寸应首先注出，其余多段长度尺寸都按车削加工顺序注出，轴上的局部结构多数是就近轴肩定位。

3）为了使标注的尺寸清晰，便于看图，宜将剖视图上的内外尺寸分开标注，将车、铣、钻等不同工序的尺寸分开标注。

4）对轴上的倒棱、倒角、退刀槽、砂轮越程槽、键槽、中心孔等结构，应查阅有关技术资料的尺寸后再进行标注。

三、轴套类零件的材料和技术要求

1. 轴类零件的材料

1）轴类零件常用材料有 35、45、50 优质碳素结构钢，以 45 钢应用最为广泛，一般进行调质处理后硬度可达到 230～260HBW。

2）不太重要或受载较小的轴可用 Q235、Q275 等碳素结构钢。

3）受力较大、强度要求高的轴，可以用 40Cr 钢调质处理，硬度达到 230～240HBW 或淬硬到 35～42HRC。

4）若是高速、重载条件下工作的轴类零件，选用 20Cr、20CrMnTi、20MnVB 等合金结构钢或 38CrMoAlA 高级优质合金结构钢。这些钢经渗碳淬火或渗氮处理后，不仅表面硬度高，而且其心部强度也大大提高，具有较好的耐磨性、冲击韧性和疲劳强度。

5）球墨铸铁由于铸造性能好，又具有减振性，常用于制造外形结构复杂的轴。

6）不经过最后热处理而获得高硬度的丝杠，一般可用 45 钢和 50 钢制造。精密机床的丝杠可用碳素工具钢 T10、T12 制造。经最后热处理而获得高硬度的丝杠，用 CrWMn 或 CrMn 钢制造时，可保证硬度达到 50 ~ 56HRC。

2. 套类零件的材料

1）套类零件的材料一般为钢、铸铁、青铜或黄铜。

2）孔径小的套筒，一般选择热轧或冷拉棒料，也可用实心铸件。

3）孔径大的套筒，常选择无缝钢管或带孔的铸件、锻件。

3. 轴类零件的技术要求

1）尺寸公差：主要轴颈直径的尺寸公差等级，一般的为 IT6 ~ IT9，精密的为 IT5。对于台阶轴的各台阶长度，按使用要求给定公差，或者按装配尺寸链要求分配公差。

2）形状公差：轴类通常是由两个轴颈支承在轴承上，这两个支承轴颈是轴的装配基准。对支承轴颈的形状公差（圆度、圆柱度）一般应有要求。对精度一般的轴颈的形状公差，应限制在直径公差范围内，即按包容要求在直径公差后标注Ⓔ。如要求更高，再标注其允许的公差值（即在尺寸公差后标注Ⓔ外，再用框格标注其形状公差值）。

3）位置公差与跳动公差：轴类零件上配合轴颈（装配传动件的轴颈）相对于两支承轴颈的同轴度是其位置公差与跳动公差的普遍要求。出于测量方便的原因，常用径向圆跳动公差来表示。轴上普通配合精度部分对支承轴颈的径向圆跳动公差一般为 0.01 ~ 0.03mm，高精度轴为 0.001 ~ 0.005mm。此外，还有轴向定位端面与轴线的垂直度要求等。

4）表面粗糙度：一般情况下，支承轴颈的表面粗糙度 Ra 为 0.16 ~ 0.63μm，配合轴颈的表面粗糙度 Ra 为 0.63 ~ 2.5μm。

对于通用零件或典型零件，以上各项一般都有相应标准和资料可查。

4. 套类零件的技术要求

1）套类零件孔的公差等级一般为 IT7，精密轴套孔径的为 IT6。形状公差（圆度）一般为尺寸公差的 1/3 ~ 1/2。对长套筒，除圆度要求外，还应标注孔的中心线的直线度公差。孔的表面粗糙度 Ra 为 0.16 ~ 1.6μm，要求高的精密套筒 Ra 可达 0.04μm。

2）外圆表面通常是套类零件的支承表面，常用过盈配合或过渡配合与箱体、机架上的孔连接。外径的公差等级一般为 IT6 ~ IT7；形状公差被控制在外径尺寸公差范围内；表面粗糙度 Ra 为 0.63 ~ 3.2μm。

3）如孔的最终加工是将套筒装入机座后进行，套筒内、外圆的同轴度要求较低；若最终加工是在装配前完成的，则套筒内孔对套筒外圆的同轴度公差一般为 ϕ0.01 ~ ϕ0.05mm。

5. 轴套类零件测绘时的注意事项

1）在测绘前必须弄清楚被测轴、套在机器中的部位，了解清楚该轴、套的用途及作用，如转速大小、载荷特征、精度要求以及与相配合零件在功能上的关系等。

2）必须了解被测轴、套在机器中安装位置所构成的尺寸链。

3）测量零件尺寸时，要正确地选择基准面。基准面确定后，所有要确定的尺寸均以此为基准进行测量，尽量避免尺寸换算。对于长度尺寸链的尺寸测量，也要考虑装配关系，尽量避免分段测量。分段测量的尺寸只能作为校对尺寸时的参考。

4）测量磨损零件时，对于测量位置的选择要特别注意，尽可能地选择在未磨损或磨损较少的部位。如果整个配合表面均已磨损，必须在草图上注明。

5）对零件的磨损原因应加以分析，以便在设计或修理时加以改进。

6）测绘零件的某一尺寸时，必须同时测量配合零件的相应尺寸，尤其是只更换一个零件时更应如此。

7）测量轴的外径时，要选择适当部位进行，以便判断零件的形状误差，对于转动部位更应注意。

8）轴上有锥度或斜度时，首先要看它是否是标准的锥度或斜度；如果不是标准的，要仔细测量，并分析其作用。

9）测量曲轴及偏心轴时，要注意其偏心方向和偏心距离。对轴类零件的键槽要注意其在圆周上的位置。

10）测量螺纹及丝杠时，要注意其螺纹线数、螺旋的方向、螺纹牙型和螺距。对于锯齿形螺纹更应注意方向。

四、轴类零件的修理

轴类零件是组成各类机械设备的重要零件。它的主要作用是支承其他零件、承受载荷和传递转矩。轴是最容易磨损或损坏的零件，具体修复内容主要有以下几个方面。

1. 轴颈磨损的修复

轴颈因磨损而失去原有的尺寸和形状精度，变成椭圆形或圆锥形等，此时常用以下方法修复。

（1）按规定尺寸修复　当轴颈磨损量小于 0.5mm 时，可用机械加工方法使轴颈恢复正确的几何形状，然后按轴颈的实际尺寸选配新轴衬。这种用镶套进行修复的方法可避免轴颈的变形，在实践中经常使用。

（2）堆焊法修复　几乎所有的堆焊工艺都能用于轴颈的修复。堆焊后不进行机械加工的，堆焊层厚度应保持在 1.5 ~ 2.0mm；若堆焊后仍需进行机械加工，堆焊层的厚度应使轴颈比其公称尺寸大 2 ~ 3mm。堆焊后应进行退火处理。

（3）电镀或喷涂修复　当轴颈磨损量在 0.4mm 以下时，可镀铬修复，但成本较高，只适于重要的轴。为降低成本，对于不重要的轴应采用低温镀铁修复，此方法效果很好，原材料便宜，成本低，污染小，镀层厚度可达 1.5mm，有较高的硬度。磨损量不大的也可采用喷涂修复。

（4）粘接修复　把磨损的轴颈车小 1mm，然后用玻璃纤维蘸上环氧树脂胶，逐层地缠在轴颈上，待固化后加工到规定的尺寸。

2. 中心孔损坏的修复

修复前，首先除去孔内的油污和铁锈，检查损坏情况。若损坏不严重，用刮刀或磨石等进行修整；若损坏严重，应将轴装在车床上用中心钻加工修复，直至完全符合规定的技术要求。

3. 倒圆的修复

倒圆对轴的使用性能影响很大，特别是在交变载荷作用下，常因轴颈直径突变部位的倒圆被破坏或倒圆半径减小导致轴折断。因此，倒圆的修复不可忽视。

倒圆的磨伤可用细锉锉削或车削、磨削加工修复。当倒圆磨损很大时，需要进行堆焊，退火后车削至原尺寸。倒圆修复后，不可有划痕、擦伤或刀痕，倒圆半径也不能减小，否则会减弱轴的性能并导致轴的损坏。

4. 螺纹的修复

当轴表面上的螺纹碰伤而使螺母不能旋入时，可用圆板牙或经车削加工修整。若螺纹滑牙或掉牙，可先把螺纹全部车削掉，然后进行堆焊，再车削加工修复。

5. 键槽的修复

当键槽只有小凹痕、毛刺或轻微磨损时，可用细锉、磨石或刮刀等进行修整。若键槽磨损较大，可扩大键槽或重新开槽，并配大尺寸的键或阶梯键；也可在原槽位置上将轴旋转90°或180°重新按标准开槽，开槽前需先把旧键槽用气焊或电焊填满。

6. 花键轴的修复

1）当键齿磨损不大时，先将花键部分退火，进行局部加热，然后用钝錾子对准键齿中间，用锤子敲击并沿键长移动，使键宽增加0.5～1.0mm。花键被挤压后，劈成的槽可用电焊焊补，最后进行机械加工和热处理。

2）采用纵向或横向施焊的自动堆焊方法。纵向堆焊时，把清洗好的花键轴装到堆焊机床上，机床不转动，将振动堆焊机头旋转90°，并将焊嘴调整到与轴线成45°角的键齿侧面。焊丝伸出端与工件表面的接触点应在键齿的分度圆直径上，由床头向尾架方向施焊。横向堆焊与一般轴类零件修复时的自动堆焊相同。为保证堆焊质量，焊前应将工件预热，堆焊结束时，应在焊丝离开工件后断电，以免产生端面弧坑。堆焊后要重新进行铣削或磨削加工，以达到规定的技术要求。

3）按照规定的工艺规程进行低温镀铁，镀铁后再进行磨削加工，使其符合规定的技术要求。

7. 裂纹和折断的修复

轴出现裂纹后若不及时修复，就有折断的危险。

对于轻微裂纹可采用粘接修复：先在裂纹处开槽，然后用环氧树脂填补和粘接，待固化后进行机械加工。

对于承受载荷不大或不重要的轴，其裂纹深度不超过轴径的10%时，可采用焊补修复。焊补前，必须认真做好清洁工作，并在裂纹处开好坡口。焊补时，先在坡口周围加热，再进行焊补。为消除内应力，焊补后需进行回火处理，最后通过机械加工达到规定的技术要求。

对于承受载荷很大或重要的轴，当其裂纹深度超过轴直径的10%或存在角度超过10°的扭转变形时，应予以调换。

当载荷大或重要的轴出现折断时，应及时调换。一般受力不大或不重要的轴折断时，可用图1-3所示的方法进行修复。其中图1-3a所示为用焊接法把断轴两端对接起来。焊接前，先将两轴端面钻好圆柱销孔、插入圆柱销，然后开坡口进行对接。圆柱销直径一般为（0.3～0.4）d，d为断轴外径。图1-3b所示为用双头螺柱代替圆柱销。若轴的过渡部分折断，可另加工一段新轴代替折断部分，新轴一端车出带有螺纹的尾部，旋入轴端已加工好的螺孔内，然后进行焊接。

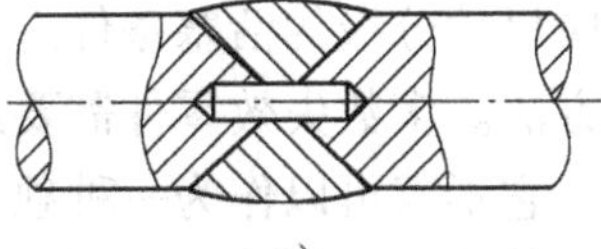

a)

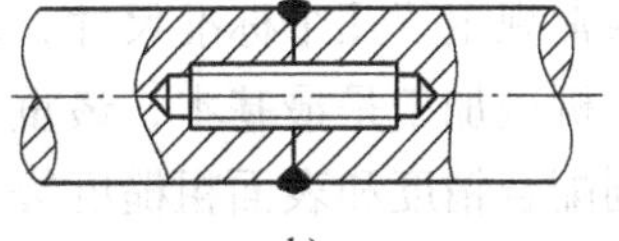

b)

图1-3　断轴修复

有时折断的轴其断面经过修整后，使轴的长度缩短了，此时需要采用接段修理法进行修复，即在轴的断口部位再接上一段轴颈。

8. 弯曲变形的修复

对弯曲量较小的轴（一般小于长度的1/1000），可用冷校法进行校正。通常普通的轴可在车床上校正，也可用千斤顶或螺旋压力机进行校正。这些方法修复的弯曲量能达到(0.05～0.15mm)/1m，可满足一般低速运行的机械设备要求。对要求较高、需精确校正的轴或弯曲量较大的轴，则用热校法进行校正。通过加热使轴的温度达到500～550°C，待冷却后进行校正。加热时间根据轴的直径大小、弯曲量及具体的加热设备确定。热校后应将轴的加热处进行退火，以使其恢复到原来的力学性能和技术要求。

9. 其他失效形式的修复

外圆锥面或圆锥孔磨损，均可用车削或磨削方法加工到较小或较大尺寸，达到修配要求，再另外配相应的零件；轴上销孔磨损时，也可将尺寸铰大一些，另配销子；轴上的扁头、方头及球头磨损可采用堆焊或加工、修整几何形状的方法修复；当轴的一端损坏时，可采用局部修换法进行修理，即切削损坏的一段，再焊上一段新的后，加工到要求的尺寸。

五、机械零件常用的修复方法

（一）机械修复法

利用机械连接，如螺纹联接、键联接、销联接、铆接、过盈连接和机械变形等各种机械方法，使磨损、断裂、缺损的零件得以修复的方法称为机械修复法，包括镶补、局部修换、金属扣合等。这些方法可利用现有设备和技术，适应多种损坏形式，不受高温影响，受材质和修补层厚度的限制少，工艺易行，质量易于保证，有的还可以为以后的修理创造条件，因此应用很广。缺点是受到零件结构和强度、刚度的限制，工艺较复杂，被修件硬度高时难以加工，精度要求高时难以保证。

1. 修理尺寸法与零件修复中的机械加工

对机械设备的间隙配合副中较复杂的零件，修理时可不考虑原来的设计尺寸，而采用切削加工或其他加工方法恢复其磨损部位的形状精度、位置精度、表面粗糙度和其他技术条件，从而得到一个新尺寸（这个新尺寸称为修理尺寸，对轴来说比原来的设计尺寸小，对孔来说则比原来的设计尺寸大）；而与此相配合的零件则按这个修理尺寸制作新件或修复，保证原有的配合关系不变。这种方法称为修理尺寸法。

轴、传动螺纹、键槽和滑动导轨等结构都可以采用这种方法修复。但必须注意，修理后零件的强度和刚度仍应符合要求，必要时要进行验算，否则不宜使用该法修理。对于表面热处理的零件，修理后仍应具有足够的硬度，以保证零件修理后的使用寿命。

修理尺寸法的应用极为普遍，为了得到一定的互换性，便于组织备件的生产和供应，大多数修理尺寸均已标准化，各种主要修理零件都规定有它的各级修理尺寸。如内燃机的气缸套的修理尺寸，通常规定了几个标准尺寸，以适应尺寸分级的活塞备件。

零件修复中，机械加工是最基本、最重要的方法。多数失效零件需要经过机械加工来消除缺陷，最终达到配合精度和表面粗糙度等要求。它不仅可以作为一种独立的工艺手段获得修理尺寸，直接修复零件，而且还是其他修理方法的修前工艺准备和最后加工必不可少的手段。修复旧件的机械加工与新制件加工相比有不同的特点：它的加工对象是成品；旧件除工作表面磨损外，往往会有变形；一般加工余量小；原来的加工基准多数已经破坏，给装夹定位带来困难；加工表面性能已定，一般不能用工序来调整，只能以加工方法来适应它；多为单件生产，加工表面多样，组织生产比较困难等。了解这些特点，有利于确保修理质量。

要使修理后的零件符合制造图样规定的技术要求，修理时不能只考虑加工表面本身的形状精度要求，还要保证加工表面与其他未修表面之间的相互位置精度要求，并使加工余量尽可能小。必要时，需要设计专用的夹具。因此，要根据具体情况，合理选择零件的修理基准和采用适当的加工方法来加以解决。

加工后零件的表面粗糙度对零件的使用性能和寿命均有影响，如对零件工作精度及保持稳定性、疲劳强度、零件之间配合性质、耐蚀性等。对承受冲击、交变载荷、重载和高速的零件在注意表面质量的同时，还要注意轴类零件的倒圆半径，以免形成应力集中。另外，对高速运转的零件修复时还要保证其应有的静平衡和动平衡要求。

使用机械加工的修理方法，简便易行，修理质量稳定可靠，经济性好，在旧件修复中应用十分广泛。缺点是零件的强度和刚度削弱，需要更换或修复相配件，使零件互换性复杂化。

2. 镶加零件修复法

配合零件磨损后，在结构和强度允许的条件下，增加一个零件来补偿由于磨损及修复而去掉的部分，以恢复原有零件精度，这样的方法称为镶加零件修复法。常用的有扩孔镶套、加垫等方法。

如图 1-4 所示，在零件裂纹附近局部镶加补强板，一般采用钢板加强，螺栓联接。脆性材料裂纹应钻止裂孔，通常在裂纹末端钻直径为 $\phi3\sim\phi6$mm 的孔。

图 1-5 所示为镶套修复法。对损坏的孔，可镗孔镶套，孔尺寸应镗大，保证套有足够刚度，套的外径应保证与孔有适当过盈量，套的内径可事先按照轴径配合要求加工好，也可留有加工余量，镶入后再加工至要求的尺寸。对损坏的螺孔可将旧螺纹扩大，再切削螺纹，然后加工一个内外均有螺纹的螺套旋入螺孔中，螺套内螺纹即可恢复原尺寸。对损坏的轴颈也可用镶套修复法修复。

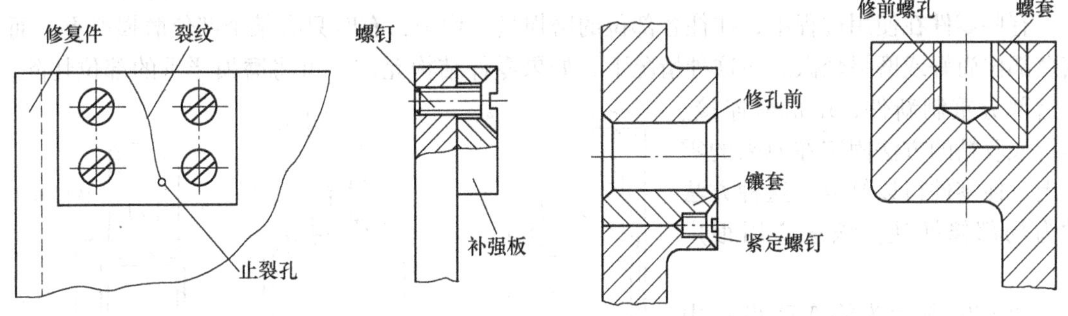

图 1-4 镶加补强板

图 1-5 镶套修复法

镶加零件修复法在维修中应用很广。镶加件磨损后可以更换。有些机械设备的某些结构，在设计和制造时就应用了这一原理。对一些形状复杂或贵重的零件，在容易磨损的部位预先镶装上零件，以便磨损后只需更换镶加件，即可达到修复的目的。

在车床上，丝杠、光杠、操纵杠与支架配合的孔磨损后，可将支架上的孔镗大，然后压入轴套。轴套磨损后可再进行更换。

汽车发动机的整体式气缸，磨损到极限尺寸后，一般都采用镶加零件修复法修理。箱体零件的轴承座孔，磨损超过极限尺寸时，也可以将孔镗大，用镶加一个铸铁套或低碳钢套的方法进行修理。

图 1-6 所示为采用镶加铸铁塞的方法修理机床导轨的凹坑。先在凹坑处钻孔、铰孔，然后制作铸铁塞，该塞子应能与铰出的孔过盈配合。将塞子压入孔后，再进行导轨精加工。如果塞子与孔配合良好，则加工后的结合面非常光整平滑。严重磨损的机床导轨，可采用镶加淬火钢导轨镶块的方法进行修复，如图 1-7 所示。

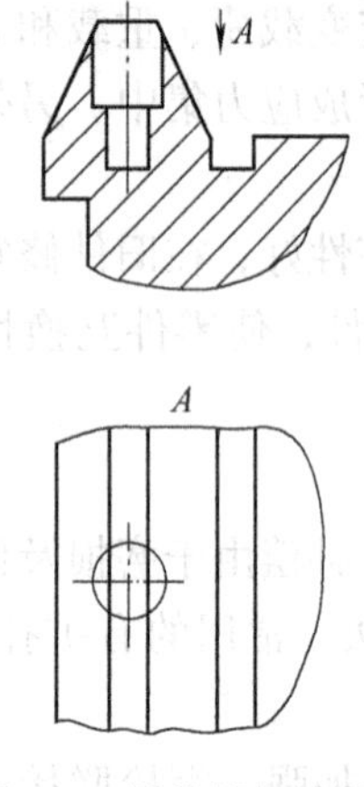

图 1-6　导轨镶加铸铁塞

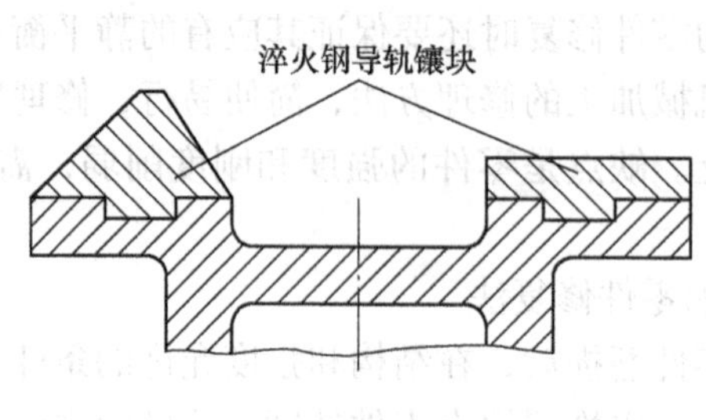

图 1-7　床身镶加淬火钢导轨镶块

应用这种修复方法时应注意：镶加零件的材料和热处理，一般应与基体零件相同，必要时选用比基体性能更好的材料。

为了防止松动，镶加零件与基体零件配合要有适当的过盈量，必要时可采用在端部加胶黏剂、止动销、紧定螺钉（骑缝螺钉）或定位焊固定等方法定位。

3. 局部修换法

有些零件在使用过程中，往往各部位的磨损量不均匀，有时只有某个部位磨损严重，而其余部位尚好或磨损轻微。在这种情况下，如果零件结构允许，可将磨损严重的部位切除，将这部分重制新件，用机械连接、焊接或胶粘的方法固定在原来的零件上，使零件得以修复。这种方法称为局部修换法。该法应用很广泛。

图 1-8a 所示为将双联齿轮中磨损严重的小齿轮的轮齿切去，重制一个小齿圈，用键联接，并用骑缝螺钉固定；图 1-8b 所示为在保留的轮毂上，铆接重制的齿圈；图 1-8c 所示为局部修换牙嵌离合器，以胶粘法固定。

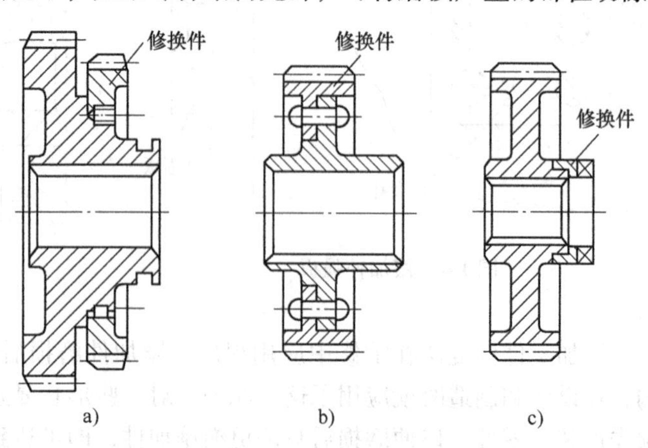

图 1-8　局部修换法

4. 塑性变形法

塑性材料零件磨损后，为了恢复零件表面原有的尺寸精度和形状精度，可采用塑性变形法修复，如滚花法、镦粗法、挤压法、扩张法、热校直法等。

5. 换位修复法

有些零件局部磨损可采用调头转向的方法。如：长丝杠局部磨损后可调头使用；单向传力齿轮翻转 180°，将它换一个方向安装后利用未磨损面继续使用。但零件必须是结构对称或稍做加工即可实现时才能进行调头转向。

图 1-9 所示为在轴上重新开制新键槽。

图 1-10 所示为联接螺孔转过一个角度，在旧孔之间重新钻孔。

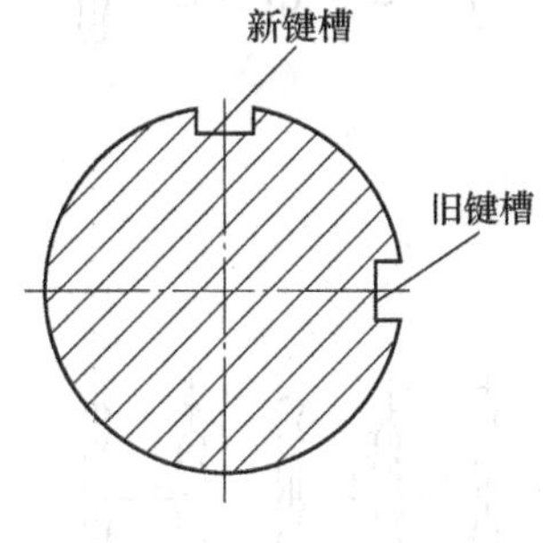

图 1-9　键槽换位修理

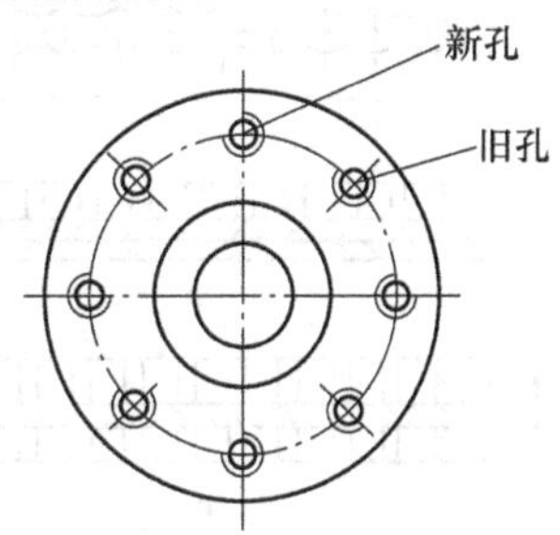

图 1-10　螺孔换位修理

6. 金属扣合法

金属扣合法是利用高强度合金材料制成的特殊连接件，以机械方式将损坏的机件重新牢固地连接成一体，达到修复目的的工艺方法。它主要适用于大型铸件裂纹或折断部位的修复。按照扣合的性质及特点，可分为强固扣合、强密扣合、优级扣合和热扣合 4 种工艺。

（1）强固扣合法　该法适用于修复壁厚为 8～40mm 的一般强度要求的薄壁零件。工艺过程是：先在垂直于零件的裂纹或折断面的方向上，加工出具有一定形状和尺寸的波形槽，然后把形状与波形槽相吻合的高强度合金波形键镶入槽中，并在常温下铆击，使波形键产生塑性变形而充满槽腔，这样波形键的凸缘与波形槽的凹部相互扣合，使损坏的两面重新牢固地连接成一体。

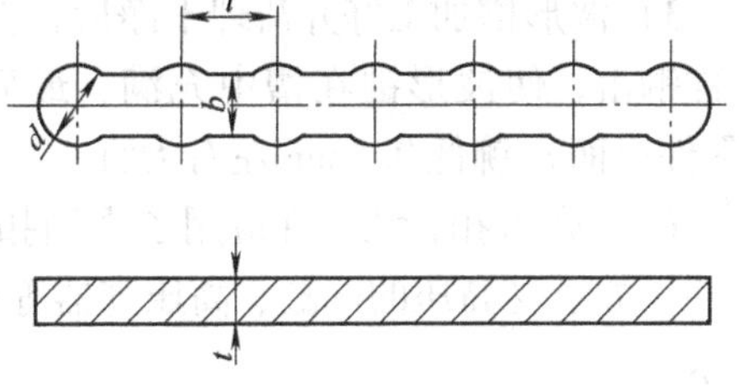

图 1-11　波形键

1）通常将波形键（见图 1-11）的主要尺寸凸缘直径 d、颈部宽度 b、间距 l（波形槽间距）规定成标准尺寸，根据零件受力大小和零件壁厚决定波形键的凸缘个数、每个断裂部位安装波形键的个数、波形槽间距等。一般取 b 为 3～6mm，其他尺寸可按下列经验公式计算

$$d=(1.4\sim1.6)b$$
$$l=(2\sim2.2)b$$
$$t\leqslant b$$

通常选用的凸缘个数为 5、7、9。一般波形键材料常采用 12Cr18Ni9 或 07Cr19Ni11Ti 奥氏体镍铬钢。对于高温工作的波形键，可采用热膨胀系数与零件材料相同或相近的 Ni36 或 Ni42 等高镍合金钢制造。

波形键成批制作的工艺过程是：下料—挤压或锻压两侧波形—机械加工上下平面和修整凸缘圆弧—热处理。

2）波形槽的尺寸与布置方式如图 1-12 所示。为改善零件受力状况，波形槽通常布置成一前一后或一长一短的方式，如图 1-12d 所示。波形槽尺寸除槽深大于波形键厚度 t 外，其余尺寸与波形键尺寸相同，而且它们之间配合的最大间隙可达 0.1 ~0.2mm。槽深可根据零件壁厚而定，一般取 $T=(0.7\sim0.8)H$。

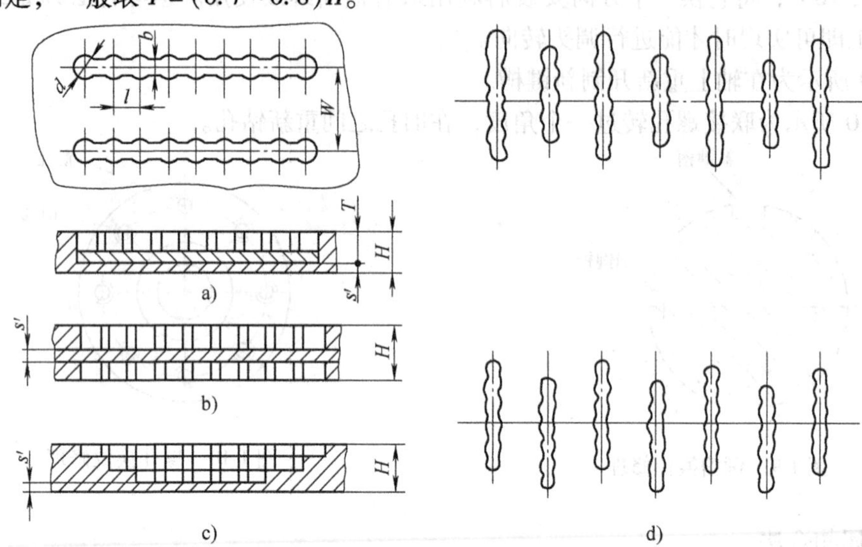

图 1-12　波形槽的尺寸与布置方式

小型零件的波形槽加工可利用铣床、钻床等。大型零件因拆卸和搬运不便，因而采用手电钻和钻模横跨裂纹钻出与波形键的凸缘等距的孔，用锪钻将孔底锪平，然后钳工用宽度等于 b 的錾子修正波形槽宽度上的两平面，即成波形槽。

3）波形槽加工好并清理干净后，将波形键镶入槽中，然后从波形键的两端向中间轮换对称铆击，使波形键在槽中充满，最后铆裂纹上的凸缘。一般以每层波形键比波形槽口（零件表面）铆低 0.5mm 左右为宜。

（2）强密扣合法　在应用了强固扣合法以保证一定强度条件之外，对于有密封要求的零件，如承受高压的气缸、高压容器等有防渗漏要求的零件，应采用强密扣合法，如图 1-13 所示。

它是在强固扣合法的基础上，在两波形键之间、裂纹或折断面的结合线上，加工缀缝栓孔，并使第二次钻的缀缝栓孔稍微切入已装好的波形键和缀缝栓，形成一条密封的“金属纽带”，以达到阻止流体受压渗漏的目的。

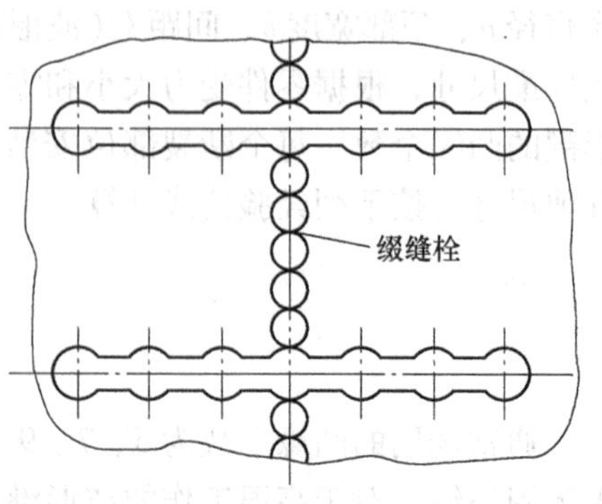

图 1-13　强密扣合法

缀缝栓可用 $\phi5\sim\phi8$mm 的低碳钢或纯铜等软质材料制造，这样便于铆紧。缀缝栓与零件的连接与波形键相同。

（3）优级扣合法　主要用于修复在工作过程中要

求承受高载荷的厚壁零件，如水压机横梁、轧钢机主梁、辊筒等。为了使载荷分布到更多的面积和远离裂纹或折断处，需在垂直于裂纹或折断面的方向上镶入钢制的砖形加强件，用缀缝栓连接，有时还用波形键加强，如图1-14所示。

加强件除砖形外还可制成其他形式，如图1-15所示。图1-15a所示加强件用于修复铸钢件；图1-15b所示加强件用于多方面受力的零件；图1-15c所示加强件可将开裂处拉紧；图1-15d所示加强件用于受冲击载荷处，靠近裂纹处不加缀缝栓，以使零件保持一定的弹性。图1-16所示为修复弯角附近的裂纹所用加强件的形式。

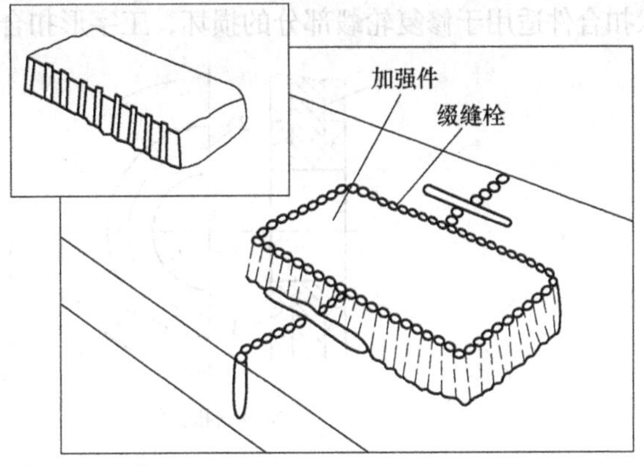

图1-14　优级扣合法

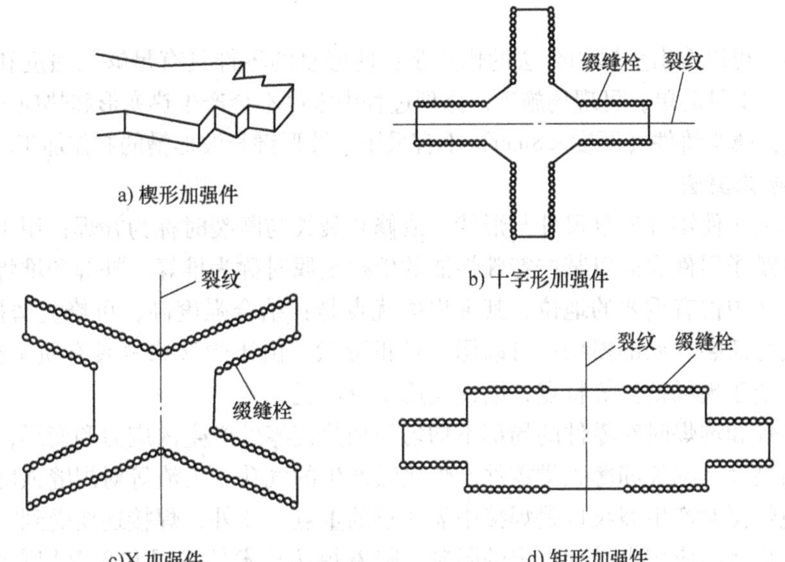

a) 楔形加强件
b) 十字形加强件
c)X 加强件
d) 矩形加强件

图1-15　加强件

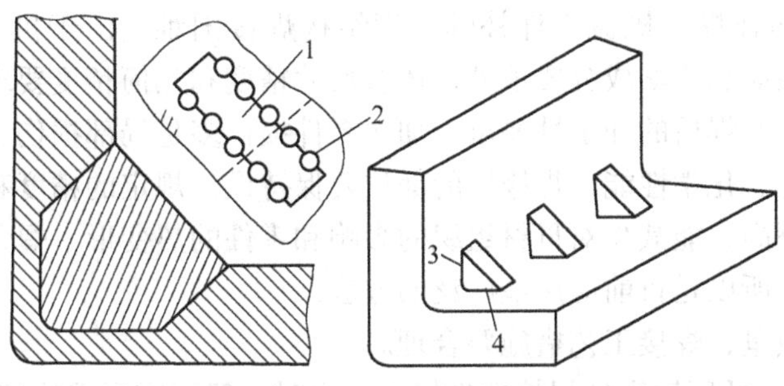

图1-16　弯角裂纹的加强

1—加强件　2—缀缝栓　3、4—凹槽底面

（4）热扣合法　热扣合法是利用加热的扣合件在冷却过程中产生收缩而将开裂的零件锁紧。该法适用于修复大型飞轮、齿轮和重型设备机身的裂纹及折断面。如图1-17所示，圆环状扣合件适用于修复轮毂部分的损坏，工字形扣合件适用于修复零件壁部的裂纹或断裂。

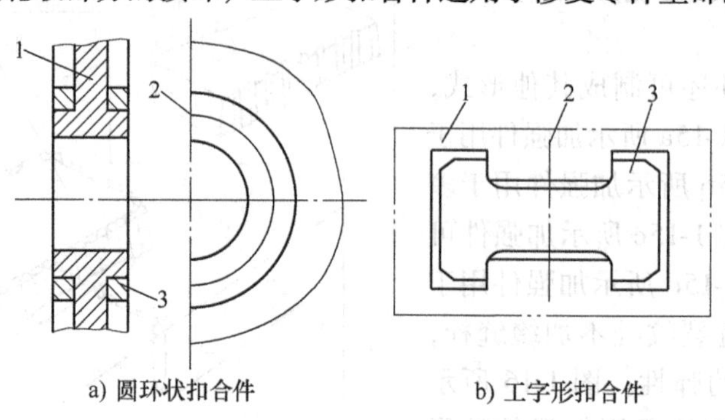

图1-17　热扣合法

1—零件　2—裂纹　3—扣合件

综上所述，可以看出金属扣合法的优点是：使修复的零件具有足够的强度和良好的密封性；所需设备、工具简单，可现场施工；修理过程中零件不会产生热变形和热应力等。该方法的缺点主要是：薄壁铸件（厚度 <8mm）不宜采用；波形键与波形槽的制作加工较麻烦等。

（二）焊接修复法

焊接技术用于使零件恢复尺寸与形状，或修复裂纹与断裂时称为补焊；用于恢复零件尺寸、形状，并赋予零件表面以某些特殊性能的熔敷金属时称为堆焊。补焊和堆焊在机械零件的修复技术方法中占有重要的地位，其突出的优点是：结合强度高，可修复磨损失效零件；可以焊补裂纹与断裂、局部损伤；可以用于校正形状。由于焊接修复具有质量高、效率高、设备成本低、便于现场抢修等特点，因此应用十分广泛。

但由于补焊和堆焊时对零件的局部不均匀的加热使零件产生内应力和变形，所以一般不宜于修复较高精度、细长和薄壳类零件。焊接时产生的气孔、夹渣等对焊缝强度和密封性都有影响，避免焊接时产生裂纹也是焊接中需注意的重点。此外，焊接还要受到零件焊接性的影响。所以，焊接的应用也受到一定的限制。随着焊接技术的发展和采取相应的工艺措施，它的缺点大部分已经可以克服。

1. 补焊

（1）钢制零件的补焊　机械零件补焊比钢结构焊接困难。由于机械零件多为承载件，除对其材料有物理性能和化学成分要求外，还有尺寸精度和几何精度要求。在焊修时，还要考虑材料的焊接性以及焊后的加工性要求。加之零件损伤多是局部损伤，焊修时要保持未损伤部位的精度和物理、化学性能，焊修后的部位要保持设计规定的精度和材料性能。由于电弧焊能量集中、效率高，能减少对母材组织的影响和零件的热变形，焊条品种多，容易使焊缝性能与母材接近，所以是目前应用最广泛的方法。

为了保证焊修质量，焊接工艺措施要合理。

1）低碳钢零件：低碳钢零件焊接性良好，补焊时一般不需要采取特殊的工艺措施。

2）中、高碳钢零件：中、高碳钢由于含碳量高，焊接接头处容易产生焊缝内的热裂纹，热影响区内由于冷却速度快而产生低塑性淬硬组织引起的冷裂纹，焊缝根部主要由于氢的渗入而产生氢致裂纹等。

为了防止中、高碳钢零件补焊过程中产生的裂纹，可采取以下措施：

①进行焊前预热。焊件的预热温度根据含碳量或碳当量、零件尺寸及结构来确定。中碳钢一般为150~250°C，高碳钢为250~350℃。某些在常温下保持奥氏体组织的钢（例如高锰钢），无淬硬情况可不预热。

②选用多层焊。多层焊的优点是，前层焊缝受后层焊缝热循环作用，使晶粒细化，改善性能。

③进行焊后热处理。焊后热处理的作用在于消除焊接部位的残余应力，改善焊接接头的韧性和塑性，同时加强扩散氢的逸出，减少延迟裂纹的产生。一般中、高碳钢焊后先采取缓冷措施，再进行高温回火，推荐温度为600~650℃。

④尽可能选用低氢焊条以增强焊缝的抗裂性能。

⑤加强焊接区的清理工作，彻底清除油、水、锈以及可能进入焊缝的任何氢的来源。

⑥设法减少母材熔入焊缝的比例，例如焊接坡口的制备，应保证便于施焊，但要尽量减少填充金属。

（2）铸铁件的补焊　铸铁件在机械设备零件中所占的比例较大，而且多数铸铁件是重要的基础件。由于它们一般体积大、结构复杂、制造周期长、有较高精度要求，而且不作为备件储备，所以一旦损坏很难更换，只有通过修复才能使用。焊接是铸铁件修复的主要方法之一。

1）铸铁件补焊的特点。铸铁含碳量高、组织不均匀、强度低、脆性大，是一种对焊接温度较为敏感而且焊接性差的材料，其补焊的特点在于：

①焊缝处易产生白口组织（指熔合区呈现白亮的一片或一圈），它脆而硬，难以切削加工。产生原因是焊接中母材吸热使冷却迅速，石墨来不及析出而形成渗碳体（Fe_3C）。

防止白口组织的措施有调整焊缝的化学成分，焊前预热和焊后缓冷，采用小电流焊接减少母材熔深等。

②由于许多铸铁件的结构复杂、刚性大，补焊时容易产生大的焊接应力，在零件的薄弱部位就容易产生裂纹。裂纹的部位可能在焊缝上，也可能在热影响区内。

防止产生裂纹的原则是减小焊接应力，可以从减小补焊区和工件整体之间的温度梯度或改善补焊区的膨胀和收缩条件等几方面采取措施。

2）铸铁件补焊的方法。常用的铸铁件补焊方法列入表1-1中以供选用和参考。

表1-1　常用的铸铁件补焊方法

补焊方法	分类	特　点
气焊	热焊法	焊前预热至600℃左右，焊后在650~700℃保温缓冷，采用铸铁填充料，焊件内应力小，不易裂，可加工
	冷焊法	也叫作不预热气焊法，焊前不预热，只用焊炬烘烤坡口周围或加热减应区，焊后缓冷，填充料同上。焊后不易裂，可加工，但减应区选择不当时则有开裂危险
电弧焊	热焊法	采用铸铁芯焊条，温度控制同气焊热焊法，焊后不易裂，可加工
	半热焊法	采用钢芯石墨型焊条，预热至400℃左右，焊后缓冷，强度与母材相近，但加工性不稳定
	冷焊法	采用非铸铁组织的焊条，焊前不预热，要严格执行冷焊工艺要点，焊后性能因焊条而异
钎焊		用气焊火焰加热，铜合金做钎料，母材不熔化，焊后不易裂，加工性好，强度因钎料而异

2. 堆焊

堆焊是焊接技术的一个重要分支。堆焊修复的目的不是连接零件，而是在零件表面熔敷金属，使其满足零件的尺寸和精度要求，并使其具有一定的性能，以满足零件表面的耐磨或耐热、耐蚀等要求。堆焊技术既可用来制造新零件，也可用于修复旧零件。例如，堆焊可修复各种轴类、轴承类、轧辊类零件以及工模具等。堆焊技术应用于修复零件时，不仅可以修复零件尺寸，而且可以改善零件的表面性能，从而节约了资金，延长了机械设备使用寿命。

（1）堆焊技术特点　堆焊技术的物理本质、工艺原理、冶金过程和热过程的基本规律和一般的焊接技术没有区别，但是它也有其自身的特点，主要是：

1）堆焊技术除满足零件的尺寸要求外，主要是满足零件性能方面的要求。

2）为了满足性能上的要求，首要的问题是选用合适的堆焊层合金。由于堆焊层的合金元素含量比母材的要高，有时会与母材成分有很大的不同，所以也带来一些新的问题。例如堆焊时由于两种材料性能不同引起的裂纹问题，母材对堆焊层的稀释问题等。这些都要求在堆焊技术中妥善解决。

3）由于堆焊是在零件表面进行，使零件不对称受热极为显著，致使堆焊后零件变形明显。这需要在堆焊技术中妥善解决。

（2）堆焊合金　目前，堆焊合金种类繁多，可满足不同工况需要。选择堆焊合金时一般遵循以下原则：

1）满足零件的工作条件。零件是在一定的速度、负载、温度和环境条件下工作的，它的修复好的表面（此处指堆焊合金表面）也应满足零件的工作条件。选择堆焊合金时，可结合零件的失效模式有针对性地去选择。

2）考虑经济性。一般来讲，堆焊合金的使用寿命越长，其成本也越高，所以要综合考虑经济性。建议选用单位寿命成本最低的堆焊合金。

3）考虑焊接性。在满足上述两点的原则下，需考虑选用焊接性较好的堆焊合金。

（3）堆焊方法　几乎所有熔化焊方法均可用于堆焊。常用堆焊方法及其特点见表1-2。

表1-2　常用堆焊方法及其特点

堆焊方法		特　点	注意事项
氧乙炔焊		设备简单，成本低，操作较复杂，劳动强度大。火焰温度较低，稀释率小，单层堆焊厚度可小于1.0mm，堆焊层表面光滑。常用合金铸铁及镍基、铜基的实芯焊丝。堆焊批量不大的零件	堆焊时可采用熔剂。熔深越浅越好。尽量采用小号焊炬和焊嘴
焊条电弧焊		设备简单、机动灵活、成本低，能堆焊几乎所有实芯和药芯焊条，目前仍是一种主要堆焊方法，常用于小型或复杂形状零件的全位置堆焊修复和现场修复	采用小电流、快速焊、窄道焊，摆动小，防止产生裂纹。大件焊前预热，焊后缓冷
埋弧焊	单丝埋弧焊	是常用堆焊方法，堆焊层平整，质量稳定，熔敷率高，劳动条件好。但稀释率较大，生产率不够理想	应用最广的高效堆焊方法。用于具有大平面和简单圆形表面的零件。可配通用焊剂，也常用专用烧结焊剂进行渗合金
	多丝埋弧焊	双丝、三丝及多丝并列接在电源的一个极上，同时向堆焊区送进，各焊丝交替堆焊，熔敷率大大增加，稀释率下降10%～15%	
	带极埋弧焊	熔深浅，熔敷率高，堆焊层外形美观	
等离子弧焊		稀释率低，熔敷率高，堆焊零件变形小，外形美观，易实现机械化和自动化	有填丝法和粉末法两种

（三）热喷涂和喷焊技术

热喷涂和喷焊技术不仅能够恢复机械零件磨损的尺寸，而且通过选用合适的喷涂（喷焊）材料，还能够改善和提高包括耐磨性和耐蚀性等在内的零件表面的性能，用途极为广泛，在零件的修复技术中占有重要的地位。

1. 热喷涂技术

（1）热喷涂技术原理　利用氧乙炔火焰或者电弧等热源，将喷涂材料（呈粉末状或丝材状）加热到熔融状态，在氧乙炔火焰或者压缩空气等高速气流推动下，喷涂材料被雾化并被加速喷射到制备好的工件表面上。喷涂材料呈圆形雾化颗粒喷射到工件表面即受阻变形成为扁平状。最先喷射到工件表面的颗粒与工件表面的凹凸不平处产生机械咬合，随后喷射来的颗粒打在先前到达工件表面的颗粒上，也同样变形并与先前到达的颗粒互相咬合，形成机械结合。这样大量的喷涂材料颗粒在工件表面互相挤嵌堆积，就形成了喷涂层。

（2）热喷涂技术种类　按照所用热源不同，热喷涂技术可分为火焰喷涂、电弧喷涂、高速火焰喷涂、等离子喷涂、激光喷涂等。氧乙炔火焰喷涂以其设备投资少、生产成本低、工艺简单易掌握、可进行现场维修等优点，在设备维修领域得到广泛的应用。

（3）热喷涂技术特点

1）适用范围广。涂层材料可以是金属，也可以是非金属（例如聚乙烯、尼龙等工程塑料，金属氧化物、碳化物、硼化物、硅化物等陶瓷材料）以及复合材料；被喷涂工件可以是金属或非金属材料。零件表面具有的不同涂层材料，使表面具有不同功能，例如耐蚀性、耐磨性、耐高温性等。

2）工艺灵活。施工对象小到 ϕ10mm 内孔，大到桥梁、铁塔等大型结构。热喷涂既可在整体表面上进行，也可在指定区域内进行；既可在真空或控制气氛中喷涂活性材料，也可在现场作业。

3）喷涂层减摩性能良好。喷涂层的多孔组织具有储油润滑和减摩性能。

4）工件受热影响小。热喷涂技术对工件加热温度低，故工件热变形较小，材料组织不发生变化。

5）生产率高。大多数热喷涂技术的生产率可达到每小时喷涂数千克喷涂材料，有些工艺方法更高。

热喷涂技术也存在缺点。例如：喷涂层与工件基体结合强度较低，不能承受交变载荷和冲击载荷；工件表面粗糙化处理会降低零件的刚性；涂层质量只能靠严格实施工艺来保证，尚无有效的检测方法。

（4）氧乙炔火焰喷涂技术　该技术是以氧乙炔火焰为热源，借助高速气流将喷涂粉末吸入火焰区，加热到熔融状态后再喷射到制备好的工件表面，形成喷涂层。

氧乙炔火焰喷涂设备主要包括喷涂枪、氧气和乙炔储存器（或发生器）、喷砂设备、电火花拉毛机、表面粗化用工具及测量工具等。

喷涂枪是氧乙炔火焰喷涂技术的主要设备。国产喷涂枪大体上可分为中小型和大型两类。中小型喷涂枪主要用于中小型和精密零件的喷涂和喷焊，适应性较强。大型喷涂枪主要用于对大型零件的喷涂，生产率高。

中小型喷涂枪的典型结构如图 1-18 所示。当粉阀不开启时，其作用与普通气焊枪相同，可做喷涂前的预热及喷粉后的重熔。当按下粉阀开关阀柄，粉阀开启时，喷涂粉末从粉斗流进枪体，随氧乙炔混合流被熔融、喷射到工件上。

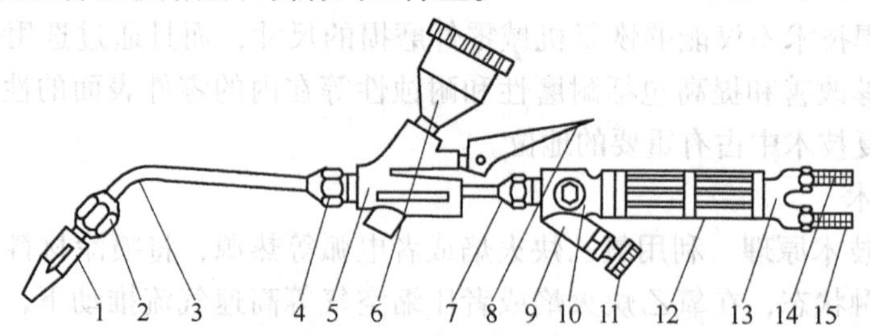

图 1-18　中小型喷涂枪的典型结构

1—喷嘴　2—喷嘴接头　3—混合气管　4—混合气管接头　5—粉阀体　6—粉斗　7—气接头螺母　8—粉阀开关阀柄　9—中部主体　10—乙炔开关阀　11—氧气开关阀　12—手柄　13—后部接体　14—乙炔接头　15—氧气接头

大型喷涂枪内设置有专门的送粉通道，有些大功率喷涂枪在喷嘴上还设有水冷却装置，这样可以长时间地工作。图 1-19 所示为一种大型喷涂枪的结构。

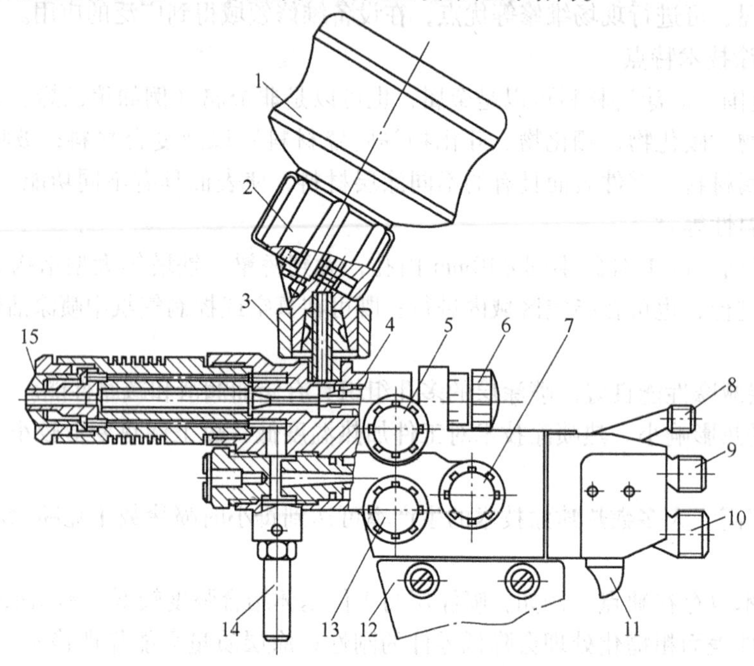

图 1-19　一种大型喷涂枪的结构

1—粉斗　2—粉斗座　3—锁紧环　4—本体　5—气体控制阀　6—粉阀柄　7—氧阀　8—送粉气进口　9—氧进口　10—乙炔进口　11—气体快速关闭阀　12—手柄　13—乙炔阀　14—支柱　15—喷嘴

各种喷涂枪都配有 2 ~3 个不同孔径的喷嘴，以适应对火焰功率和生产率的不同要求。

热喷涂时要求火焰功率和性质在调好后稳定不变，安全阀和减压器必须配备齐全并灵敏可靠。

喷砂设备一般采用压送式喷砂机。电火花拉毛机主要用于热处理过的淬硬工件表面粗化处理。其他表面粗化处理和表面清理用的工具有钢丝刷、手持砂轮机、砂纸等。测量工具及仪器有钢直尺、卡尺、卡钳、温度计等。工件夹持可根据需要选用卧式车床等。

氧乙炔火焰喷涂技术包括喷涂前的准备、喷涂表面预处理、喷涂及喷涂后处理等过程。

1）喷涂前的准备。喷涂前的准备工作内容有工艺制定，材料、工具和设备的准备两大方面。在工艺制定前首先需了解被喷涂工件表面的实际状况和技术要求并进行分析，从本企业设备、工装实际出发，努力创造条件，定出最佳工艺方案。在工艺制定中主要考虑：

①确定喷涂层的厚度。由于喷涂后必须机械加工，因此涂层厚度中应包括加工余量，同时还要考虑喷涂时的热胀冷缩。

②确定喷涂层材料。选择喷涂层材料的依据是喷涂层材料的性能应满足被喷涂工件的材料、配合要求、技术要求以及工作条件等，据此，分别选择结合层和工作层用材料。

喷涂用粉末可分为结合层用粉（简称结合粉）和工作层用粉（简称工作粉）两类。结合粉喷在基体与工作层之间，故也称为底粉，它的作用是提高基体与工作层之间的结合强度。结合粉目前多用镍、铝复合粉，它的特点是每个粉末颗粒中镍和铝单独存在，常温下不发生反应。但在喷涂过程中，粉末被加热到600℃以上时，镍和铝之间就发生强烈的放热反应。同时，部分铝还被氧化，产生更多的热量。这种放热反应在粉末喷射到工件表面后还能持续一段时间，使粉末与工件表面接触处瞬间达到900℃以上的高温。在此高温下镍会扩散到母材中去，形成微区冶金结合。大量的微区冶金结合可以使喷涂层的结合强度显著提高。工作粉要满足表面使用条件，同时还能与结合层可靠地结合。氧乙炔火焰喷涂工作层用粉末种类很多，有纯金属粉、合金粉、金属包覆粉、金属包覆陶瓷的复合粉等多种类型，但在成分上多为镍基、铁基和铜基三大类。

我国生产的热喷涂材料品种繁多，使用时可参考各生产厂家提供的样本。

③确定喷涂参数。根据涂层的厚度、热喷涂材料性能、粒度来确定热喷涂的参数，包括乙炔气和氧气的压力、喷涂距离、喷涂枪与工件的相对运动速度等。

2）热喷涂表面预处理。为了提高涂层与基体表面的结合强度，在热喷涂前对基体表面进行清洗、脱脂和表面粗糙化、预热等预处理，它是热喷涂技术的一个重要环节。

①基体表面的清洗、脱脂。清洗的主要对象是基体待喷区域及其附近表面的油污、水、锈和氧化皮层。可采用碱洗法、有机溶剂洗涤法、蒸气清洗法等。铸铁材料的清洗、脱脂比较困难，这是由于在喷涂时基体表面的温度升高，疏松孔中的油脂就会渗透到基体表面，对涂层与基体的结合极为不利。所以，对铸铁件这样疏松的基体表面，经过清洗、脱脂后，还需要将其表面加热到250℃左右，尽量使油脂渗透到表面，然后再加以清洗。

②基体表面氧化膜的处理。一般采用机械方法，如切削加工方法和人工除锈法，也可用硫酸或盐酸进行酸洗。

③基体表面的粗糙化处理。基体表面的粗糙化处理是提高涂层与基体表面机械结合强度的一个重要措施。喷涂前1～8h内必须对工件表面进行粗糙化处理。常用的表面粗糙化处理方法有喷砂法、机械加工法、化学腐蚀法、电火花拉毛法等。

喷砂法是最常用的粗糙化处理方法。喷砂前工件表面要清洗、脱脂，喷砂用的压缩空气应去除油和水，砂粒应清洁锐利。喷砂时用喷砂机进行，喷砂过程中要有良好的通风吸尘装置。喷砂后除极硬的材料表面外，不应出现光亮表面。喷砂表面粗糙化完成后，工件表面要保持清洁，并尽快（一般不超过2h）转入喷涂工序。

对轴、套类零件表面的粗糙化处理，可采用车削粗浅螺纹、开槽、滚花等简易机械加工方法。

化学腐蚀法是通过对基体表面进行化学腐蚀而形成粗糙的表面。

电火花拉毛法是将细的镍丝或铝丝作为电极，在电弧作用下，电极材料与基体表面局部熔合，产生粗糙的表面。

④基体表面的预热处理。由于喷涂层与基体表面有温度差，会使涂层产生收缩应力，引起喷涂层开裂和剥落，通过对基体表面预热可降低和防止上述情况。一般基体表面的预热温度在200～300℃之间。预热可直接用喷枪进行，如用中性氧乙炔焰对工件直接加热。预热也可在电炉、高频炉等中进行，可根据生产条件来选择。

⑤非喷涂表面的保护。在喷砂和喷涂前，必须对基体的非喷涂表面进行保护。如对基体表面上的键槽或小孔等不允许喷涂的部位，喷砂前可以用金属、橡胶或石棉绳等堵塞。

3）喷涂。对预处理后的零件应立即喷涂结合粉。在控制涂层厚度时，因涂层薄较难测量，故一般通过控制单位喷涂面积的喷粉量来达到控制涂层厚度的目的。喷粉时用中性焰或弱碳化焰，送粉后出现集中亮红火束，并有蓝白色烟雾。如果火焰末端呈白亮色，说明粉有过烧现象，应调整火焰，或减小送粉量，或增大流速；若火焰末端呈暗红色，说明粉末没有熔透，应加大火焰，控制粉量与流速。如果调整火焰和粉量无效时，可改变粉末粒度和含镍量，可改用粗粉末或用含镍量大的粉末。喷粉时喷射角度要尽量垂直于喷涂表面，喷涂距离一般掌握在180～200mm。

结合层喷完后，用钢丝刷去除灰粉和氧化膜，然后更换粉斗喷工作层。使用铁基粉末时采用弱碳化焰，使用铜基粉末时采用中性焰，使用镍基粉末时介于两者之间。喷涂距离一般也掌握在180～200mm为宜，距离太近会使粉末加热时间不足和工件升温过高，距离太远又会使粉末到达工件表面时的速度和温度下降，这些都将影响涂层质量。喷涂时喷涂枪与工件相对移动速度最好在70～150mm/s。喷涂过程中，应经常测量基体温度，超过250℃时宜暂停喷涂。

圆柱形工件喷涂可装夹在车床上进行，工件表面线速度控制在15～25m/min，以使喷涂层熔融均匀。

4）喷涂后处理。喷涂后处理包括封孔、机械加工等工序。

喷涂层的孔隙约占总体积的15%左右。对于摩擦副零件，可在喷后趁热将零件浸入润滑油中，利用孔隙储油有利于润滑。但对于承受液压的零件、腐蚀条件下工作的零件，其涂层都需用封孔剂填充孔隙，这一工序称为封孔。常用的封孔剂有石蜡、环氧树脂、聚氨酯树脂、酚醛树脂等。当喷涂层的尺寸精度和表面粗糙度不能满足要求时，需对其进行机械加工，可采用车削或磨削加工。

2. 喷焊技术

喷焊是指对经预热的自熔性合金粉末喷涂层再加热（约1000～1300℃），使喷涂层颗粒熔化，造渣上浮到涂层表面，生成的硼化物和硅化物弥散在涂层中，使颗粒间和基体表面润湿达到良好粘接，最终质地致密的金属结晶组织与基体形成约0.05～0.10mm的冶金结合层。喷焊层与基体结合强度约为400MPa，它的耐磨、耐蚀、抗冲击性都较好。这一加热过程称为重熔。

（1）喷焊技术的适用范围　由于喷焊时基体局部受热温度高，会产生热变形，所以适用于喷焊的工件金属材料大体上可分为以下几种类型：

1）无需特殊处理就可喷焊的材料。这类材料有 $w_C < 0.25\%$ 的一般碳素结构钢，锰、

钼、钒总的质量分数小于3%的结构钢，18-8型不锈钢，镍不锈钢，灰铸铁，可锻铸铁，球墨铸铁和纯铁等。

2）需预热250~375℃，喷焊后要缓冷的材料。这类材料指$w_C>0.4\%$的碳钢，锰、钼、钒总的质量分数大于3%的结构钢，$w_{Cr}\geqslant 2\%$的结构钢等。

3）喷焊后需等温退火的材料。这类材料指$w_{Cr}\geqslant 11\%$的马氏体不锈钢，$w_C\geqslant 0.4\%$的铬钼结构钢等。

4）不适于喷焊的材料。这类材料指比喷焊用合金粉末的熔点还要低的材料，例如铝、镁及其合金，以及某些铜合金；$w_{Cr}\geqslant 18\%$的马氏体高铬钢等。

与喷涂层相比，喷焊层组织致密，耐磨、耐蚀，与基体结合强度高，可承受冲击载荷，所以喷焊技术适用于承受冲击载荷、要求表面硬度高、耐磨性好的磨损零件的修复，例如混砂机叶片、破碎机齿板、挖掘机铲斗齿等。但在用喷焊技术修复大面积磨损或成批零件时，因合金粉末价格高，故应考虑经济性。

（2）喷焊用自熔性合金粉末　喷焊用自熔性合金粉末是以镍、钴、铁为基材的合金，其中添加适量硼和硅元素起到脱氧造渣焊接熔剂的作用，同时能降低合金熔点，适于氧乙炔火焰喷焊。

我国标准规定了氧乙炔火焰喷焊合金粉末的技术数据，使用时可结合厂家产品样本选用。

（3）氧乙炔火焰喷焊技术　喷焊技术过程与喷涂技术过程基本相同。喷焊技术是在喷涂后加有重熔工序，而且由于操作顺序的不同，分为一步法喷焊和二步法喷焊。喷焊过程还应注意以下事项：

1）如果工件表面有渗碳层或渗氮层，预处理时必须清除，否则喷焊过程会生成碳化硼或氮化硼，这两种化合物很硬、很脆，易引起翘皮，导致喷焊失败。

2）重熔后，喷焊层厚度减小25%左右，在设计喷焊层厚度时要考虑。

下面简单叙述一步法喷焊和二步法喷焊。

（1）一步法喷焊　一步法喷焊就是指喷粉和重熔同时进行的操作方法，也就是说边喷粉边重熔，使用同一支喷枪即可完成喷焊过程。

首先工件预热后喷0.2mm左右的薄层合金粉，以防止表面氧化。接着间歇按动送粉开关进行送粉，同时将喷上去的合金粉重熔。根据熔融情况及对喷焊层厚薄的要求，决定火焰的移动速度。火焰向前移动的同时，再间歇送粉并重熔。这样，喷粉—重熔—移动，周期地进行，直到整个工件表面喷焊完成。

一步法喷焊对工件输入热量少，工件变形小，适用于小型零件或小面积喷焊。喷焊层厚度在2mm以内较合适。

（2）二步法喷焊　二步法喷焊就是喷粉和重熔分两步进行，不一定使用同一喷枪，甚至可以不使用同一热源。

首先对工件进行大面积或整体预热，接着预喷保护层，之后继续加热至500℃左右，再在整个表面多次均匀喷粉，每一层喷粉厚度不超过0.2mm，多次薄层喷粉有利于控制喷层厚度及均匀性。达到预计厚度后停止喷粉，然后开始重熔。

重熔是二步法喷焊的关键工序，对整个喷焊层质量有很大的影响。若有条件，最好使用重熔枪，火焰应调整成中性焰或弱碳化焰的大功率柔软火焰，将涂层加热至固/液相线之间的温度。重熔速度应掌握适当，即涂层出现“镜面反光”时，即向前移动火焰进行下个部位的重熔。最终的喷焊层厚度可控制在 2 ~ 3mm。

由于喷焊合金的热膨胀系数较大，重熔后冷却不当会产生变形，甚至产生裂纹，所以应在喷焊后视具体情况采用不同的冷却措施。对于中低碳钢、低合金钢的工件和喷焊层薄、形状简单的铸铁件，采用空气中自然冷却方法；对于喷焊层较厚、形状复杂的铸铁件，锰、钼、钒合金含量较大的结构钢件，淬硬性高的工件等，可采取在石灰坑中缓冷或用石棉材料包裹缓冷的方法。

根据工件的需要，可对喷焊层进行精加工，用车削或磨削即可。但是，需注意所用刀具、砂轮和切削规范。

3. 喷涂层、喷焊层质量测试

在实际工作中，喷涂层、喷焊层的质量是指它的硬度、组织、机械强度、耐磨性和耐蚀性等。

（1）喷涂层、喷焊层的硬度检测　对于喷涂层、喷焊层宏观硬度的检测一般采用洛氏硬度测定，其中薄层的检测使用洛氏表面硬度计。对于金属覆盖层及其他有关覆盖层，使用维氏（HV）和努氏（HK）硬度试验方法。

（2）喷涂层、喷焊层组织的定性检查　喷涂层的正常组织应是均匀细致的层状组织，外观为均匀分布的细砂状表面，表层硬实。镍基涂层颜色为银灰色，铁基涂层为灰黄色，铜基涂层为深黄色，镍铝复合涂层为银黄色。

喷焊层的正常组织应是金属结晶组织，与金属堆焊组织相同。表面焊渣去掉后，焊层表面光滑坚实。除铜基喷焊层颜色为银黄色外，其余镍、钴、铁基喷焊层均是呈金属光泽的银灰色，略有深浅之分。

喷涂层组织粗加工后，表面不应有裂纹、空洞、针孔等缺陷。喷焊层组织经直接检查后，表面应无漏底、裂纹、夹渣、空洞、针孔等。

（3）喷涂层、喷焊层的强度、耐磨性、耐蚀性的检测　这些方面的检测可参考材料的测试，取样进行。

【任务实施】

一、器材准备

游标卡尺、千分尺、制图板、传动轴。

二、操作步骤

（1）讲解量具的使用　讲解并现场演示游标卡尺、千分尺等的正确使用方法。

（2）讲述零件测绘的基本步骤

1）分析零件。了解传动轴在机器中的作用、所使用的材料及加工方法。

2）确定传动轴的视图表达方案。一个零件，其表达方案并非是唯一的，可多考虑几种方案，选择最佳方案。在这里可采用 1 个主视图加 2 个剖视图来表达。

3）目测徒手画传动轴草图。

4）绘制传动轴工作图。

画出零件工作图后，整个传动轴测绘的工作就完成了。

(3) 现场演示传动轴常见故障及维修方法

1) 讲解并演示传动轴的损坏原因及处理方法。

①零件的腐蚀损坏：为了预防零件的腐蚀，常常用耐腐蚀的材料（镍、铬、锌等）镀敷于金属零件表面，或在金属零件表面涂油，防止零件与有害介质直接接触。

②零件的疲劳损坏：

表现形式：断裂、表面剥落。

处理方法：在制造过程中降低零件的表面粗糙度值，采用比较缓和的断面过渡，以减少零件的应力集中。此外，利用渗碳、淬火等方法，提高零件的硬度、韧性和耐磨性，也能收到良好的效果。

③零件的摩擦损坏：通过改善润滑条件来减少磨损。

2) 讲解并演示传动轴常用的修理方法。

①调整换位法：将已磨损的零件调换一个方位，利用零件未磨损或磨损较轻的部位继续工作。

②修理尺寸法：将损坏的零件进行整修，使其几何外形尺寸发生改变，同时配以相应改变了的配件，以达到所规定的配合技术参数。

③镶加零件法：用一个零件装配到零件磨损的部位上，以补偿原零件的磨损，恢复它原有的配合关系。

④零件更换与局部修换法：当零件损坏到不能修复或修复成本太高时，应用新的零件更换；假如零件的某个部位局部损坏严重，可将损坏部分去掉，重新制作一个新的部分，用焊接或其他方法使新换上部分与原有零件的基体部分连接成一整体，从而恢复零件的工作能力。

⑤恢复尺寸法：通过焊接（电焊、气焊、钎焊）、电镀、喷涂、胶补、锻、压、车、钳、热处理等方法，将损坏的零件恢复到技术要求规定的外形尺寸和性能。采用此方法要考虑经济效益，一般修复零件的费用约为原价格的5%～50%。

注意事项：不能破坏零件的几何精度，不能降低零件表面的硬度和耐磨性，不能使零件基体金属组织发生变化和产生有害的残余力，不能影响零件修复后的加工。

子情境二　齿轮的测绘与维修

【学习目标】

1) 掌握齿轮的加工工艺及结构特点。
2) 能用测量工具测量齿轮的各种尺寸。
3) 能正确绘制出齿轮零件图。
4) 能理解齿轮损坏的原因及处理方法。
5) 能进行齿轮的鉴定和修理。

【任务描述】

设备维修工接到某机床变速齿轮维修任务。首先了解变速齿轮在机床中的作用及所使用的材料，选用量具测量变速齿轮的尺寸并绘制出变速齿轮零件工作图；然后对变速齿轮进行鉴定，并采用适合的技术手段修复变速齿轮；最后交付使用，对已完成的工作进行存档。

【相关知识】

一、齿轮测绘

1. 齿轮测绘的一般步骤

根据齿轮及齿轮副实物，用必要的量具、仪器和设备等进行技术测量，并经过分析计算确定出齿轮的基本参数及有关工艺等，最终绘制出齿轮的零件工作图，这个过程称之为齿轮测绘。从某种意义上讲，齿轮测绘工作是齿轮设计工作的再现。

齿轮测绘有纯测绘和修理测绘之分。为制造设备样机而进行的测绘称为纯测绘；为配换、更新齿轮所进行的测绘称为修理测绘。设备维修时，齿轮的测绘是经常遇到的一项比较复杂的工作：要在没有或缺少技术资料的情况下，根据齿轮实物而且往往是已经损坏了的实物测量出部分数据，然后根据这些数据推算出原设计参数，确定制造时的各个尺寸，画出齿轮工作图。由于目前使用的机械设备不能完全统一，有国产的也有国外进口的，就进口设备而言在时间上也有早有晚，这就造成了标准的不统一，因而给齿轮测绘工作带来许多麻烦。为使整个测绘工作顺利进行，并得到正确的结果，齿轮的测绘一般可按如下几个步骤进行。

1）了解被修设备的名称、型号、生产国、出厂日期和生产厂家。由于世界各国对齿轮的标准制度不尽相同，即使是同一个国家，由于生产年代的不同或生产厂家的不同，所生产的齿轮的各参数也不相同。这就需要在齿轮测绘前首先了解该设备的生产国家、出厂日期和生产厂家，以获得准确的齿轮参数。

2）初步判定齿轮类别。知道了齿轮的生产国家即获得了一定的齿轮参数，如压力角、齿顶高系数、顶隙系数等。除此之外，还需判别齿轮是标准齿轮、变位齿轮或者是非标准齿轮。

3）查找与主要几何要素（m、α、z、β、x）有关的资料。翻阅传动部件图、零件明细表以及零件工作图，若已修理配换过，还应查对修理报告等，这样可简化和加快测绘工作的进程，并可提高测绘的准确性。

4）做被测齿轮精度等级、材料和热处理的分析。

5）分析被测齿轮的失效原因。分析齿轮的失效原因，这在齿轮测绘中是一项十分重要的工作。由于齿轮的失效形式不同，知道了齿轮的失效原因不但会使齿轮的测绘结果准确无误，而且还会对新制齿轮提出必要的技术要求，延长使用寿命。

6）测绘、推算齿轮参数及画齿轮工作图。

2. 直齿圆柱齿轮的测绘

（1）几何参数的测量　测绘渐开线直齿圆柱齿轮的主要任务是确定基本参数 m（或 p）、α、z、h_a^*、c^*、x。为此，需对被测量的齿轮作一些几何参数的测量。

1）齿数 z 的测量。通常情况下，见到的齿轮多为完整齿轮，整个圆周都布满了轮齿。只要数一下有多少个齿就可以确定其齿数 z。对扇形齿轮或残缺的齿轮，只有部分圆周，无法直接确定一周应有的齿数。为此，这里介绍两种方法，即图解法和计算法。

①图解法。如图 1-20a 所示，以齿顶圆直径 d_a 画一个圆，根据扇形齿轮实有齿数多少

而量取跨多少个齿距的弦长（见图 1-20b），以此弦长 A 截取圆，对小于 A 的剩余部分，再以一个齿距的弦长 B 截取，最后即可算出齿数 z。图中，以 A 依次截取齿顶圆为 3 份，即 CD、CE 和 EF，剩余部分 DF 正好被 B 一次截取。设弦长包含 n 个齿，则

$$z=3n+1 \tag{1-1}$$

②计算法。量出跨 n 个齿的齿顶圆弦长 A，如图 1-20b 所示，求出 n 个齿所含的圆心角 ϕ，再求出一周的齿数 z。

$$\phi=2\arcsin A/d_a \tag{1-2}$$

$$z=360°n/\phi \tag{1-3}$$

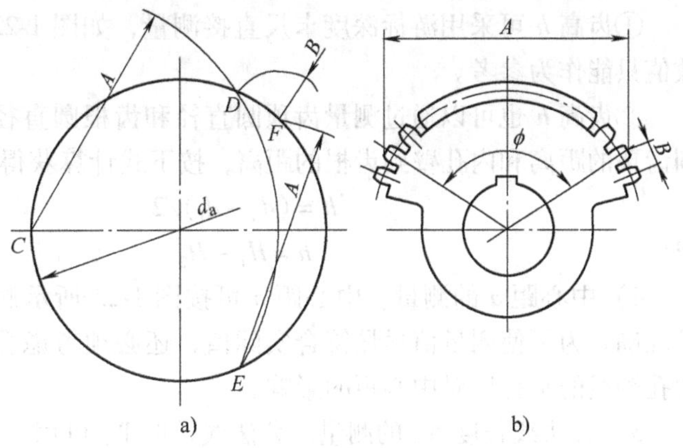

图 1-20 不完整齿轮齿数 z 的确定

2）齿顶圆直径和齿根圆直径的测量。如图 1-21 所示，对于偶数齿齿轮，可用游标卡尺直接测量得到齿顶圆直径 d_a 和齿根圆直径 d_f；对奇数齿齿轮则不能直接测量得到，可按下述方法进行：

①仍用游标卡尺直接测量，但此时卡尺的一侧在齿顶，另一侧在齿间，测得的不是 d_a，而是 d_a'，需通过几何关系推算获 d_a。

$$d_a=kd_a' \tag{1-4}$$

式中，k 称为校正系数，可由表 1-3 查得。

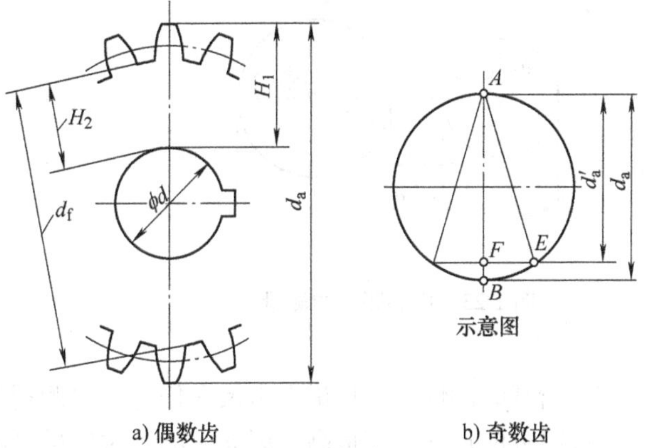

图 1-21 齿顶圆直径和齿根圆直径的测量

表 1-3 奇数齿齿轮齿顶圆直径校正系数 k

z	7	9	11	13	15	17	19
k	1.02	1.0154	1.0103	1.0073	1.0055	1.0043	1.0034
z	21	23	25	27	29	31	33
k	1.0028	1.0023	1.0020	1.0017	1.0015	1.0013	1.0011
z	35	37	39	41,43	45	47 ~ 51	53 ~ 57
k	1.0010	1.0009	1.0008	1.0007	1.0006	1.0005	1.0004

②对于中间有孔的齿轮，也可用间接测量的方法，即测量内孔直径 d，内孔壁到齿顶的距离 H_1 或内孔壁到齿根的距离 H_2，如图 1-21a 所示，计算得到

$$d_a=d+2H_1 \tag{1-5}$$

$$d_f=d+2H_2 \tag{1-6}$$

3）齿高 h 的测量。

①齿高 h 可采用游标深度卡尺直接测量，如图 1-22 所示。这种方法不够精确，测得的数值只能作为参考。

②齿高 h 也可以通过测量齿顶圆直径和齿根圆直径，或测量内孔壁到齿顶的距离和内孔壁到齿根的距离，按下式计算获得，即

$$h=(d_a-d_f)/2 \tag{1-7}$$

或

$$h=H_1-H_2$$

图 1-22　齿高 h 的测量

4）中心距 a 的测量。中心距 a 可按图 1-23 所示测量，测量时要力求准确。为了使测量值尽量符合实际值，还必须考虑孔的圆度、锥度及两孔轴线的平行度对中心距的影响。

5）公法线长度 W_k 的测量。公法线长度 W_k 可用精密游标卡尺或公法线千分尺测量，如图 1-24 所示。

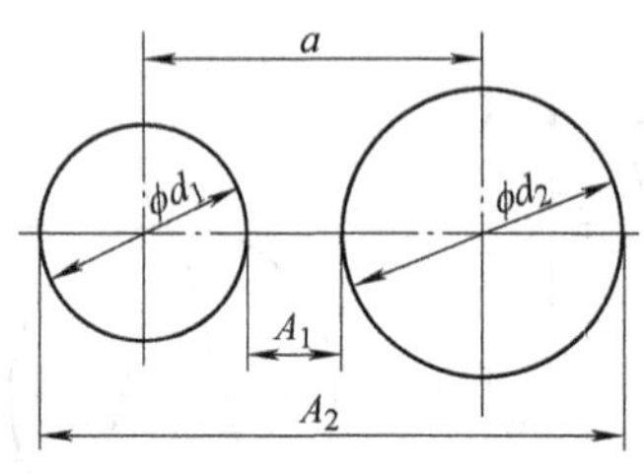

图 1-23　中心距 a 的测量

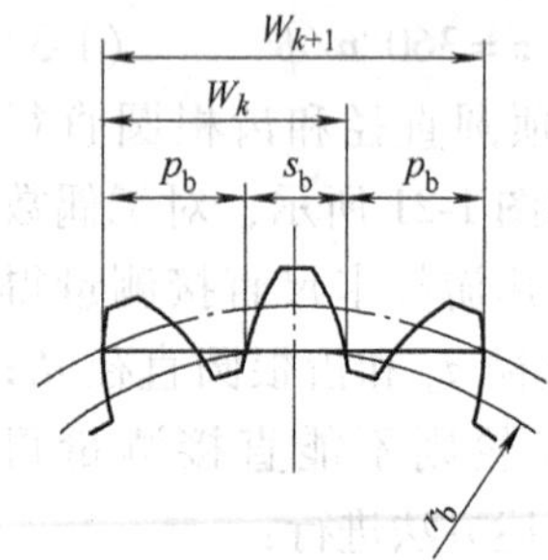

图 1-24　公法线长度 W_k 的测量

依据渐开线的性质，理论上卡尺在任何位置测得的公法线长度都相等，但实际测量时，以分度圆附近的尺寸精度最高。因此，测量时应尽可能使卡尺切于分度圆附近，避免卡尺接触齿尖或齿根圆角。测量时，如切点偏高，可减少跨测齿数 k；如切点偏低，可增加跨测齿数 k。跨测齿数 k 值可直接查表 1-4。

表 1-4　测量公法线长度时的跨测齿数 k

压力角 α	跨测齿数 k							
	2	3	4	5	6	7	8	9
	被测齿轮齿数 z							
14.5°	9 ~ 23	24 ~ 35	36 ~ 47	48 ~ 59	60 ~ 70	71 ~ 82	83 ~ 95	96 ~ 100
15°	9 ~ 23	24 ~ 35	36 ~ 47	48 ~ 59	60 ~ 71	72 ~ 83	84 ~ 95	96 ~ 107
20°	9 ~ 18	19 ~ 27	28 ~ 36	37 ~ 45	46 ~ 54	55 ~ 63	64 ~ 72	73 ~ 81
22.5°	9 ~ 16	17 ~ 24	25 ~ 32	33 ~ 40	41 ~ 48	49 ~ 56	47 ~ 64	65 ~ 72
25°	9 ~ 14	15 ~ 21	22 ~ 29	30 ~ 36	37 ~ 43	44 ~ 51	52 ~ 58	59 ~ 65

6）基圆齿距 p_b 的测量（即旧标准基节的测量）。

①用公法线长度测量。如图 1-24 所示，公法线长度每增加 1 个跨齿，即增加 1 个基圆齿距，所以基圆齿距 p_b 可通过公法线长度的测量，计算获得

$$p_b=W_{k+1}-W_k \tag{1-8}$$

考虑到公法线长度的变动误差，每次测量时，必须在同一位置，即取同一起始位置、同一方向进行测量。

②用标准圆棒测量。图1-25所示为用标准圆棒测量基圆齿距 p_b 的原理图。图中两直径分别为 d_{p1} 和 d_{p2} 的标准圆棒切于两相邻齿廓。另外，为了减少测量误差的影响，两圆棒直径的差值应尽可能取得大一些，通常差值可取0.5～3mm。过基圆作两条假想的渐开线，使其分别通过圆棒中心 O_1、O_2。依据渐开线的性质，从图1-25中可以看出，圆棒半径等于基圆上相应的一段弧长，即

$$\frac{d_p}{2} = r_b \text{inv } \alpha$$

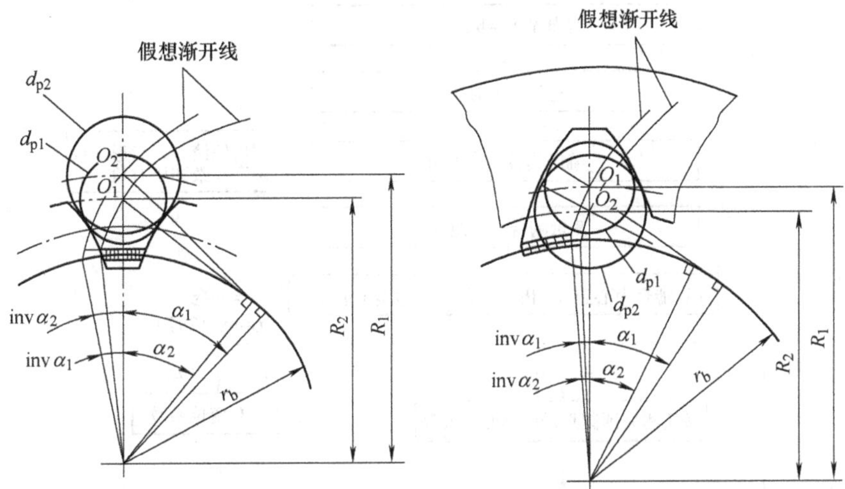

图1-25　用标准圆棒测量基圆齿距

从而可得到下式

$$\frac{d_{p2} - d_{p1}}{2} = \pm r_b(\text{inv } \alpha_2 - \text{inv } \alpha_1)$$

等式右端的"+"号用于外齿轮，"-"号用于内齿轮。

$$\alpha_1 = \arccos\frac{r_b}{R_1}$$

$$\alpha_2 = \arccos\frac{r_b}{R_2}$$

将 α_1 和 α_2 值代入前式得

$$d_{p2} - d_{p1} = \pm 2r_b\left[\text{inv arccos}\frac{r_b}{R_2}\text{inv arccos}\frac{r_b}{R_1}\right]$$

求得基圆半径 r_b 后，就可按下式求得 p_b

$$p_b = 2\pi r_b / z$$

7）分度圆弦齿厚及固定弦齿厚的测量。测量弦齿厚可用齿厚游标卡尺，如图1-26所示。齿厚游标卡尺由水平、垂直两尺组成。测量时将垂直尺调整到相应弦齿高的位置，即分度圆弦齿高或固定弦齿高，再用

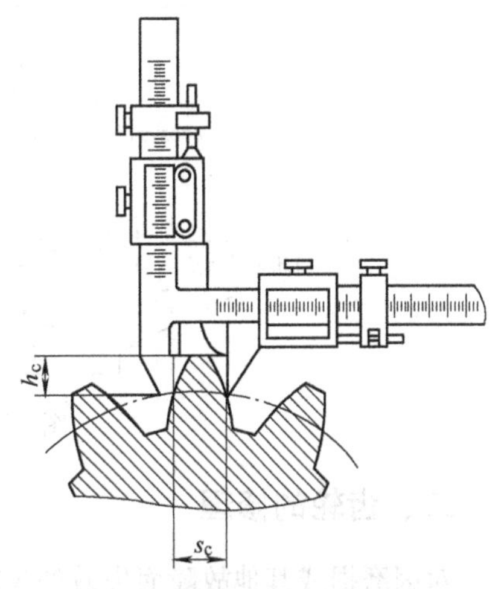

图1-26　齿厚游标卡尺测量弦齿厚

水平尺测量分度圆弦齿厚或固定弦齿厚。

为了减少被测齿轮齿顶圆偏差对测量结果的影响，应在分度圆弦齿高或固定弦齿高的表值基础上加上齿顶圆半径偏差值。齿顶圆半径偏差值为实测值与公称值之差。

（2）直齿圆柱齿轮测绘程序　综合以上内容，可以把直齿圆柱齿轮测绘程序归纳为图1-27所示的内容。

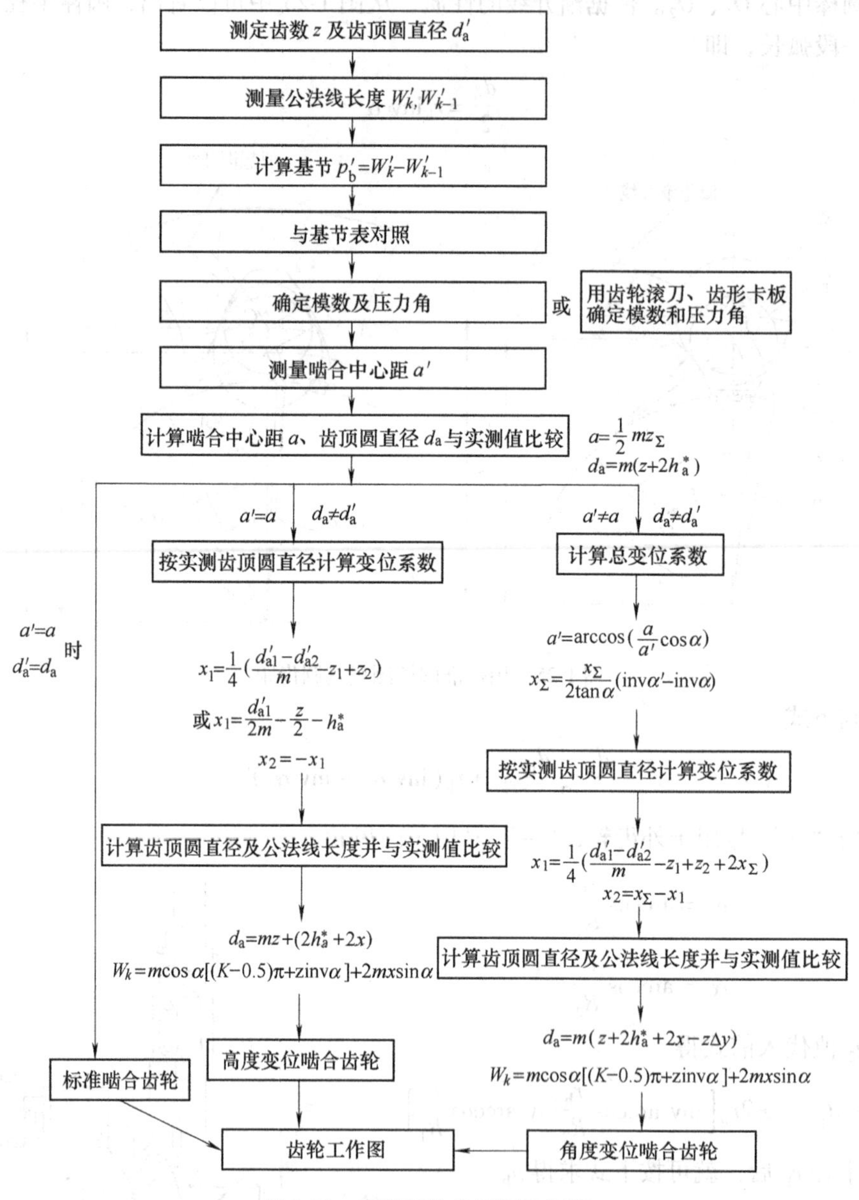

图1-27　直齿圆柱齿轮测绘程序

二、齿轮的修理

对因磨损或其他故障而失效的齿轮进行修复，在机械设备维修中甚为多见。齿轮的类型很多，用途各异，齿轮常见的失效形式、损伤特征、产生原因及维修方法见表1-5。

表 1-5　齿轮常见的失效形式、损伤特征、产生原因及维修方法

失效形式	损伤特征	产生原因	维修方法
轮齿折断	整体折断一般发生在齿根，局部折断一般发生在轮齿一端	齿根处弯曲应力最大且集中，载荷过分集中、多次重复作用、短期过载	堆焊，局部更换，栽齿，镶齿
疲劳点蚀	在节线附近的下齿面上出现疲劳点蚀坑并扩展，呈贝壳状，可遍及整个齿面，噪声、磨损、动载加大，在闭式齿轮中经常发生	长期受交变接触应力作用，齿面接触强度和硬度不高、表面粗糙度大、润滑不良	堆焊，更换齿轮，变位切削
齿面剥落	脆性材料、硬齿面齿轮在表层或次表层内产生裂纹，然后扩展，材料呈片状剥离齿面，形成剥落坑	齿面受高的交变接触应力，局部过载，材料缺陷，热处理不当，润滑油黏度过低、轮齿表面质量差	堆焊，更换齿轮，变位切削
齿面胶合	齿面金属在一定压力下直接接触发生黏着，并随相对运动从齿面上撕落，按形成条件分为热胶合和冷胶合	热胶合产生于高速重载，引起局部瞬时高温，导致油膜破裂，使齿面局部粘焊；冷胶合发生于低速重载，局部压力过高，油膜压溃产生胶合	更换齿轮，变位切削，加强润滑
齿面磨损	轮齿接触表面沿滑动方向有均匀重叠条痕、多见于开式齿轮，导致失去齿形、齿厚减薄而断齿	铁屑、尘粒等进入轮齿的啮合部位引起磨粒磨损	堆焊，调整换位，更换齿轮，换向，塑性变形，变位切削，加强润滑
塑性变形	齿面产生塑性流动，破坏了正确的齿形曲线	齿轮材料较软，承受载荷较大，齿面间摩擦力较大	更换齿轮，变位切削，加强润滑

1. 调整换位法

对于单向运转受力的齿轮，轮齿常为单面损坏，只要结构允许，可直接用调整换位法修复。所谓调整换位就是将已磨损的齿轮变换一个方位，利用齿轮未磨损或磨损轻的部位继续工作。

对于结构对称的齿轮，当单面磨损后可直接翻转 180°，重新安装使用，这是齿轮修复的通用办法。但是，对锥齿轮或具有正反转的齿轮不能采用这种方法。

若齿轮精度不高，而且是由齿圈和轮毂组合的结构（铆合或压合），其轮齿单面磨损时，可先除去铆钉，拉出齿圈，翻转 180°换位后再进行铆合或压合。

结构左右不对称的齿轮，可将影响安装的不对称部分去掉，并在另一端用焊、铆或其他方法添加相应结构后，再翻转 180°安装使用；也可在另一端加调整垫片，把齿轮调整到正确位置，而无需添加结构。

对于单面进入啮合位置的变速齿轮，若发生齿端碰缺，可将原有的换档拨叉槽车削去掉，然后把新制的拨叉槽用铆或焊的方法装到齿轮的反面。

2. 栽齿修复法

对于低速、平稳载荷且要求不高的较大齿轮，单个齿折断后可将断齿根部锉平，根据齿根高度及齿宽情况，在其上面栽上一排与齿轮材质相似的螺钉，包括钻孔、攻螺纹、旋紧螺钉，并以堆焊连接各螺钉，然后再按齿形样板加工出齿形。

3. 镶齿修复法

对于受载荷不大但要求较高的齿轮，单个齿折断后可用镶单个齿的方法修复。如果齿轮有几个齿连续损坏，可用镶齿轮块的方法修复。若多联齿轮、塔形齿轮中有个别轮齿损坏，用齿圈替代法修复。重型机械的齿轮通常把齿圈以过盈配合的方式装在轮芯上，成为组合式结构。当这种齿轮的轮齿磨损超限时，可把坏齿圈拆下，换上新的齿圈。

4. 堆焊修复法

当齿轮的轮齿崩坏，齿端、齿面磨损超限，或存在严重表层剥落时，可以使用堆焊法进行修复。齿轮堆焊的一般工艺为：焊前退火、焊前清洗、施焊、焊缝检查、焊后机械加工与热处理、精加工、最终检查及修整。

（1）轮齿局部堆焊　当齿轮的个别齿断齿、崩牙，遭到严重损坏时，可以用电弧堆焊法进行局部堆焊。为防止齿轮过热、避免热影响，可把齿轮浸入水中，只将被焊齿露出水面，在水中进行堆焊。轮齿端面磨损超限，可采用熔剂层下粉末焊丝自动堆焊。

（2）齿面多层堆焊　当齿轮少数齿面磨损严重时，可用齿面多层堆焊。施焊时，从齿根逐步焊到齿顶，每层重叠量为2/5～1/2，焊一层经稍冷后再焊下一层。如果有几个齿面需堆焊，应间隔进行。

对于堆焊后的齿轮，要经过加工处理以后才能使用。最常用的加工方法有如下两种。

1）磨合法。按应有的齿形进行堆焊，以齿形样板随时检验堆焊层厚度，基本上不堆焊出加工余量，然后通过手工修磨处理，除去大的凸出点，最后在运转中依靠磨合磨出光洁表面。这种方法工艺简单、维修成本低，但配对齿轮磨损较大、精度低。它适用于转速很低的开式齿轮修复。

2）切削加工法。齿轮在堆焊时留有一定的加工余量，然后在机床上进行切削加工。此种方法能获得较高的精度，生产率也较高。

5. 塑性变形法

塑性变形法是用一定的模具和装置并以挤压或滚压的方法将齿轮轮缘部分的金属向齿的方向挤压，使磨损的齿加厚，如图1-28所示。

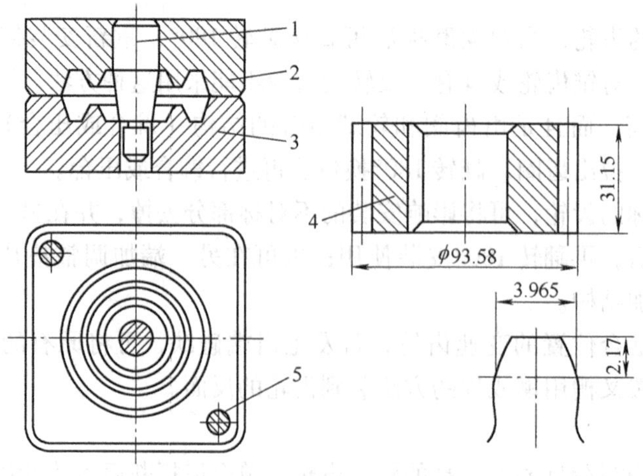

图1-28　塑性变形法修复齿轮

1—销子　2—上模　3—下模　4—被修复的齿轮　5—导向杆

将齿轮加热到800～900℃放入图1-28中的下模3中，然后将上模2沿导向杆5装入，用锤子在上模四周均匀敲打，使上下模具互相靠紧。将销子1对准齿轮中心以防止轮缘金属经挤压后进入齿轮轴孔的内部。在上模2上施加压力，齿轮轮缘金属即被挤压流向齿的部分，使齿厚增大。齿轮经过模压后，再通过机械加工铣齿，最后按规定进行热处理。

塑性变形法只适用于修复模数较小的齿轮。由于受模具尺寸的限制，齿轮的直径也不宜过大。需修复的齿轮不应有损伤、缺口、剥蚀、裂纹以及用此法修复不了的其他缺陷；材料要有足够的塑性，并能成形；结构要有一定的金属储备量，使磨损区的轮齿得到扩大，且磨损量应在齿轮和结构的允许范围内。

6. 变位切削法

齿轮磨损后可利用变位切削，将大齿轮的磨损部分切去，另外配换一个新的小齿轮与大齿轮相配，齿轮传动即可恢复。大齿轮经过负变位切削后，它的齿根强度虽有所降低，但仍比小齿轮高，只要验算出轮齿的弯曲强度在允许的范围内便可使用。

若两齿轮的中心距不能改变时，与经过负变位切削后的大齿轮相啮合的新小齿轮必须采用正变位切削。它们的变位系数大小相等，符号相反，形成高度变位，使中心距与变位前的中心距相等。

如果两传动轴的位置可调整，新的小齿轮不用变位，仍采用原来的标准齿轮。若小齿轮装在电动机轴上，可通过移动电动机来调整中心距。

采用变位切削法修复齿轮，必须进行有关方面的验算，包括如下几点：

1）根据大齿轮的磨损程度，确定切削位置，即大齿轮切削最小的径向深度。

2）当大齿轮齿数小于40时，需验算是否会有根切现象，若大于40，一般不会发生根切，可不验算。

3）当小齿轮齿数小于25时，需验算齿顶是否变尖，若大于25，一般很少会使齿顶变尖，不需验算。

4）必须验算轮齿齿形有无干涉现象。

5）闭式传动的大齿轮经负变位切削后，应验算轮齿表面的接触疲劳强度，开式传动可不验算。

6）当大齿轮的齿数小于40时，需验算弯曲强度；齿数大于或等于40时，因强度减小不大，可不验算。

变位切削法适用于大传动比、大模数的齿轮传动因齿面磨损而失效、成对更换不合算的情况。对大齿轮进行负变位修复而使齿轮得到保留，只需配换一个新的正变位小齿轮，即可使传动得到恢复，可减少材料消耗，缩短修复时间。

7. 金属涂敷法

对于模数较小的齿轮齿面磨损，不便于用堆焊工艺修复，可采用金属涂敷法。

这种方法的实质是在齿面上涂以金属粉或合金粉层，然后进行热处理或者机械加工，从而使零件的原有尺寸得到恢复，并获得耐磨及其他特性的覆盖层。

涂敷时所用的粉末材料主要有铁粉、铜粉、钴粉、钼粉、镍粉、堆焊合金粉、镍-硼合金粉等，修复时根据齿轮的工作条件及性能要求选择确定。涂敷的方法主要有喷涂、压制、沉积和复合等。

此外，铸铁齿轮的轮缘或轮辐产生裂纹或断裂时，常用气焊、铸铁焊条或焊粉将裂纹处焊好，用补夹板的方法加强轮缘或轮辐，用加热的扣合件在冷却过程中产生冷缩将损坏的轮缘或轮辐锁紧。

齿轮键槽损坏后，可用插、刨或钳工把原来的键槽尺寸扩大10%～15%，同时配制相应尺寸的键来修复。如果损坏的键槽不能用上述方法修复，可转位在与旧键槽成90°的表面上重新开一个键槽，同时将旧键槽堆焊补平；若待修复齿轮的轮毂较厚，也可将轮毂孔以齿顶圆定心进行镗大，然后在镗好的孔中镶套，再切制标准键槽，但镗孔后轮毂壁厚小于5mm的齿轮不宜用此法修复。齿轮孔径磨损后，可用镶套、镀铬、镀镍、镀铁、电刷镀、堆焊等工艺方法修复。

【任务实施】

一、器材准备

游标卡尺、千分尺、制图板、变速齿轮。

二、操作步骤

（1）讲解测绘工具的使用　讲解并现场演示相关测绘工具的正确使用方法。

（2）零件测绘

1）分析零件。了解变速齿轮在机器中的作用，所使用的材料及大致的加工方法。

2）确定传动轴的视图表达方案。一个零件，其表达方案并非是唯一的，可多考虑几种方案，选择最佳方案。在这里可采用1个主视图加1个剖视图来表达。

3）目测徒手画变速齿轮的草图。

4）绘制变速齿轮工作图。

（3）现场演示变速齿轮常见故障及维修方法

常见故障：轮齿磨损、内花键磨损、开裂等。

维修方法：补焊法、镶套法、更换法等。

子情境三　蜗轮蜗杆的测绘与维修

【学习目标】

1）掌握蜗轮蜗杆的加工工艺及结构特点。

2）能用测量工具测绘蜗轮蜗杆的各种尺寸。

3）能正确绘制出蜗轮蜗杆零件图。

4）能理解蜗轮蜗杆损坏的原因及处理方法。

5）能进行蜗轮蜗杆的鉴定和修理。

【任务描述】

设备维修工接到某蜗轮蜗杆维修任务。首先了解蜗轮蜗杆在机器中的作用及所使用的材料，选用量具测量蜗轮蜗杆的尺寸并绘制出蜗轮蜗杆零件工作图；然后对蜗轮蜗杆进行鉴定，并采用适合的技术手段修复蜗轮蜗杆；最后交付使用，对已完成的工作进行存档。

【相关知识】

蜗轮蜗杆测绘是用量具对蜗轮蜗杆实物的几何要素（如蜗杆齿顶圆直径 d_{a1}，蜗轮齿顶圆直径 d_{a2}、齿高 h、中心距 a、齿数 z 及螺旋角 β 等）进行测量，经过计算推测出原设计的基本参数（如模数 m、压力角 α、齿顶高系数 h_a^*、顶隙系数 h_c^* 等），并据此计算出制造时所需的几何尺寸（如蜗杆齿顶圆直径、蜗轮齿顶圆直径、齿根圆直径等），并绘制成零件图。

一、蜗杆传动的失效形式

蜗杆传动的失效形式与齿轮传动相同，有齿面点蚀、胶合、磨损、轮齿折断及塑性变形，其中尤以胶合和磨损更易发生。由于蜗杆传动相对滑动速度大、效率低，并且蜗杆齿是连续的螺旋线，且材料强度高，所以失效总是出现在蜗轮上。在闭式传动中，蜗轮多因齿面胶合或点蚀失效；在开式传动中，蜗轮多因齿面磨损和轮齿折断而失效。

二、蜗杆、蜗轮几何尺寸测量

1. 蜗杆齿顶圆直径 d_{a1} 和蜗轮齿顶圆直径 d_{a2} 的测量

蜗杆齿顶圆直径 d_{a1} 可用精密游标卡尺或千分尺直接测量，通常在 3 ~4 个不同位置上进行测量，并取平均值作为所测的蜗杆齿顶圆直径 d_{a1}。蜗轮齿顶圆直径 d_{a2} 也可用游标卡尺或千分尺进行测量，但需要借助量块，如图 1-29 所示。这时，将卡尺或千分尺的读数减去两端量块长度之和，就是蜗轮的齿顶圆直径 d_{a2}。蜗轮齿数为偶数时，齿顶圆直径借助量块可直接测出；当蜗轮齿数为奇数时，可参照奇数齿圆柱齿轮齿顶圆直径的测量方法进行。

2. 蜗杆齿高的测量

1）采用精密游标卡尺的深度尺直接测量蜗杆齿高，如图 1-30 所示。

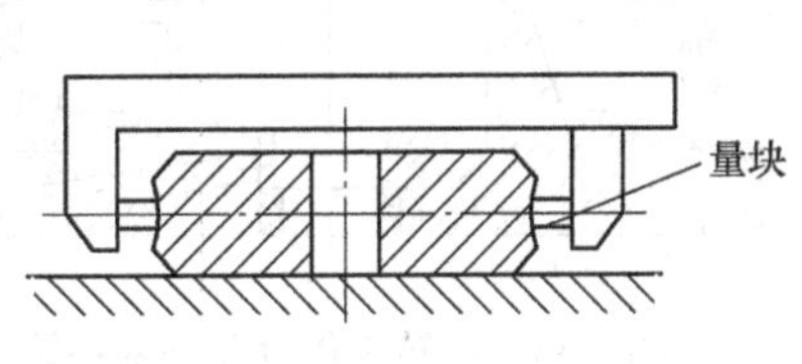

图 1-29　蜗轮齿顶圆直径的测量

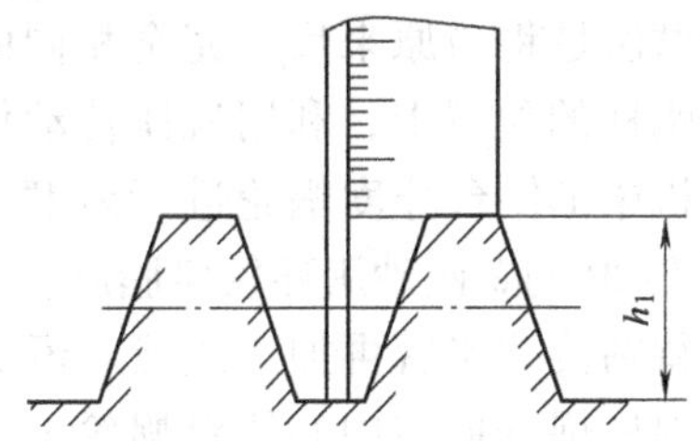

图 1-30　蜗杆齿高的测量

2）采用精密游标卡尺测量蜗杆的齿顶圆直径 d_{a1} 和蜗杆齿根圆直径 d_{f1}，并按下式计算蜗杆齿高

$$h_1 = \frac{d_{a1} - d_{f1}}{2}$$

3. 蜗杆轴向齿距 p_x 的测量

蜗杆轴向齿距 p_x 可以用钢直尺在蜗杆的齿顶圆上直接测量，如图 1-31 所示。为提高测量精度，通常多跨几个齿（n 个），然后将读数除以所跨齿数，就是蜗杆轴向齿距。

4. 蜗杆副中心距 a 的测量

1）中心距较小或采用其他测量方法有困难时，可借助量块测量蜗杆和蜗轮轴内侧间的距离，如图 1-32 所示，然后按下式计算中心距 a

$$a = H_1 - H_2 + \frac{D_1 - D_2}{2}$$

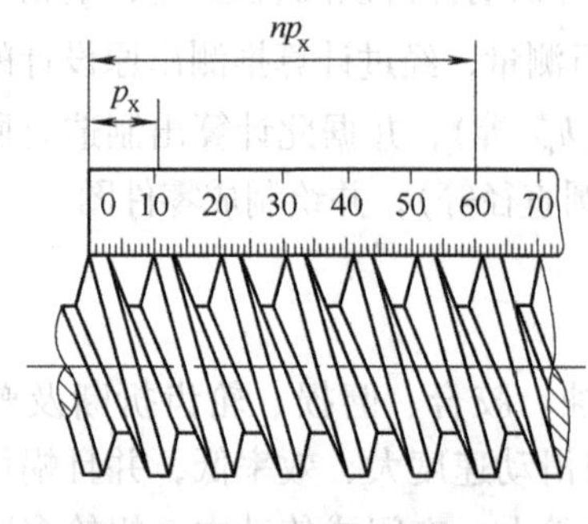

图 1-31　蜗杆轴向齿距的测量

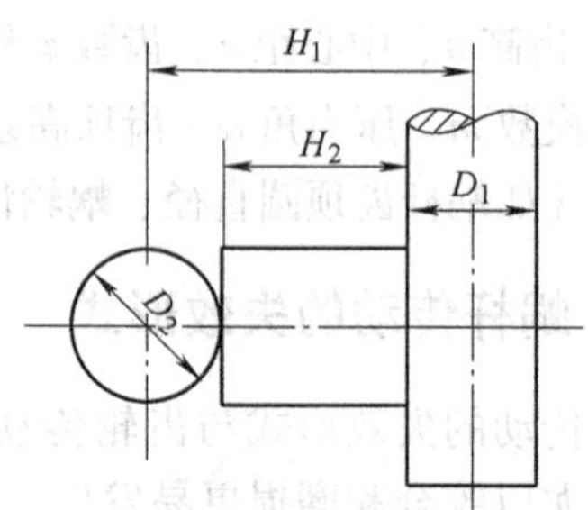

图 1-32　借助量块测量蜗杆与蜗轮中心距

2）在生产中常采用测量蜗杆减速器箱体中心距的距离来获得蜗杆副的中心距。用可调千斤顶将箱体放平，校准各孔的正确位置，然后测量蜗轮轴孔和蜗杆轴孔的最低位置距离，同时测量蜗轮轴孔直径和蜗杆轴孔直径，并通过适当的计算，就可得到蜗杆副的测量中心距。

三、蜗杆副的维修

1. 更换新的蜗杆副

如图 1-33 所示，机床的分度蜗杆副装配在工作台 1 上，除蜗杆副本身的精度必须达到要求外，分度蜗轮 2 与工作台 1 的环行导轨还需满足同轴度要求。蜗轮齿坯应首先在工作台导轨的几何精度修复以前装配好，待几何精度修复后，再以下环行导轨为基准对蜗轮进行加工。

2. 采用珩磨法修复蜗轮

珩磨法是将与原来尺寸完全相同的珩磨蜗杆装配在原蜗杆的位置上，利用机床传动使珩磨蜗杆转动，对机床工作台分度蜗轮进行珩磨。珩磨蜗杆是将粒度 F120 的金刚砂用环氧树脂胶合在珩磨蜗杆坯件上，待粘接结实后再加工成形。珩磨蜗杆的安装精度应保证蜗杆回转中心线对蜗轮啮合的中间平面平行及与啮合中心平面重合。啮合中心平面的检查可用着色检验接触痕迹的方法。

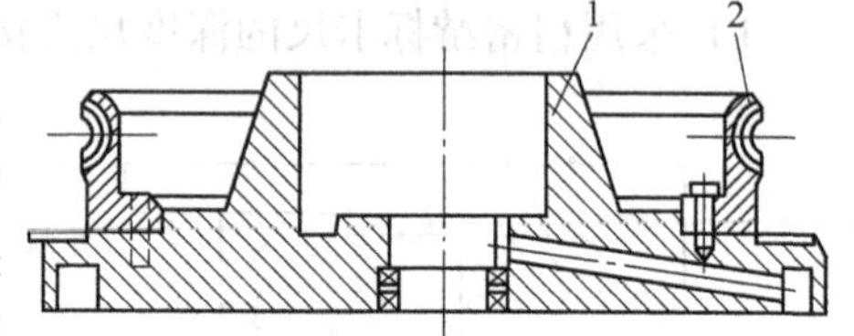

图 1-33　回转工作台及分度蜗轮

1—工作台　2—分度蜗轮

【任务实施】

一、器材准备

游标卡尺、千分尺、制图板、蜗杆减速器。

二、操作步骤

（1）蜗轮蜗杆的测绘

1）分析零件。了解蜗轮蜗杆在机器中的作用，所使用的材料及加工方法。

2）确定蜗轮蜗杆的视图表达方案。一个零件，其表达方案并非是唯一的，可多考虑几种方案，选择最佳方案。在这里可采用1个主视图加1个剖视图来表达。

3）目测、徒手画蜗轮蜗杆草图。

4）绘制蜗轮蜗杆工作图。

（2）蜗杆减速器常见故障及维修

1）蜗杆减速器在使用中容易出现的问题：

①减速器发热和漏油。为了提高效率，一般蜗杆减速器均采用有色金属做蜗轮，采用较硬的钢材做蜗杆。由于它是滑动摩擦传动，在运行过程中，就会产生较高的热量，使减速器各零件和密封之间热膨胀产生差异，从而在各配合面产生间隙，而润滑油由于温度升高而黏度下降，容易造成泄漏。

②蜗轮磨损。蜗轮一般采用锡青铜，配对的蜗杆材料一般用45钢淬硬至45～55HRC。还常用40Cr钢淬硬至50～55HRC，经蜗杆磨床磨削至表面粗糙度 $Ra\ 0.8\mu m$。减速器正常运行时，蜗杆就像一把淬硬的锉刀，不停地锉削蜗轮，使蜗轮产生磨损。

③传动小斜齿轮磨损。主要是材质搭配不合理，或润滑油选择及添加剂量不当，造成使用寿命达不到设计寿命。

④轴承（蜗杆处）损坏。一般情况是安装问题导致径向力过大，外部负载太重，引起轴承损坏。

2）解决方法：一般以上的问题多数是润滑油的问题。选择合适的润滑油及换装原装配件，根据安装说明进行减速器安装，一般可以避免以上问题的出现。

子情境四　壳体零件的测绘与维修

【学习目标】

1）能用测量工具测绘壳体零件的各种尺寸。

2）能正确绘制出壳体零件的零件图。

3）能理解壳体零件损坏的原因及处理方法。

4）能进行壳体零件的鉴定和修理。

【任务描述】

设备维修工接到某壳体零件维修任务。首先了解壳体零件在机器中的作用及所使用的材料，选用量具测量壳体零件的尺寸并绘制出壳体零件的零件工作图；然后对壳体零件进行鉴定，并采用适合的技术手段修复壳体零件；最后交付使用，对已完成的工作进行存档。

【相关知识】

一、壳体零件的图形表达

由于壳体零件的形状比较复杂，因此一般都需要较多视图才能表达清楚，通常至少要用3个基本视图。另外许多壳体零件还需配备剖视图、断面图以及局部视图、局部放大图、斜视图等究竟采用哪些视图，要视情况而定。

壳体零件的内部形状通常采用剖视图和断面图来表达。但由于壳体零件的外形也相当复杂，因此表达时，也要画出零件的外部视图。在画剖视图时，多采用全剖视图、局部剖视图和斜剖视图，而剖视图中再取剖视的表达方式也比其他类型的零件应用得多。

1. 主视图的选择

壳体零件的主视图一般选择零件的工作位置，或按能较多地反映其各组成部分的形状特征和相对位置关系的原则来确定。

主视图的安放位置，应尽量与壳体零件在机器或部件上的工作位置一致。壳体零件由于常常需要多道加工工序才能完成，其加工位置经常变化，因而很难按加工位置来确定主视图的安放位置。按工作位置来选择主视图，还有助于绘制装配图。

2. 其他视图的选择

选择其他视图时，应围绕主视图来进行。主视图确定后，根据形状分析法，对壳体零件各组成部分逐一分析，考虑需要几个视图，以及采用什么方法才能把它们的形状和相对位置关系表达出来。测绘时应边分析、边考虑、边补充，灵活应用各种表达方法，力求做到视图数量最少。

二、壳体零件测绘实例

下面以某钢铁厂送料机构的齿轮变速器箱体为例，综合介绍壳体零件测绘的全过程。

1. 了解和分析壳体零件

绘制时，首先要了解和分析壳体零件的结构特点、用途、与其他零件的关系、所用材料和加工方法等，检查和判断壳体零件是否失效，其尺寸和形状是否产生变化。

齿轮变速器箱体内共有 3 根轴，其中输入轴为蜗杆轴，输出轴为锥齿轮轴，与蜗杆啮合的中间轴为蜗轮轴。通过蜗杆与蜗轮啮合将动力传递给中间轴，再经过锥齿轮的啮合传动来实现送料机构的变速。可以将变速器箱体分解成 3 部分：

1）支撑部分。基本上以圆筒体结构形式表现在箱壁的凸台上。在伸出箱壁的所有凸台上，均设有安装端盖的螺纹孔。

2）安装部分，即箱体的底板。在底板上设有螺栓安装孔。由于底板面积较大，为使其与安装基面接触良好并减少加工面积，底面设有凹坑。

3）连接部分。主要为变速器箱体内部呈方框形的结构，在箱壁上设有安装箱体的螺纹孔等。

2. 确定表达方案

（1）主视图的选择　根据以上分析，箱体的主视图应按其工作位置及形状特征确定。因此主视图采用了局部剖视，见图 1-34 中的 *A—A* 剖视。在主视图上，展示了输入轴轴孔 ϕ35mm 和 ϕ40mm、输出轴轴孔 ϕ48mm，以及与蜗杆啮合的蜗轮轴轴孔之间的相对位置关系。

（2）其他视图的选择　为了表达左侧箱壁上两个相连凸台的形状，反映输入轴与输出轴之间的相对位置关系，选用了一个左视图。在左视图上，采用局部剖视来表达箱体顶面的 4 × M5 安装螺孔和箱体后面凸台上的 M8 螺孔，这样既可避免虚线太多，又便于标注尺寸。

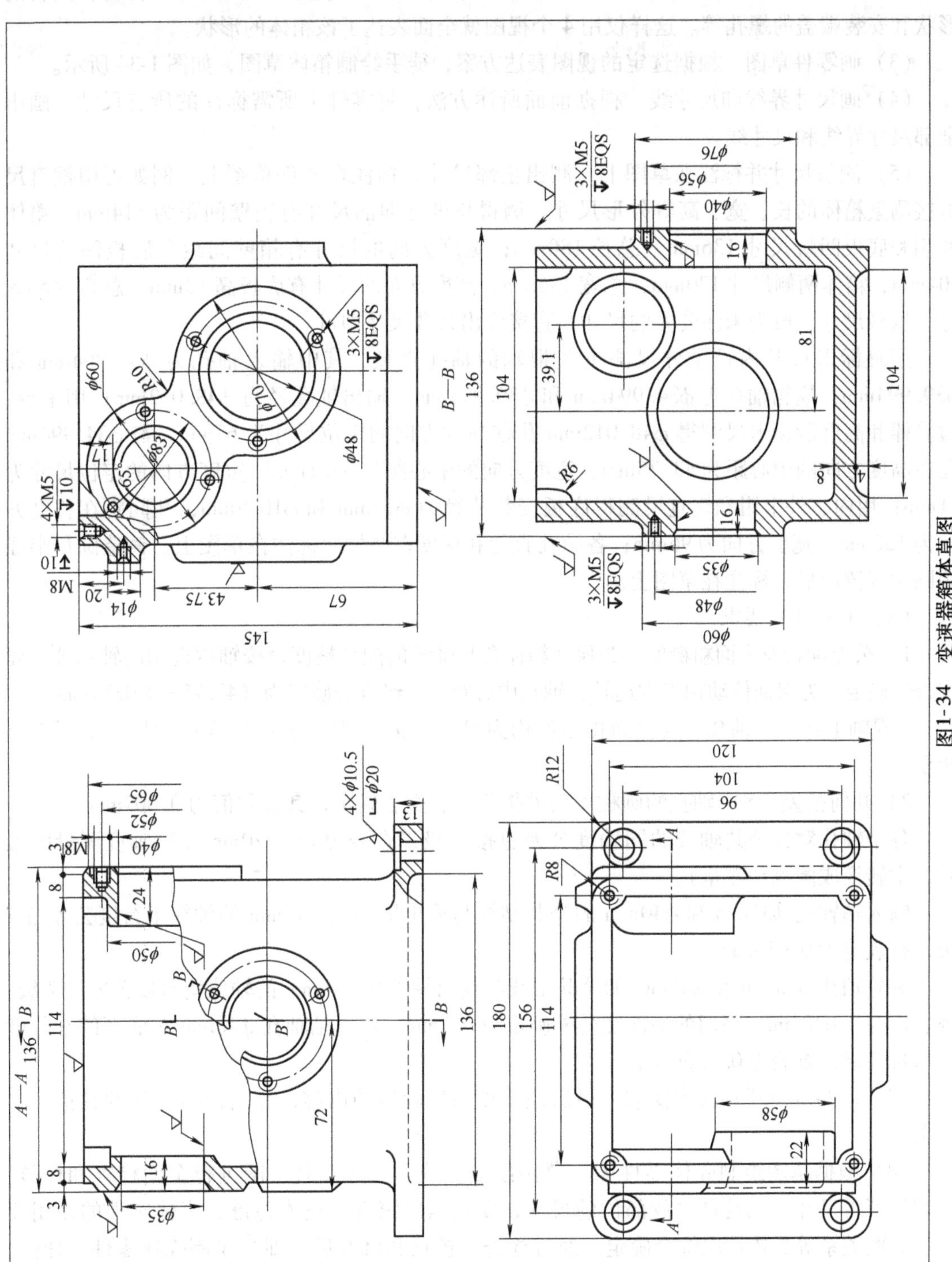

图1-34 变速器箱体草图

在俯视图上反映了箱体外形、4 个底板安装孔及 4 个安装螺孔相互之间的位置关系。*B—B* 阶梯剖反映了蜗轮轴孔的形状和另外两根轴孔的相对位置，以及蜗轮轴孔所在凸台的形状和安装端盖的螺孔等。这样仅用 4 个视图就全面表达了该箱体的形状。

（3）画零件草图　根据选定的视图表达方案，徒手绘制箱体草图，如图 1-34 所示。

（4）画尺寸界线和尺寸线　根据前面所述方法，将零件上所需标注的所有尺寸，画出全部尺寸界线和尺寸线。

（5）测量尺寸并标注在草图上　测出全部尺寸并标注在零件草图上。例如可用钢直尺直接测量箱体的长、宽、高等外形尺寸。测得长度方向的尺寸有箱壁间距为 114mm，箱体两侧和底板凹坑尺寸 136mm，总长 180mm；宽度方向的尺寸有箱壁间距和底板凹坑尺寸 104mm，箱体两侧尺寸 120mm，总宽 136mm；高度方向的尺寸有底板高 13mm，总高 145mm 等。这些尺寸一般为未注公差的尺寸，直接注出整数尺寸即可。

用游标卡尺及内径千分尺测量 3 根轴的轴孔直径，其中输入轴孔为 ϕ34. 994mm 和 ϕ39. 994mm，蜗轮轴孔为 ϕ34. 994mm 和 ϕ39. 994mm，输出轴孔径为 ϕ48. 012mm；用平台、检验棒和高度游标卡尺测得 ϕ48. 012mm 孔在高度方向的定位尺寸为 67mm，与 ϕ34. 994mm 孔在高度方向的中心距为 43. 75mm，宽度方向的中心距为 39. 1mm，宽度方向的定位尺寸为 81mm；用内、外卡钳和钢直尺测得底板安装孔径为 ϕ20mm 和 ϕ10. 5mm，孔间距在长度方向为 156mm，宽度方向为 96mm；各螺孔直径和深度在测量后标注在草图上。铸造圆角半径用圆角规测出后，标注在草图上。

（6）编写技术要求

1）公差配合及表面粗糙度。为保证箱体孔与轴承的配合精度，按轴承选用的轴承公差要求查表确定。为保证传动轴正常运转，轴孔中心距公差经查表确定为（43. 75 ±0. 025）mm。

3 根轴上共 5 个轴孔，其表面粗糙度均为 *Ra* 6. 3μm，其余各面的表面粗糙度如图 1-35 所示。

2）几何公差。5 个轴孔的圆柱度公差按 7 级，查表确定，其公差值为 0. 007mm。

各个轴孔对其公共轴线的同轴度公差也按 7 级，查表为 ϕ0. 020mm（同轴度测量困难时，常转换成圆跳动测量）。

输入轴轴孔 ϕ35mm 和 ϕ40mm 的公共轴线与输出轴轴孔 ϕ48mm 的轴线平行度公差按 7 级，查表定为 0. 030mm。

蜗轮轴孔 ϕ35mm 和 ϕ40mm 的公共轴线与输出轴轴孔 ϕ48mm 的轴线垂直度公差按 7 级，查表定为 0. 030mm。底面的平面度公差确定为 0. 1mm。输出轴轴孔 ϕ48mm 对底面的平行度公差按 7 级，查表为 0. 030mm。

（7）填写标题栏和技术要求　最后还要填写标题栏的内容，并给出对零件的其他技术要求。

（8）根据草图绘制壳体零件图　草图绘制完成后，还要对草图进行全面检查和校核。对测量所得尺寸，尤其是失效部位的尺寸，要根据国家有关技术标准、壳体零件的使用要求、装配关系等具体情况综合确定。经过检查、校核和修改后，即可绘制壳体零件工作图。该变速器箱体的零件图如图 1-35 所示。

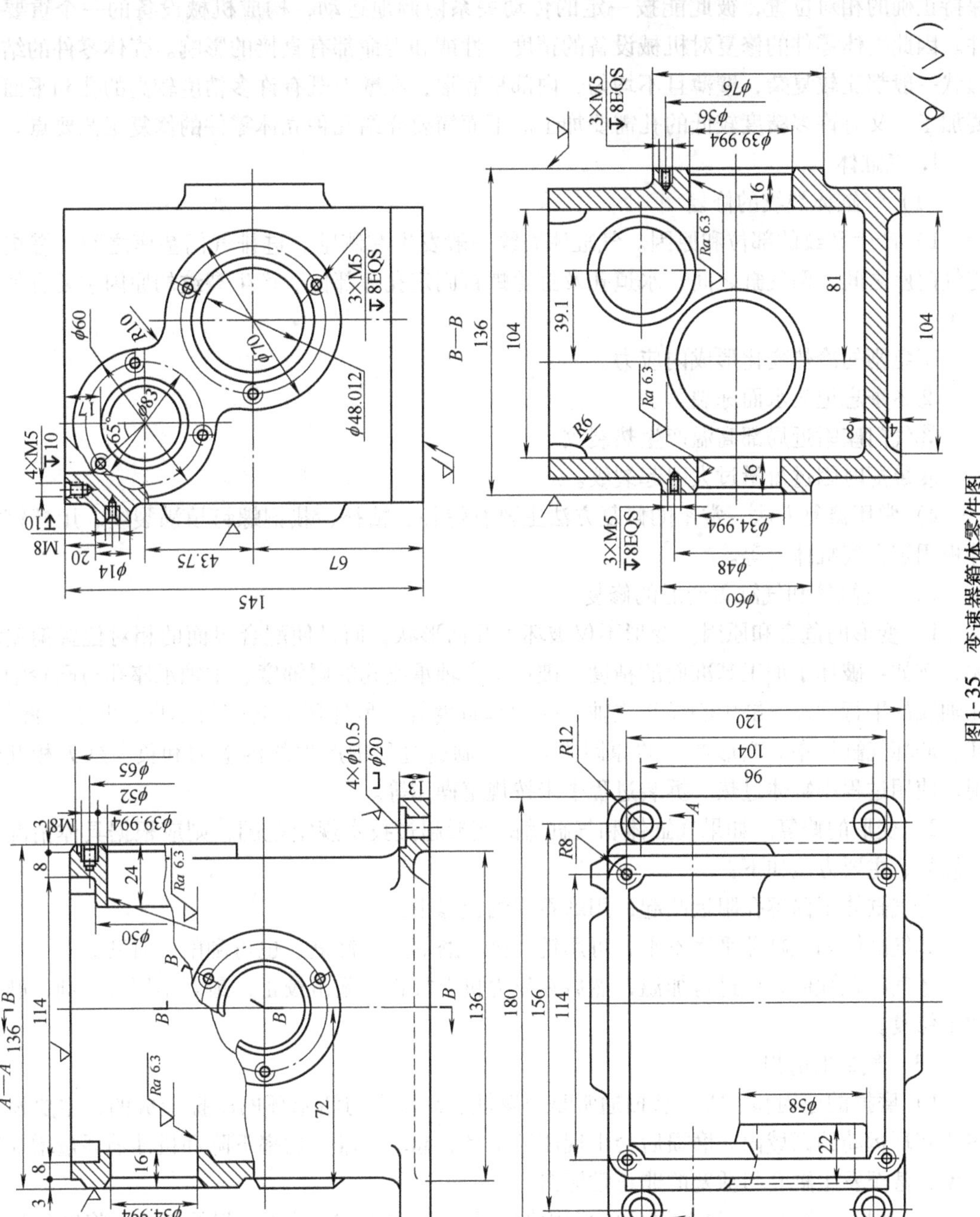

图1-35　变速器箱体零件图

三、壳体零件的修理

壳体零件是机械设备的基础件之一，由它将一些轴、套、齿轮等零件组装在一起，使其保持正确的相对位置，彼此能按一定的传动关系协调地运动，构成机械设备的一个重要部件。因此壳体零件的修复对机械设备的精度、性能和寿命都有直接的影响。壳体零件的结构形状一般都比较复杂，壁薄且不均匀，内部呈腔形，在壁上既有许多精度较高的孔和平面需要加工，又有许多精度较低的孔需要加工。下面简要介绍几种壳体零件的修复工艺要点。

1. 气缸体

（1）气缸体裂纹的修复

1）产生裂纹的部位和原因。气缸体裂纹一般发生在侧壁、进排气门垫座之间、燃烧室与气门座之间、两气缸之间、水道孔及缸盖螺钉固定孔等部位。产生裂纹的原因主要有如下几个：

①急剧的冷热变化形成内应力。

②冬季忘记放水而冻裂。

③气门座附近局部高温产生热裂纹。

④装配时因过盈量过大引起裂纹。

2）常用修复方法。常用的修复方法主要有焊补、粘补、栽铜螺钉填满裂纹、用螺钉把补板固定在气缸体上等。

（2）气缸体和气缸盖变形的修复

1）变形的危害和原因。变形不仅破坏了几何形状，而且使配合表面的相对位置偏差增大，例如：破坏了加工基准面的精度，破坏了主轴承座孔的同轴度、主轴承座孔与凸轮轴承孔轴线的平行度、气缸中心线与主轴承孔的垂直度等。另外还引起密封不良、漏水、漏气，甚至冲坏气缸衬垫。变形产生的原因主要有：制造过程中产生的内应力和负荷外力相互作用、使用过程中缸体过热、拆装过程中未按规定操作等。

2）变形的修复。如果气缸体和气缸盖的变形超过技术规定范围，则应根据具体情况进行修复，主要方法如下：

①气缸体平面螺孔附近凸起，用磨石或细锉修平。

②气缸体和气缸盖平面不平，可用铣、刨、磨等加工修复，也可刮削、研磨。

③气缸盖翘曲，可进行加温，然后在压力机上校正或敲击校正，最好不用铣、刨、磨等加工修复。

（3）气缸的磨损

1）磨损的原因和危害。磨损通常是由腐蚀、高温和与活塞环的摩擦造成的，主要发生在活塞环运动的区域内。磨损后会出现压缩不良、起动困难、功率下降和机油消耗量增加等现象，甚至发生缸套与活塞的非正常撞击。

2）磨损的修复。气缸磨损后可采用修理尺寸法，即用镗削和磨削的方法，将缸径扩大到某一尺寸，然后选配与气缸相符合的活塞和活塞环，恢复正确的几何形状和配合间隙。当缸径超过标准直径最大限度尺寸时，可用镶套法修复，也可用镀铬法修复。

（4）其他　主轴承座孔同轴度偏差较大时，需进行镗削修整，其尺寸应根据轴瓦瓦背镀层厚度确定；当同轴度偏差较小时，可用加厚的合金轴瓦进行一次镗削，弥补座孔的偏差。对于单个磨损严重的主轴承座孔，可将座孔镗大，配上钢制半圆环，用沉头螺钉固定，镗削到规定尺寸。座孔轻度磨损时，可使用刷镀方法修复，但要保证镀层与基体的结合强度和镀层厚度均匀一致，并不得超出规定的圆柱度要求。

2. 变速器箱体

变速器箱体所可能产生的主要缺陷有箱体变形、裂纹、轴承孔磨损等。造成这些缺陷的原因有：箱体在制造加工中出现的内应力和外载荷、切削热以及夹紧力；装配不好，间隙调整没按规定执行；使用过程中的超载、超速；润滑不良等。

当箱体上平面翘曲较小时，可将箱体倒置于研磨平台上进行研磨修平；若翘曲较大，应采用磨削或铣削加工来修平，此时应以孔的中心线为基准找平，保证加工后的平面与中心线的平行度。

当孔的中心线之间的平行度误差超差时，可用镗孔镶套的方法修复，以恢复各轴孔之间的相互位置精度。

若箱体有裂纹，应进行焊补，但要尽量减少箱体的变形和产生的白口组织。若箱体的轴承孔磨损，可用修理尺寸法和镶套法修复。当套筒壁厚为7～8mm时，压入镶套之后应再次镗孔，直至符合规定的技术要求。此外，也可采用局部电镀、喷涂或刷镀等方法进行修复。

【任务实施】

一、器材准备

游标卡尺、千分尺、制图板、壳体零件。

二、操作步骤

（1）壳体零件的测绘

1）分析零件。了解壳体零件在机器中的作用，所使用的材料及加工方法。

2）确定壳体零件的视图表达方案。根据零件的结构确定采用的视图及其表达方法。

3）目测徒手画壳体零件草图。

4）绘制壳体零件工作图。

（2）壳体零件的修理

1）气缸体裂纹的修复。

修复方法：焊补、粘补、栽铜螺钉填满裂纹、用螺钉把补板固定在气缸体上等。

2）气缸体和气缸盖变形的修复。主要修复方法：

①气缸体平面螺孔附近凸起，用磨石或细锉修平。

②气缸体和气缸盖平面不平，可用铣、刨、磨等加工修复，也可刮削、研磨。

③气缸盖翘曲，可进行加温，然后在压力机上校正或敲击校正，最好不用铣、刨、磨等加工修复。

3）气缸的磨损修复。气缸磨损后可采用修理尺寸法，即用镗削和磨削的方法，将缸径扩大到某一尺寸，然后选配与气缸相符合的活塞和活塞环，恢复正确的几何形状和配合间隙。当缸径超过标准直径最大限度尺寸时，可用镶套法修复，也可用镀铬法修复。

子情境五 曲柄连杆机构的修理

【学习目标】

1）熟悉曲柄连杆机构的作用、构成。

2）能自行分析曲柄连杆机构各零件的构造与装配关系。

3）能够利用专用量具、工具检测曲柄连杆机构各零件。

4）能制定曲柄连杆机构的拆卸与装配计划。

5）能完成曲柄连杆机构的拆装。

6）能完成曲柄连杆机构的调整与修配。

【任务描述】

机修工接到某柴油机曲柄连杆机构的拆卸与装配任务。首先了解柴油机曲柄连杆机构的工作原理；然后选用专用工具按正确顺序拆卸曲柄连杆机构，清洗、检查曲柄连杆机构各零件；最后组装并调整好曲柄连杆机构，对已完成的工作进行存档。

【相关知识】

一、曲轴的修复

曲轴是机械设备中一种重要的动力传递零件，它的制造工艺比较复杂，造价较高，因此修复曲轴是维修中的一项重要工作。

曲轴的主要失效形式有曲轴弯曲、轴颈磨损、表面疲劳裂纹和螺纹损坏等。

1. 曲轴弯曲的校正

将曲轴置于压力机上，用V形铁支承两端主轴颈，并在曲轴弯曲的反方向对其施压，产生弯曲变形。若曲轴弯曲程度较大，为防止折断，校正可分几次进行。经过冷压校正的曲轴，因弹性后效作用还会使其重新弯曲，最好施行自然时效处理或人工时效处理，消除冷压产生的内应力，防止出现新的弯曲变形。

2. 轴颈磨损的修复

主轴颈的磨损主要是失去圆度和圆柱度等形状精度，最大磨损部位是在靠近连杆轴颈的一侧。连杆轴颈磨损成椭圆形的最大磨损部位是在各轴颈的内侧面，即靠近曲轴中心线的一侧。连杆轴颈的锥形磨损，最大部位是机械杂质偏积的一侧。

曲轴轴颈磨损后，特别是圆度和圆柱度误差超过标准时需要进行修理。没有超过极限尺寸（最大收缩量不超过2mm）的磨损曲轴，可按修理尺寸进行磨削，同时换用相应尺寸的轴承；否则应采用电镀、堆焊、喷涂等工艺恢复到标准尺寸。

为利用成套供应轴承，主轴颈与连杆轴颈一般应分别修磨成同一级修理尺寸。特殊情况下，如个别轴颈烧蚀并发生在大修后不久，则可单独将这一轴颈修磨到另一等级。曲轴磨削可在专用曲轴磨床上进行，并遵守磨削曲轴的规范。在没有曲轴磨床的情况下，也可用曲轴修磨机或在普通车床上修复，此时需配置相应的夹具和附加装置。

磨损后的曲轴轴颈还可采用焊接剖分式轴套的方法进行修复，如图1-36所示。

先把已加工的轴套2切分开，然后焊接到曲轴磨损的轴颈1上，并将两个半套也焊在一起，再用通用的方法加工到公称尺寸。

不同直径的曲轴和不同的磨损量所采用的剖分式轴套的壁厚也不一样。当曲轴的轴颈直径为$\phi50\sim\phi100$mm时，剖分式轴套的厚度可取4～6mm；当轴颈直径为$\phi150\sim\phi220$mm时，剖分式轴套的厚度为8～12mm。剖分式轴套在曲轴的轴颈上焊接时，应先将半轴套铆焊在曲轴上，然后再焊接。轴套的切口可开V形坡口。为了防止曲轴在焊接过程中产生变形或过热，应使用小的焊接电流分段焊接切口、多层焊、对称焊。焊后需将焊缝退火，消除应力，再进行机械加工。

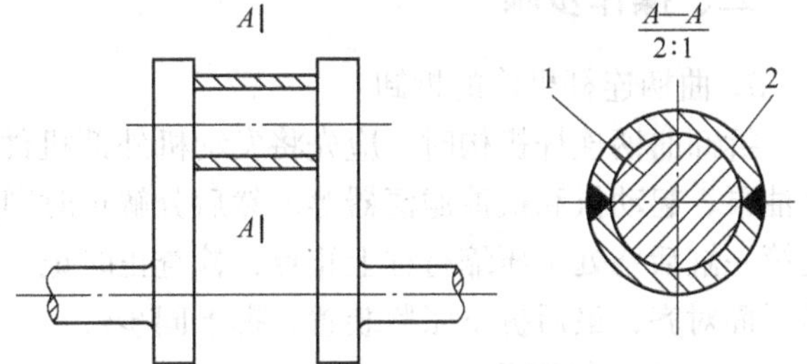

图1-36　曲轴轴颈的修复
1—曲轴轴颈　2—轴套

曲轴的这种修复方法使用效果很好，并可节省大量的资金，广泛用于空压机、水泵等机械设备的维修。

3. 曲轴裂纹的修复

曲轴裂纹一般出现在主轴颈或连杆轴颈与曲柄臂相连的过渡圆角处，或轴颈的油孔边缘。若发现连杆轴颈上有较细的裂纹，经修磨后裂纹能消除，则可继续使用。一旦发现有横向裂纹，则必须予以调换，不可修复。

二、连杆的修复

连杆是承载较复杂作用力的重要部件。连杆螺栓是该部件的重要零件，一旦发生故障，可能导致设备的严重损坏。连杆常见的故障有连杆大头变形、螺栓孔及其端面磨损、连杆小头孔磨损等。出现这些现象时，应及时修复。

1. 连杆大头变形的修复

连杆大头变形如图1-37所示。产生大头变形的原因主要是：大头薄壁瓦瓦口余面高度过大、使用厚壁瓦的连杆大头两侧垫片厚度不一致或安装不正确。在上述状态下，旋紧连杆螺栓后便产生大头变形，螺栓孔的精度也随之降低。因此，在修复大头孔时应同时检修螺栓孔。

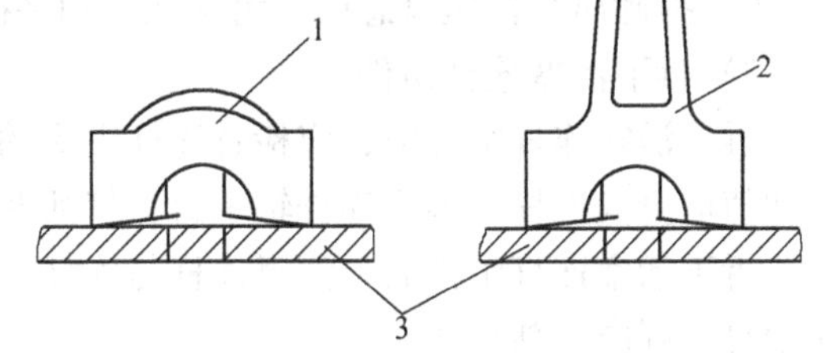

图1-37　连杆大头变形示意图
1—瓦盖　2—连杆体　3—平板

2. 修复大头孔

将连杆体和大头盖的两结合面铣去少许，使结合面垂直于杆体中心线，然后把大头盖组装在连杆体上。在保证大、小孔中心距尺寸精度的前提下，重新镗大孔到规定尺寸及精度。

3. 检修两螺栓孔

如两螺栓孔的圆度、圆柱度、平行度和孔端面对其轴线的垂直度不符合规定的技术要求，应镗孔或铰孔修复。采用铰孔修复时，孔的端面可用人工修刮达到精度要求。按修复后孔的实际尺寸配制新螺栓。

【任务实施】

一、器材准备

某型轿车发动机，常用工具和专用工具，发动机拆装翻转架或拆装工作台，其他（如清洗用料、油盘、搁架等）。

二、操作步骤

1. 曲柄连杆机构的拆卸

拆卸曲柄连杆机构时，应先将发动机外部机件拆卸，如分电器、发电机及 V 带、水泵、汽油泵、起动机和机油滤清器等。然后分解正时同步带机构。先拆下同步带护罩，转动曲轴使第一缸活塞处于压缩行程上止点，检查正时记号，凸轮轴正时同步带轮上标记须与气门罩盖平面对齐，最后拆下张紧装置，拆下同步带。

（1）拆下气缸盖

1）旋出气门罩盖的螺栓，取下气门罩盖和挡油罩。

2）松开张紧轮螺母，取下张紧轮。

3）拆下进、排气歧管。

4）按要求顺序旋松气缸盖螺栓，并取下气缸盖和气缸盖衬垫。

5）拆下火花塞。

（2）拆下并分解曲柄连杆机构

1）拆下油底壳、机油滤网、浮子和机油泵。

2）拆下曲轴带轮。

3）旋出曲轴正时带轮固定螺栓，取下曲轴正时带轮。

4）旋出中间轴带轮的固定螺栓，取下中间带轮；拆卸密封凸缘，取出中间轴。

5）拆卸前油封和前油封凸缘。

6）拆卸离合器压盘总成，为保证其动平衡，应在飞轮与离合器壳上打上装配记号。

7）拆下活塞连杆组件。

拆下活塞连杆组件前，应检查连杆大头的轴向间隙，该发动机极限间隙为 0.37mm，大于此值应更换连杆。拆下连杆轴承盖，将活塞连杆组件从气缸中抽出。

拆下活塞连杆组件后，注意连杆与连杆大头盖和活塞上的记号应与气缸的序号一致，如无记号，则应重新打印。

8）检查曲轴轴向间隙，极限轴向间隙为 0.25mm，超过此值，应更换推力垫圈。

9）按规定顺序松开主轴承盖螺栓，拆下主轴承盖，取下曲轴。

10）分解活塞连杆组件。

2. 曲柄连杆机构的装配

安装顺序一般和拆卸顺序相反。

（1）活塞连杆组件的装配

1）将同一缸号的活塞和连杆放在一起，如连杆无缸号标记，应在拆卸时在连杆杆身上标示所属缸号。

2）将活塞顶部的朝前“箭头”标记和连杆身上的朝前“浇铸”标记对准。

3）将涂有机油的活塞销，用大拇指压入活塞销孔和连杆铜套中。如压不进去，可用热装合法装配。

4）活塞销装上后，要保证其与铜套的配合间隙为0.003～0.008mm。经验检验法是用手晃动活塞销与销孔铜套无间隙感，活塞销垂直向下时又不会从销孔或铜套中滑出（注意铜套与连杆油孔对正）。

5）安装活塞销卡环。

6）用活塞环专用工具安装活塞环。先装油环，再装第二道环，最后装第一道环，环的上、下面不能装错，标记“TOP”朝活塞顶。

7）检查活塞环的侧隙、端隙。

（2）曲轴的安装

1）将有油槽的上轴瓦装入缸体，使轴承上油槽与缸体上轴承座上的油道口对正。注意上、下轴承不能装反，第三道轴承为推力轴承。装入后将各道轴承涂上少许润滑油。

2）将曲轴平稳地放入缸体轴承孔。

3）插入半圆推力环（曲轴第三道环主轴颈上），注意上、下环不能装错，有开口的用于气缸体且开口必须朝向轴承。

4）按轴承盖上打印的1、2、3、4、5标记，由前向后顺序安装。

5）曲轴轴承盖螺栓应由中间向两边交叉、对称、分三次旋紧，最后紧固力矩为65N·m。轴承盖紧固后，曲轴转动应平滑自如，其3号轴承轴向间隙应为0.07～0.17mm，径向间隙应为0.03～0.08mm。

6）安装带轮端曲轴油封和飞轮端曲轴油封。

7）装入中间轴，检查其轴向间隙应小于0.25mm，径向间隙为0.025～0.066mm为合格。

8）安装飞轮，使用涂有D6防松胶的螺栓紧固，紧固力矩为75N·m。

（3）活塞连杆组件装入气缸

1）将活塞环开口错开120°。

2）用活塞环卡箍收紧各道活塞环，将活塞连杆组件平稳、小心地捅入气缸，装配时注意活塞顶部的箭头应朝向发动机前端。

3）安装轴承及轴承盖。轴承安装时应注意其定位及安装位置；连杆盖安装时应注意安装标记和缸号不能装错。然后交替旋紧连杆螺栓，紧固力矩为30N·m，紧固后再转动180°。

4）检查连杆大头的轴向间隙，应在0.08～0.24mm之间。

（4）气缸盖的安装

1）安装气门、凸轮轴和油封等。

2）安放气缸盖衬垫时，应检查其技术状况，注意安装方向，标有“OPENTOP”的字样应朝向气缸盖。

3）将定位螺栓旋入第8号和第10号孔。

4）放好气缸盖，用手旋入其余8个螺栓，再旋出2个定位螺栓，最后再旋入8号和10号螺栓。

5）按顺序由中间向两边对称分 4 次旋紧，旋紧力矩依照安装技术要求规定的数值选择。

6）安装缸盖时，曲轴不可置于上止点（否则可能会损伤气门或活塞顶部），应在曲轴任何一个连杆轴颈处于上止点后，再倒转 1/4 转。

7）安装气门罩盖，按规定力矩紧固。

习题与思考题

1. 举例说明选择零件修复技术应遵守的基本原则。
2. 什么是修理尺寸法？应用这种方法修复失效零件时，应注意什么？
3. 简述用金属扣合法修复铸件裂纹的工作过程。
4. 简述用焊接法修复铸件裂纹的工作过程。
5. 在铸件上的裂纹看不清楚时，用什么办法可以方便地找出全部裂纹？
6. 为了保证焊修质量，碳钢零件补焊时应采取哪些技术措施？
7. 铸铁零件补焊的特点是什么？
8. 用堆焊技术修复的目的是什么？
9. 堆焊合金的选择原则有哪些？试对下列两个零件选择合适的堆焊合金。①拖拉机支承轮零件，用中碳钢制造，外圆表面磨损约 8mm 左右；②混凝土输送泵的阀块，表面受混凝土的强烈磨损，尺寸小了 3mm 左右。
10. 简述氧乙炔火焰喷涂技术的原理、特点、所用装置和过程。
11. 对磨损的曲轴曲颈拟采用氧乙炔火焰喷涂技术修复，试说明其修复过程。

学习情境二　CA6140 型车床的装调与维修

子情境一　CA6140 型车床导轨的修理

【学习目标】

1）能熟练识读 CA6140 型车床的装配图。
2）能按照修理工艺以及相关技术要求对车床导轨进行刮削、磨削和刨削等修理。
3）掌握操作工艺和方法，培养学生对设备故障的分析、排除能力。

【任务描述】

识读 CA6140 型车床的装配图；遵守机修工和机修技术人员的员工标准；按照修理工艺以及相关技术要求对车床导轨进行刮削、磨削和刨削等修理，通过修理恢复其几何精度和接触精度。

【相关知识】

车床在使用过程中，其零部件会产生磨损、变形、断裂和蚀损等，当某些零件磨损而失去原有的精度和功能时，车床就会出现故障，甚至导致整机丧失使用价值。为了恢复车床的精度和功能，就需要对其进行修理。

卧式车床是车床中分布最广、用户最多的一种机械加工设备，同时它又是同类机床中型号最多的。例如 C6140 型、CW6140 型、C6140B 型、CA6140 型、CM6140 型和 CF6140 型等。其中 CA6140 型是目前比较典型的卧式车床，也是使用最普遍的一种。以它为基型，还派生出了许多型号的卧式车床，如 CA6150 型、CA6240 型和 CA6250 型等。由于这些车床的整体结构与 CA6140 型基本一致，其故障的特征和原因也基本相同，因此，如果把 CA6140 型车床的结构和维修问题搞清楚了，则其他各种型号和规格的卧式车床的故障特征和维修问题都可以其为参考。

一、CA6140 型车床的主要结构及运动形式

1. CA6140 型车床的结构

CA6140 型车床外形如图 2-1 所示，主要组成部分如下。

（1）主轴箱　主轴箱固定在床身 8 的左上部，其主要功能是支承主轴，使主轴带动工件按规定转速旋转，以实现主运动。

（2）滑板部件　滑板部件由床鞍 2、横滑板 3、转盘 4、刀架 5 和小滑板 6 等组成，其主要功能是安装车刀，并使车刀做进给运动和辅助运动。床鞍 2 可沿床身上的导轨做纵向移动；横滑板 3 可沿床鞍上的燕尾形导轨做横向移动；转盘 4 可使小滑板和刀架转动一定角

度，用手摇小滑板使刀架做斜向移动，以车削锥度大的短圆锥体。

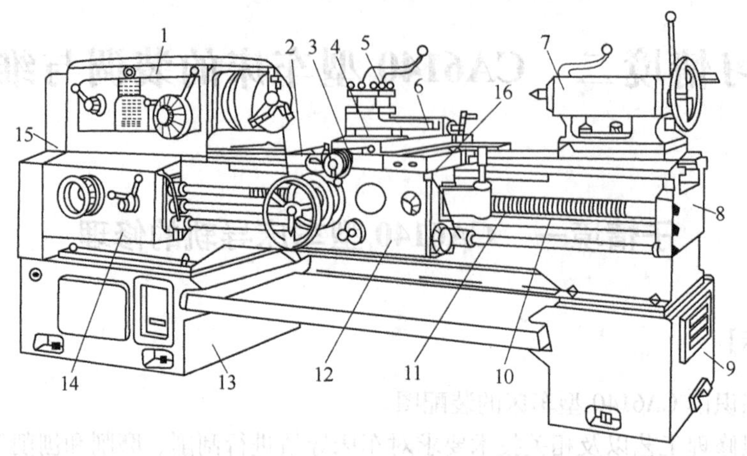

图 2-1　CA6140 型卧式车床外形

1—主轴箱　2—床鞍　3—横滑板　4—转盘　5—刀架　6—小滑板　7—尾座
8—床身　9—右床脚　10—光杠　11—丝杠　12—溜板箱　13—左床脚
14—进给箱　15—交换齿轮架　16—操纵手柄

（3）进给箱　进给箱固定在床身的左前侧，是进给系统的变速机构，其主要功能是改变被加工螺纹的螺距或机动进给的进给量。

（4）溜板箱　溜板箱固定在床鞍 2 的底部，与滑板部件合称为溜板部件，可带动刀架一起运动。实际上刀架的运动是由主轴箱传出的，经交换齿轮架 15、进给箱 14、光杠 10（或丝杠 11）、溜板箱 12 并经溜板箱内的控制机构，接通或断开刀架的纵、横向进给运动或快速移动或车削螺纹运动。

（5）尾座　尾座装在床身的导轨上，可沿此导轨做纵向调整移动并夹固在需要的位置上，其主要功能是用顶尖支承工件。尾座还可以相对于底座做横向位置调整，便于车小锥度的长锥体。尾座套筒内也可以安装钻头、铰刀等孔加工工具。

（6）床身　床身固定在左、右床脚 13 和 9 上，是构成整个机床的基础。在床身上安装机床的各部件，并使它们在工作时保持准确的位置。床身也是机床的基本支承体。

2. 运动形式

车削加工中，工件旋转为主运动，它由主轴通过卡盘或顶尖带动。车削加工时，根据被加工零件的材料性能、车刀材料、零件尺寸精度要求、加工方式及冷却条件等来选择切削速度，这就要求车床主轴能在较大范围内变速，对于普通车床，调速比一般应大于 70。通常车削工件时，一般不要求主轴反转，但在加工螺纹时，为避免乱扣，需反转退刀，再纵向进刀继续加工，因此，要求车床主轴具有正、反向旋转的功能。主轴的旋转由主轴电动机经传动机构实现。

车床的进给运动是刀架的纵向与横向直线运动，其运动方式有手动与机动控制两种。车削螺纹时，工件的旋转速度与刀具的进给速度应有严格的比例关系。车床纵、横两个方向的进给运动是由主轴箱的输出轴，经交换齿轮架、进给箱、光杠传入溜板箱而获得。

车床的辅助运动为溜板箱的快速移动、尾座的移动和工件的夹紧与松开。

二、车床导轨的修理

车床的导轨既是车床上各部件移动和测量的基准，也是各零、部件的安装基础。因此导轨的精度直接影响机床的工作精度（即被加工零件的几何精度）和机床构件的相互位置精度（即机床本身的几何精度）。一般情况下，导轨的损伤或其精度的下降程度决定了机床是否要进行大修。导轨修理是机床修理中最重要的内容之一。

由于导轨副的运动导轨和床身导轨直接接触并做相对运动，它们在工作过程中受到重力、切削力等载荷的作用，不可避免地会产生非均匀磨损。尤其在起动或停止过程中，难以形成流体摩擦状态，加上部分导轨（如床身导轨）暴露在外，防屑、防尘条件较差，长期使用后会导致局部磨损、拉毛、咬伤、变形等损伤，结果是导轨的精度下降。如果导轨在垂直和水平平面内的直线度、平面度或导轨之间的平行度和垂直度等下降，必须及时进行修理。

着手修理前，应对导轨进行清理和检测。导轨的检测，一是可用肉眼检查表面是否有拉毛、咬伤、碰伤以及局部磨损，二是可对导轨各项精度的实际状况进行技术测量。

导轨磨损后的修理方法，可根据实际情况确定。若导轨表面整体磨损，可用刮研、磨削、精刨等方法修复；若导轨表面局部损伤，可用焊补、粘补、涂镀等方法修复。目前机床导轨常用的修理方法主要有以下几类。

1. 导轨的刮研修理

未经淬硬处理的导轨，如果损伤深度或变形不大，常采用手工刮研的方法修理。另外，运动导轨和特殊形状导轨面的修理，由于不便精磨，也常采用刮研的方法。刮研的表面精度高，但劳动强度大、技术性强，并且刮研工作量大。

（1）刮研过程

1）机床的安置与测量。按机床说明书中规定的调整垫铁数量和位置，将床身置于调整垫铁上。图 2-2 所示为车床床身的安装。在自然状态下，调整车床床身并测量床身导轨面在垂直平面内的直线度误差和平行度误差，并按一定的比例绘制床身导轨的直线度误差曲线，通过误差曲线了解床身导轨的磨损情况，从而拟定刮研方案。对导轨刮削前首先测量导轨面 2、3 对齿条安装平面的平行度，如图 2-3 所示。

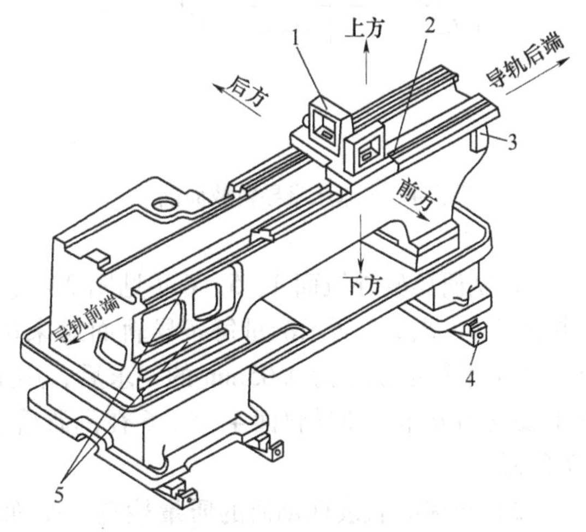

图 2-2　车床床身的安装

1—水平仪　2—检验桥板　3—托架安装面

4—调整垫铁　5—进给箱安装面

2）粗刮表面 1、2、3，如图 2-4 所示。刮研前首先测量导轨面 2、3 对齿条安装面 7 的平行度误差，分析该项误差与床身导轨直线度误差之间的相互关系，从而确定刮研量及刮研部位。然后用平尺拖研及刮研表面 2、3。在刮研时，随时测量导轨面 2、3 对齿条安装面 7 之间的平行度误差，并按导轨形状修刮好角度底座。粗刮后导轨全长上直线度误差应不大于 0.1mm（需呈中凸状），并且接触点应均匀分布，使其在精刮过程中保持连续表面。在V形导轨初步刮研至要求后，按图2-3所示测量导轨对齿条安装平面的平行度，在同时考虑此精度的前提下，用平尺拖研并粗刮表面1，表面1的中凸应低于V形导轨。

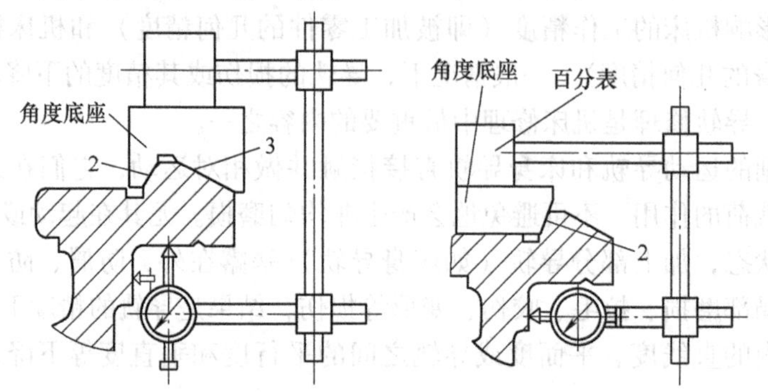

a) V形导轨对齿条安装面的平行度的测量　　b) 导轨面2对齿条安装面的平行度测量

图2-3　导轨对齿条安装平面平行度测量

3）精刮表面1、2、3（见图2-4）。利用配刮好的床鞍（床鞍可先按床身导轨精度最佳的一段配刮）与粗刮后的床身相互配研，精刮导轨面1、2、3。精刮时按图2-5所示测量床身导轨在水平面的直线度。

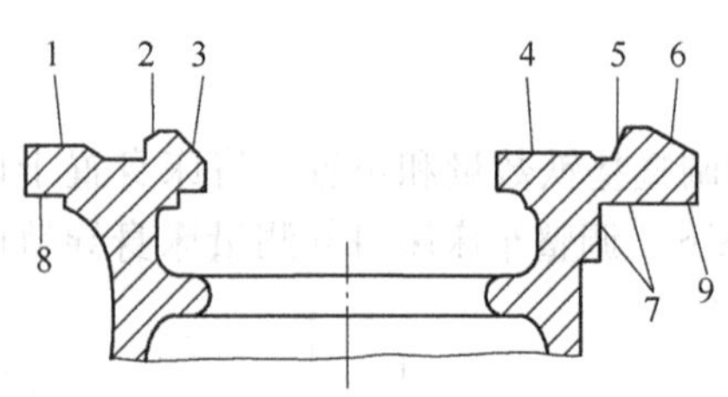

图2-4　车床床身导轨截面图

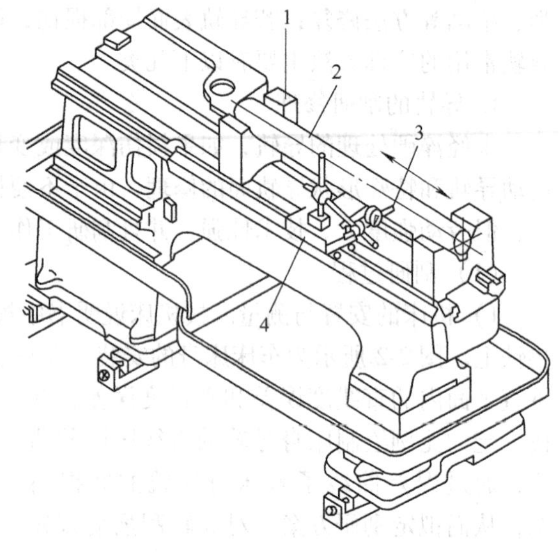

图2-5　测量床身导轨在水平面的直线度

1—等高垫块　2—检验心轴　3—百分表　4—检验桥板

4）刮研尾座导轨面4、5、6（见图2-4）。用平行平尺拖研及刮研表面4、5、6，粗刮时按图2-6、图2-7所示测量每条导轨面对床鞍导轨的平行度误差。在表面4、5、6粗刮达到全长上平行度误差为0.05mm的要求后，用尾座底板作为研具进行精刮，接触点在全部表面上要均匀分布，使导轨面4、5、6在刮研后达到修理要求。精刮时测量方法如图2-6、图2-7所示。

（2）机床导轨表面刮研的质量检查　平面刮研的质量有两个指标：一个是有关几何形状的，如与相关表面的垂直度、平行度和厚度尺寸等；另一个是有关表面质量的，常用研点检查法来检验，即利用基准平面对刮削的工件表面进行研点，按工件表面上显示出点子的多少，作为表面质量指标之一。研点检查方法是利用一块硬纸或薄铁皮，挖出一个25mm ×

25mm 的方孔，将它覆盖在被检平面上，在孔内数点数，在整个平面内任何位置上进行抽检，均应达到规定的点数。规定的点数可参考表 2-1。

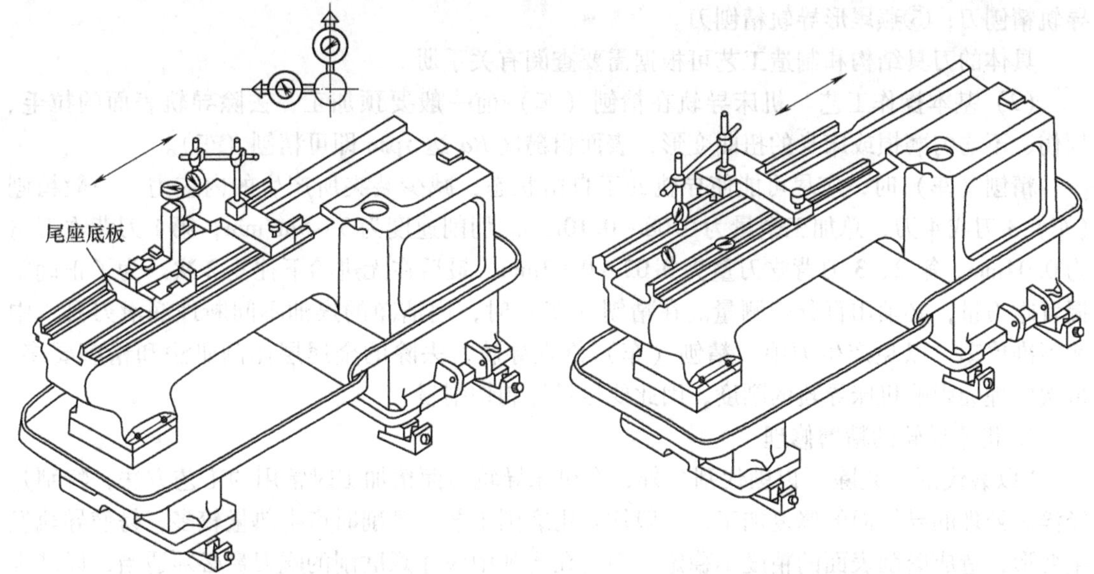

图 2-6　尾座导轨对床鞍导轨的平行度测量　　图 2-7　测量导轨面对床鞍导轨的平行度误差

表 2-1　机床导轨刮研每刮方内要求的点数

机床精度等级	滑动导轨		移置导轨		塞铁和压板
	每根导轨宽度/mm				
	≤250	>250	≤1130	>100	
普通机床	10	6	8	6	10
较高精度机床	16				16
高精度机床	20				20

2. 机床导轨的精刨（或精车）修理

大型、重型机床床身导轨又长又宽，圆锥或圆环形导轨直径大，人工刮研法劳动强度大，工效低，必须设法用机械加工方法代替刮研。对于未经淬硬处理的导轨面，可采用精刨（直导轨）或精车（圆导轨）或精磨的方法修理，其中精刨法和精车法的精度，一般低于刮研法和精磨法。

（1）工作母机（龙门刨床、立式车床）运动精度的调整和刀具的选择　由于工件（导轨）的精度直接取决于刨床或车床的精度，因此在修理前要根据导轨的精度要求来调整精刨（车）机床的精度。一般可按表 2-2 的要求对精刨机床进行调整和修刮。

表 2-2　精刨机床工作台的运动精度

工作台移动的直线度/mm		导轨全长/m			
		≤4	≤8	≤12	≤16
在垂直平面内	在每米长度上	0.01			
	在全长上(中凸)	0.02	0.03	0.04	0.06
在水平面内	在每米长度上	0.01			
	在全长上	0.02	0.03	0.04	0.06
工作台移动时的倾斜(每米及全长上)		1000:0.01			

精刨刀有用高速工具钢做的，也有镶硬质合金刀片的。根据导轨的形状和位置，精刨刀可分为以下几种：①平面导轨精刨刀；②垂直平面精刨刀；③导轨下部滑面精刨刀；④V 形导轨精刨刀；⑤燕尾形导轨精刨刀。

具体的刀具结构和制造工艺可根据需要查阅有关手册。

(2) 基本操作工艺　机床导轨在精刨（车）前一般要预加工，去除导轨表面的拉毛、划伤、不均匀磨损或床身的扭曲变形，表面粗糙度 Ra 达 5μm 即可精刨（车）。

精刨（车）时，应尽可能使导轨处于自由状态，减少装夹所产生的内应力。一般精刨（车）3 刀或 4 刀，总加工余量为 0.08 ~ 0.10mm。切削速度为 3 ~ 5m/min，第 1 刀背吃刀量为 0.04mm，第 2、3 刀背吃刀量为 0.02 ~ 0.03mm，最后在无进给下往复 2 次。为了正确掌握背吃刀量，必须用百分表测量。在精刨（车）时，用洁净的煤油不间断地润滑刀具，中途不准停车，以免产生刀痕。精刨（车）修理导轨，去除的金属层比刮研法和精磨要多，多次修理会影响机床导轨的刚度，因此要尽量控制切削量。

3. 机床导轨的精磨修理

“以磨代刮”是除“以刨代刮”外，在机床导轨表面精加工时常用的工艺方法，特别是经淬硬处理的导轨面的修复加工，一般均采用磨削工艺。磨削时产生热量较多，易使导轨发生变形，造成磨削表面的精度不稳定，因而在磨削中应注意磨削的吃刀量必须适当，以减少热变形的影响。

床身导轨的磨削可在导轨磨床或龙门刨床上（加磨削头）进行。磨削时将床身置于导轨磨床工作台上的调整垫铁上，按齿条安装面 7（见图 2-4）为基准进行找正。找正的方法为：将千分表固定在磨头主轴上，其测头触及齿条安装面 7，移动工作台，调整垫铁使千分表读数变化量不大于 0.001mm；再将 90°角尺的一边紧靠进给箱安装面，测头触及 90°角尺另一边，移动磨头架，通过转动磨头，使千分表读数不变。找正后将床身夹紧，夹紧时要防止床身变形。

磨削顺序是首先磨削导轨面 1、4（见图 2-4），检查两面等高后，再磨削两压板面 8、9，然后调整砂轮角度，磨削 3、5 面和 2、6 面。磨削过程中应严格控制温升，以手感知导轨面不发热为好。

由于卧式车床在使用过程中，导轨中间部位磨损最严重，为了补偿磨损和弹性变形，一般应使导轨磨削后导轨面呈中凸状。可采取 3 种方法磨出：一种为反变形法，即安装时使床身导轨适当产生中凹，磨削完成后床身自动恢复形成中凸；另一种方法是控制吃刀量法，即在磨削过程中使砂轮在床身导轨两端多进给几次，最后精磨一刀形成中凸；第 3 种方法是靠加工设备本身形成中凸，即将导轨磨床本身的导轨调成中凸状，使砂轮相对工作台走出凸形轨迹，这样在调整后的机床上磨削导轨时即呈中凸状。

【任务实施】

一、器材准备

常用刮研工具、检具：刮刀、平尺、角尺、平板、角度垫铁、检验桥板、心棒、水平仪、光学准直仪、塞尺、相应量具和显示剂等。

二、操作步骤

1）测量并做出导轨磨损曲线图，确定磨损的最低点，并以此作为刮削起点。

2）从起点开始，每隔固定距离做出标记，将等高垫放在标记处并安放上平尺。

3）借助框式水平仪测出每一标记处的垂直坐标值。标记点一般不少于 4 个点，标记间的距离一般应是平尺全长的 5/9。

4）根据标记点的坐标值，在每一个标记处进行刮研，使每个标记处的小刮削面都处于同一水平直线上，并且保证正确的横向水平。标记处的刮削宽度一般选为 60 ~ 80mm。

5）以标记处的刮削面为基础，通过平尺推研对导轨分段进行粗研。

6）最后进行细刮和精刮，当导轨各段的刮研面与标记处的基准面同时与平尺接触时，整个导轨面就基本刮削平直了。

三、安全文明生产规程

1）所用工具必须齐备、完好、可靠，才能开始工作。禁止使用有裂纹、带毛刺、手柄松动等不符合安全要求的工具，并严格遵守常用安全操作规程。

2）合理规范使用各种工、量具。

3）工作中注意周围人员及自身安全，防止因挥动工具、工具脱落、工件及铁屑飞溅造成伤害。2 人以上一起工作要注意协调配合。工件堆放应整齐，放置平稳。

4）刮机床导轨面时，工件底部要垫平稳，结合面应保持水平。用千斤顶时，支承面要垫牢实，以保证安全。

5）刮研操作时，被刮工件必须稳固，不得窜动，校准工具必须装有固定手环或吊环。2 人以上做同一工件时，必须注意刮刀方向，不得对着人体部位挑刮。往复研合时，手指不准伸向研合面；研合板运行位置应适度，其重心不得超出工件研合面范围，防止滑落。机动研合时，需有专人看守电气开关或装有联锁装置。

6）工作地点要保持清洁，油液污水不得流在地上，以防滑倒伤人。

7）工作完毕或因故离开工作岗位，必须将设备和工具的电、气、水、油源断开。工作完毕，必须清理工作场地，将工具和零件整齐地摆放在指定的位置上。

子情境二　CA6140 型车床刀架、主轴箱部件的拆装和修理

【学习目标】

1）掌握 CA6140 型车床刀架部件的拆装、调整和修理工艺以及相关技术要求。

2）掌握 CA6140 型车床主轴箱中主轴轴组、摩擦离合器轴组的拆装、修理和调整工艺以及相关的技术要求。

【任务描述】

识读 CA6140 型车床的装配图；遵守机修工和机修技术人员的员工标准；按照修理工艺以及相关技术要求对车床刀架部件和主轴箱中主轴轴组、摩擦离合器轴组进行拆装、修理和

调整。

【相关知识】

一、刀架部件的结构与作用

刀架部件的外形如图 2-8 所示。

刀架部件主要包括转盘、小滑板、方刀架，其结构如图 2-9 所示。

刀架部件的作用是夹持刀具，实现刀具的转位、换刀、刀具的距离调整及短距离斜向手动进给等运动。

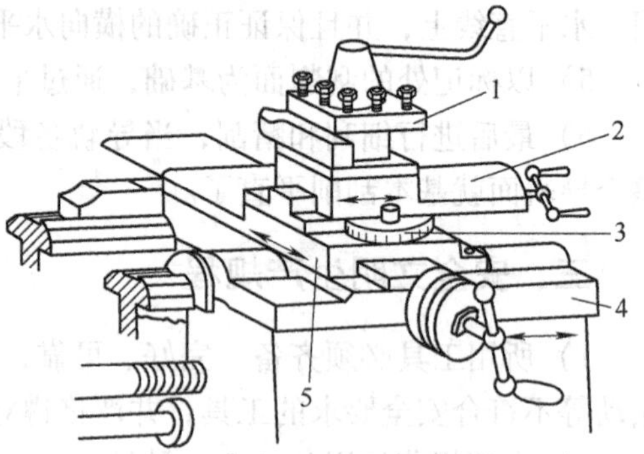

图 2-8　刀架部件外形图
1—方刀架　2—小滑板　3—转盘
4—床鞍　5—横滑板

二、刀架部件的修理

刀架部件的主要损伤形式为小滑板及转盘导轨的磨损和方刀架定位支承面及刀具夹持部分的损伤等，转盘回转面的磨损并不多见。

（1）刀架部件修理的主要内容　刀架部件修理中，应注意刀架移动导轨（小滑板导轨）的直线性和刀架回转时的定位精度。

刀架移动的直线性和在垂直平面内与主轴中心线的平行度会影响圆锥体素线的直线性，使加工出的锥孔呈抛物线状。

刀架部件修理的主要内容是恢复方刀架移动的几何精度，恢复方刀架转位时的重复定位精度和刀具装夹时的可靠性和准确性。为达到这些要求，必须对转盘、小滑板、方刀架等零件的主要工作面进行修复，如图 2-10 所示。

小滑板修理内容为：修复刀架座定位销 ϕ48mm（见图 2-9）的配合面，可通过镶套或涂镀的方法恢复它与方刀架定位中心孔的配合精度。刮削小滑板燕尾形导轨面 2、3，如图 2-10a 所示，保证导轨面的直线度与丝杠孔的平行度。更换小滑板上的刀架转位定位销锥套（见图 2-9），保证它与小滑板安装孔 ϕ22mm 之间的配合精度。

转盘修理的内容为：刮削燕尾形导轨面 4、5、6，如图 2-10b 所示，保证各导轨面的直线度和导轨相互之间的平行度。

小滑板与转盘间燕尾形导轨的刮研方法及顺序，与横滑板和床鞍之间的燕尾形导轨的刮研顺序相同。

方刀架修理的内容为：配刮方刀架与小滑板间的接触面 8、1，如图 2-10a、c 所示，配作方刀架上的定位销与小滑板上镶嵌的定位销锥套孔的接触精度，修复刀架夹紧螺孔。

（2）刀架部件修理的要求　刀架部件修理时应达到以下要求：

1）小滑板 ϕ48mm 定位销轴与刀架座孔配合公差带为 H7/h6（见图 2-9）。

2）小滑板上 ϕ48mm 转位定位销锥套与孔的配合公差带为 H7/k6（见图 2-9）。

3）转动方刀架，用锥销定位时定位误差不大于 0.01 ~0.02mm。

4）转盘导轨面 4 的平面度误差不大于 0.02mm，导轨面 5 的直线度误差不大于 0.01mm，导轨面 4 对转盘表面 7 的平行度误差不大于 0.03mm（见图 2-10b）。

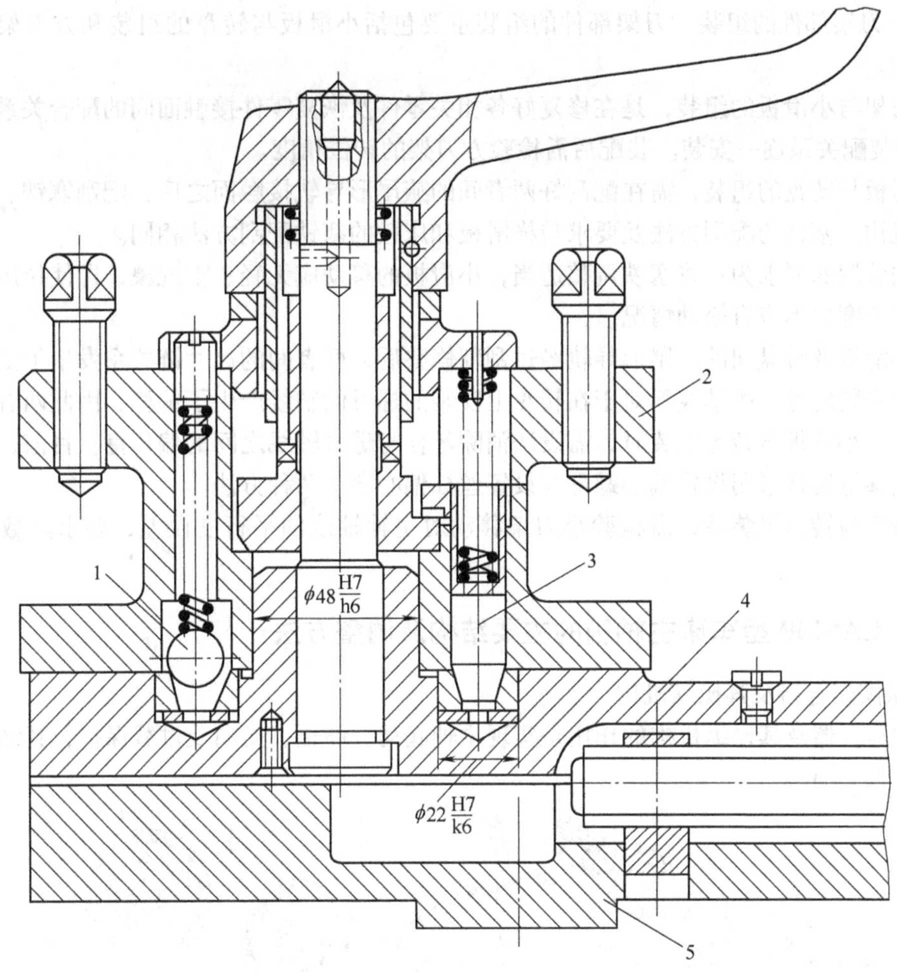

图 2-9　刀架部件结构

1—钢球　2—刀架座　3—定位销　4—小滑板　5—转盘

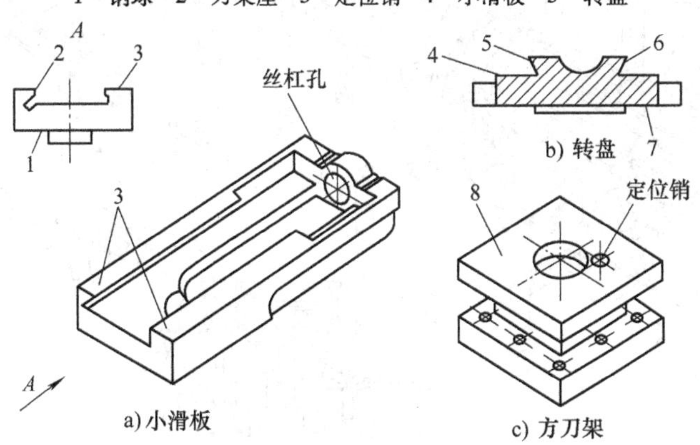

图 2-10　刀架部件主要零件修理示意图

1、7、8—接触面　2、3、4、5、6—燕尾形导轨面

5）小滑板与转盘导轨面接触精度不少于 10 ~ 12 点/25mm × 25mm。

6）方刀架与小滑板接触精度不少于 8 ~ 10 点/25mm × 25mm。

（3）刀架部件的组装　刀架部件的组装主要包括小滑板与转盘的组装和方刀架与小滑板的组装。

方刀架与小滑板的组装，是在修复好各相关零件及恢复零件接触面间的配合关系后，按图 2-9 的装配关系逐一安装。装配后需检验方刀架的转位精度。

小滑板与转盘的组装，需在配刮好两者间的燕尾形导轨接触面之后，配刮塞铁、安装丝杠螺母机构。塞铁的配刮方法及要求与横滑板和床鞍的塞铁配刮方法相同。

塞铁装调的要求为：将塞铁调整适当，小滑板的移动应无轻、重现象，即使拉出刀架中部的一半长度也不应有松动情况。

当小滑板及转盘间的燕尾形导轨经过刮削修整后，两者间的尺寸链关系发生了变化。在小滑板上安装的丝杠的轴线相对于在转盘上安装的螺母的轴线产生了偏移，因此两者无法正常安装。在小滑板与转盘组装时，需设法消除丝杠与螺母轴线之间的偏移量。目前，修整丝杠螺母偏移量通常采用设置偏心螺母和设置丝杠偏心套这两种方法。

小滑板与转盘组装后，需检验小刀架移动对主轴轴线的平行度误差，要求其数值小于 0. 04mm。

三、CA6140 型车床主轴箱的主要结构及调整方法

1. 摩擦离合器及其操纵机构

摩擦离合器及其操纵机构的作用是实现主轴起动、停止、换向及过载保护，其结构示意图如图 2-11 所示。

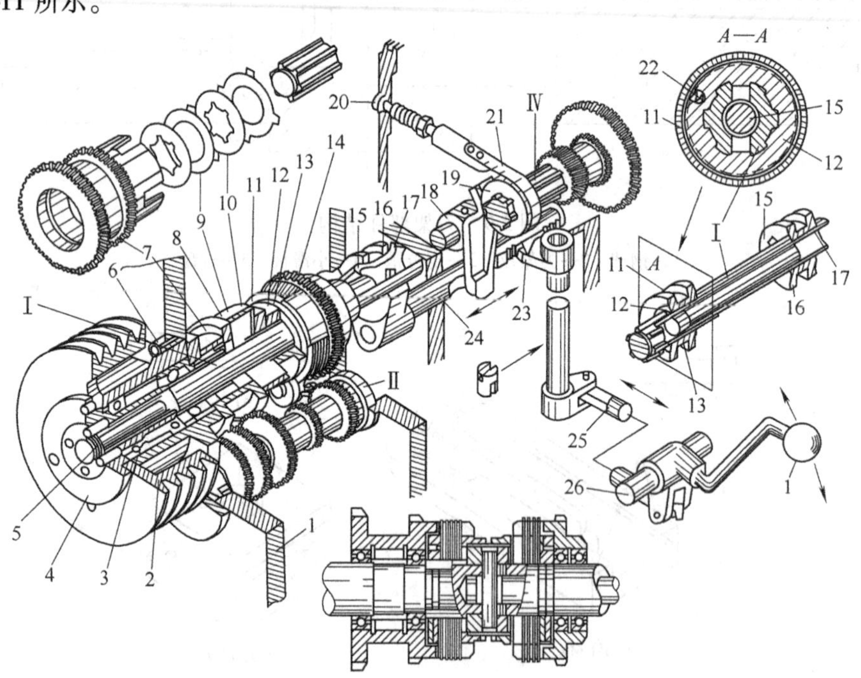

图 2-11　摩擦离合器及其操纵机构

1—箱体　2—带轮　3—轴承　4—盖板　5—操纵杠手柄　6—法兰盘　7、14—齿轮　8—挡板　9—外摩擦片　10—内摩擦片　11—螺母　12—滑套　13—销　15—拉杆　16—滑环　17—摆杆　18—杠杆　19—制动盘　20—调节螺钉　21—制动带　22—定位销　23—扇形齿轮　24—齿条轴　25—连杆　26—操纵杠

离合器的内摩擦片与轴Ⅰ以花键相联接，随轴Ⅰ一起转动。外摩擦片空套在轴Ⅰ上，其外圆有 4 个凸缘，卡在轴Ⅰ上齿轮 7 和 14 的 4 个槽中，内、外片相间排叠。左离合器带动主轴正转，用于切削加工，其传递转矩大，因而片数多（内摩擦片 9 片，外摩擦片 8 片）；右离合器片数少（内摩擦片 5 片，外摩擦片 4 片），带动主轴反转，主要用于退刀。

当操纵杠手柄处于停车位置时，滑套处在中间位置，左、右两边摩擦片均未压紧，主轴不转；当操纵杠手柄向上抬起，经操纵杠及连杆向前移动，扇形齿轮顺时针转动，使齿条轴右移，经拨叉带动滑环右移，压迫轴Ⅰ上摆杆绕支点销摆动，下端则拨动拉杆右移，再由拉杆上销带动滑套和螺母左移，从而将左边的内、外摩擦片压紧，轴Ⅰ的转动通过内外片摩擦片带动空套齿轮转动，使主轴实现正转。同理，若操纵杠手柄向下压时，使滑环左移，经摆杆使拉杆右移，便可压紧右边摩擦片，则轴Ⅰ带动右边空套齿轮转动，使主轴实现反转。

离合器摩擦片松开时的间隙要适当，当间隙过大或过小时，必须进行调整。调整方法如图 2-11 中 *A*—*A* 剖面所示：将定位销压入螺母的缺口，然后转动左侧螺母，可调整左侧摩擦片间隙，转动右侧螺母，可调整右侧摩擦片间隙。调整完毕，让定位销自动弹出，重新卡住螺母缺口，以防止螺母在工作中松脱。

为了缩短辅助时间，使主轴能迅速停车，轴Ⅳ上装有钢带式制动器，其结构如图 2-12 所示。制动器由杠杆、制动盘、调节螺钉及弹簧、制动带组成。当操纵杠手柄使离合器脱开时，齿条轴处于中间位置，此时轴凸起部分恰好顶住杠杆，使杠杆逆时针转动，将制动带拉紧，使轴Ⅳ和主轴停止转动。若摩擦离合器接合，主轴转动时，杠杆则处于齿条轴中间凸起部分左边或右边的凹槽中，使制动带放松，主轴不再被制动。制动带的制动力可调节螺钉进行调节。

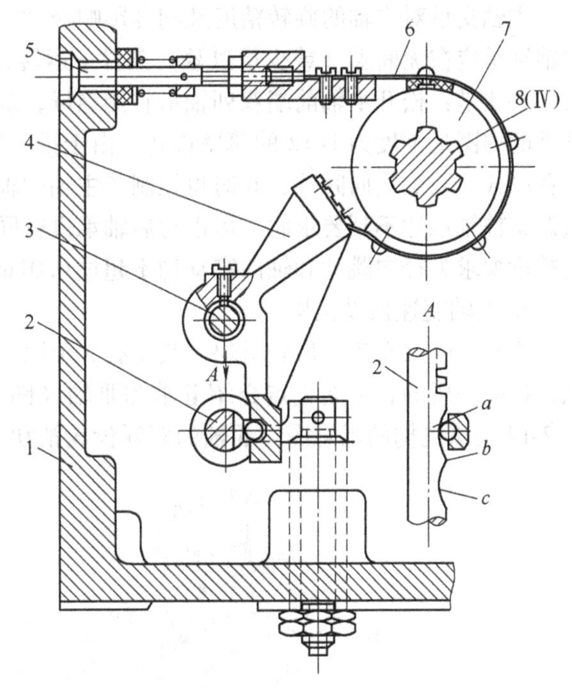

图 2-12　车床钢带式制动器

1—箱体　2—齿条轴　3—杠杆支承轴　4—杠杆
5—调节螺钉　6—制动带　7—制动盘　8—花键轴

2. 主轴部件结构及调整

主轴是车床的关键部件之一，在工作时承受很大的切削力，故要求具有足够的刚度和较高的精度。它是一个空心的台阶轴，其内孔（ϕ48mm）用于通过 ϕ47mm 以下的长棒料或穿入钢棒以卸下顶尖，也可用于装置气动、电动或液压夹紧机构。主轴前端的锥孔为莫氏 6 号锥度，用于安装前顶尖和心轴，有自锁作用，可借助于锥面配合的摩擦力直接带动心轴和工件转动。后端 1∶20 锥孔是加工主轴工艺基准面。主轴前端采用短锥连接盘式结构，用于安装卡盘或拨叉，由主轴端面上的圆形拨块传递转矩。

CA6140 型车床的主轴有前、中、后三个支承，如图 2-13 所示，保证主轴有较好的刚性。前支承由两种滚动轴承组成，前面是 NN3021K/P5（D 级 3182121）型圆锥孔双列向心短圆柱滚子轴承，用于承受径向力，这种轴承具有刚性好、精度高、尺寸小和承载能力大等优点。另外采用两个 51120/P5（D 级 8120）型推力球轴承，用于承受正反两个方向的轴向力。后支承采用一个 NN3015K/P6（E 级 3182115）型圆锥孔双列向心短圆柱滚子轴承。中间支承是 NU32216/P6（E 级 32216）型单列向心短圆柱滚子轴承。将推力轴承安装在前支承中，离加工部位距离较近，中、后支承只承受径向力，而在轴向可以游动。当主轴由于长时间运转发热膨胀时，可以允许向后微量伸长，以减少主轴弯曲变形，使主轴在重负荷下有足够刚度。

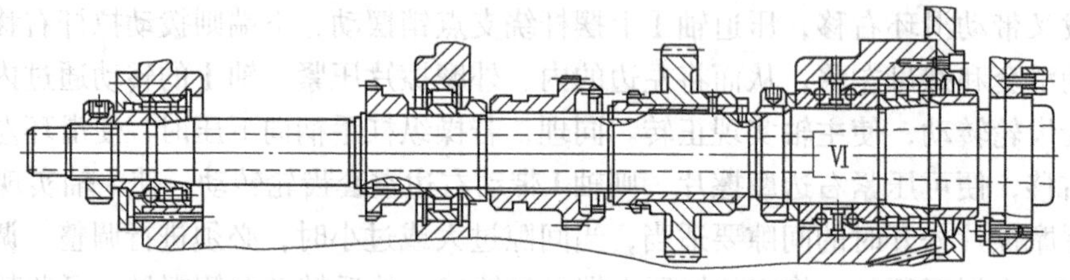

图 2-13　CA6140 型车床主轴部件

主轴支承对主轴的旋转精度及刚度影响极大。轴承中的间隙直接影响机床的加工精度，主轴轴承应在无间隙（或少量过盈）条件下运转，因此，主轴轴承的间隙应定期进行调整。具体办法是：松开主轴前端双列轴承右侧螺母，旋紧主轴前端推力球轴承左侧螺母。因双列轴承的内圈是锥度为 1∶12 的薄壁锥孔，由于推力球轴承左侧螺母的推力，使双列轴承内网右移胀大，减少径向间隙，同时也控制了主轴的轴向窜动。这种结构一般只调整前轴承，当只调整前轴承达不到要求时，可以对后轴承进行同样的调整，中间轴承间隙不调整。该主轴的精度要求为径向跳动和轴向窜动均不超过 0.01mm。

3. 主轴变速操纵机构

主轴箱中共有 7 个齿轮滑块，其中有 5 个用于改变主轴的转速。这些滑块的移动是由操纵机构来完成的，下面重点介绍Ⅱ轴和Ⅲ轴（图 2-11 中未显示）上两个滑块的操纵机构。图 2-14 为该机构的示意图。Ⅱ轴的双联齿轮滑块有左、右两个啮合位置；Ⅲ轴上的三联齿

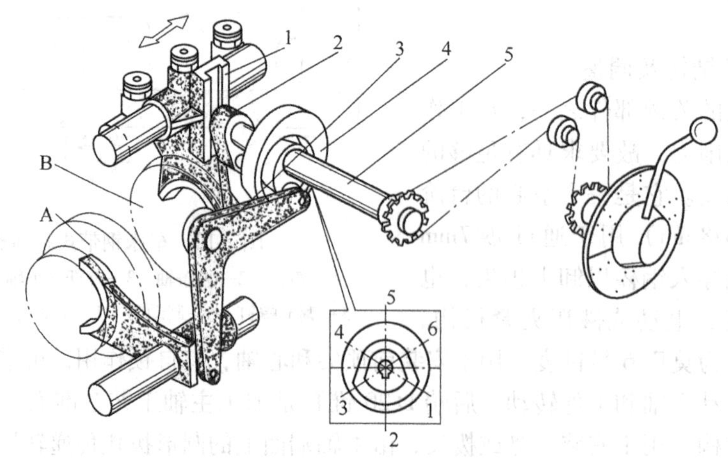

图 2-14　Ⅱ、Ⅲ轴上滑移齿轮操纵机构

1—拨叉　2—曲柄　3—杠杆　4—盘状凸轮　5—凸轮轴

A—Ⅱ轴上双联齿轮滑块　B—Ⅲ轴上三联齿轮滑块

轮滑块有左、中、右三个位置。通过这两个齿轮滑块的不同位置的组合，可使Ⅲ轴得到 6 种不同的转速，Ⅲ轴再经不同齿轮将旋转运动传至主轴（Ⅵ轴）。

手柄通过传动比为 1∶1 的链传动带动凸轮轴 5 和手柄同步转动，凸轮轴上装有盘状凸轮和曲柄。凸轮端面上有一条封闭的曲线槽，它由两段不同半径的圆弧和两条过渡直线组成。凸轮按照图 2-15 所标的 1 ~6 的 6 个变速位置，通过杠杆操纵Ⅱ轴上的双联齿轮滑块 A。当杠杆的滚子处于凸轮曲线的大半径时，双联齿轮 A 在左端位置；杠杆滚子若处在小半径时，A 则移到右端位置。曲柄上圆柱销装在拨叉的长槽中。当曲柄随凸轮轴 5 转动时，可拨动拨叉 1 有左、中、右 3 个不同位置，带动三联齿轮滑块 B 有 3 个不同的啮合位置。

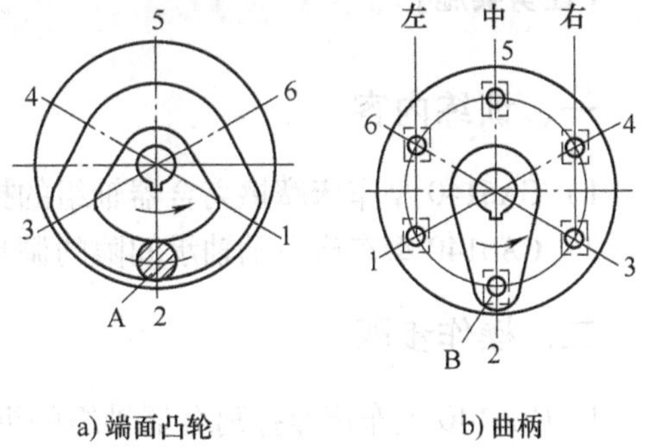

图 2-15　操纵原理图

由于凸轮和曲柄同轴，两者同步转动。由图 2-15 可知，杠杆的滚子在凸轮曲线的位置 2 时，齿轮块 A 处于左端位置，齿轮块 B 处在中间位置。若将凸轮轴 5 逆时针方向转过 60°，杠杆的滚子由位置 2 移到位置 3，仍在大半径圆弧内，齿轮块在左端不动；曲柄转过 60°，则使齿轮块 B 移到右端位置。由此依次转动凸轮轴至各个变速位置，就可使齿轮块 A 和 B 的轴向位置实现 6 种不同的组合，使Ⅲ轴获得 6 种不同转速。

四、主轴箱的修理

（1）主轴的修理　当主轴内锥孔径向圆跳动在允许范围内，仅表面有轻微磨损时，可用研磨棒进行研磨修复；若精度超差时，则应在精密磨床上进行精磨修复。

（2）片式摩擦离合器的修理与调整　片式摩擦离合器的零件磨损后，一般需更换新件。但摩擦片变形或划伤时，可校平后磨削修复，修磨后厚度减小，可适当增加片数以保证调节余量。

（3）主轴箱操纵部分修理　操纵部分的拨叉、摆杆等零件断裂或磨损时，一般需更换新件。组装后应保证操纵部分动作灵敏，定位准确。

（4）制动装置的修理　由于车床起动、停车频繁，所以制动带容易磨损、断裂，此时应更换新件并进行调整，使主轴能迅速停车。

（5）机械传动部分的修理　主轴箱机械传动部分的修理主要是 V 带轮、固定齿轮、滑移齿轮等的修理。组装后对啮合齿轮轴向错位的要求如下。

固定齿轮：

齿轮轮缘宽度 $B\leqslant15$mm　　允许错位 $1/15B$

齿轮轮缘宽度 $B=15\sim30$mm　　允许错位 $1/20B$

齿轮轮缘宽度 $B>30$mm　　允许错位 $1/30B$

滑移齿轮：

齿轮轮缘宽度 $B\leqslant15$mm　　允许错位 $1/4B$

齿轮轮缘宽度 $B=15\sim30$mm　　允许错位 $1/5B$

齿轮轮缘宽度 $B>30$mm　　允许错位 $1/6B$

（6）润滑装置的修理　CA6140 型车床采用转子泵集中供油强制循环的润滑方式，如图 2-16 所示。这种润滑方式具有润滑充分、润滑油温升小等优点。在修理时需清洗或更换滤油器，检修油泵供油状态，检查各润滑油管供油情况，更换润滑油。

【任务实施】

一、训练内容

1）CA6140 型车床摩擦离合器轴组的拆装。

2）CA6140 型车床主轴轴承间隙的调整。

二、操作步骤

1. CA6140 型车床摩擦离合器轴组的拆装

1）松开摩擦离合器（将摩擦片间隙放到最大）。

2）松开带轮处轴 I 上的螺母。

3）卸下带轮。

4）拆卸下带轮支承法兰盘。

5）拆卸下摩擦离合器轴组。

6）利用摩擦离合器轴组自重冲击拆卸摩擦离合器轴组左离合器。

7）卸下销轴和元宝形摆块。

8）卸下挡圈。拆卸摩擦离合器轴组右离合器。

9）清洗、去毛刺。

10）逆顺序装配摩擦离合器轴组。

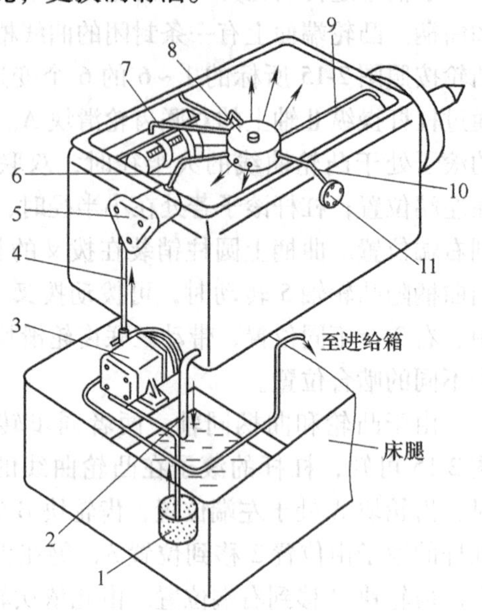

图 2-16　主轴箱润滑系统

1—网式滤油器　2—回油管　3—油泵　4、6、7、9、10—油管　5—滤油器　8—分油器　11—油标

2. CA6140 型车床主轴轴承间隙的调整

1）用专用扳手松开主轴前端双列轴承右侧螺母，旋紧主轴前端推力球轴承左侧的螺母。

2）在主轴锥孔中插入检验棒，检测主轴的轴向窜动（公差为 0.01mm）、径向跳动（近主轴端面公差为 0.01mm；距主轴端面 300mm 处为 0.02mm）。

3）主轴旋转灵活，无松紧现象。

4）锁紧推力球轴承左侧螺母上的紧定螺钉。

子情境三　CA6140 型车床进给箱、溜板箱的拆装和修理

【学习目标】

1）能熟练识读 CA6140 型车床的装配图，提高装配和调试技能。

2）通过对 CA6140 型车床进给箱、溜板箱的拆装与调整，掌握操作工艺和方法，培养学生对设备故障的分析、排除能力。

3）掌握装配和调试技能，掌握各类常见机构在机床上的实际应用。

【任务描述】

识读 CA6140 型车床的装配图；遵守机修工和机修技术人员的员工标准；按照修理工艺以及相关技术要求对 CA6140 型车床进给箱、溜板箱进行拆装、修理和调整。

【相关知识】

一、进给箱的主要结构及工作原理

进给箱主要由基本组、增倍组及各种操纵机构组成，CA6140 型车床进给箱展开图如图 2-17 所示。进给箱的功用是将主轴箱经交换齿轮传来的运动进行各种速比的变换，使丝杠、光杠得到不同的转速，以取得不同的进给量和加工不同螺距的螺纹。

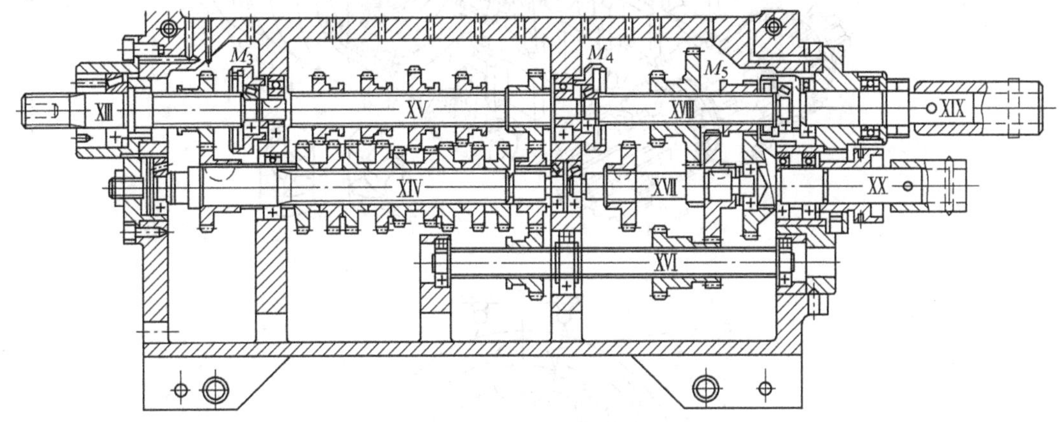

图 2-17 CA6140 型车床进给箱展开图

下面重点介绍基本组的操纵机构。进给箱中的基本组由XV轴上 4 个滑移齿轮和XIV轴上 8 个固定齿轮组成。每个滑移齿轮依次与XV轴相邻的两个固定齿轮中的一个啮合，而且要保证在同一时刻内，基本组中只能有一对齿轮啮合。这 4 个齿轮滑块是由一个手柄集中操纵的，该操纵机构的结构和工作原理如图 2-18 所示。

基本组的 4 个滑移齿轮分别由 4 个拨块来拨动，每个拨块的位置由各自的销子通过杠杆来控制。4 个销子均匀地分布在操纵手轮背面的环形槽 e 中。环形槽上有两个间隔 45°的孔 a 和孔 b，孔中分别装有带斜面的压块 7 和 7′。两压块的形状如图 2-18a 所示，安装时压块 7 的斜面向外斜，以便与销子 4 接触时能向外抬起销子 4；压块 7′的斜面向里斜，与销子 4′接触时向里压销子 4′。这样利用环形槽和压块 7 和 7′，操纵销子 4 和 4′及杠杆，使每个拨块及其滑移齿轮依次有左、中、右 3 种位置。

手轮在圆周方向应有 8 个均布位置。它处在图 2-18b 所示位置时，只有左上角的销子 4′，在压块 7′的作用下靠在孔 b 的内侧壁上。此时，杠杆将拨动滑移齿轮右移（图 2-18 上为左移），使XV轴上第 3 个滑移齿轮 $z=28$ 左移，与 $z=26$ 齿轮啮合。其余 3 个销子因在环形槽 e 中，所有的滑移齿轮都处在中间位置，保证XV轴、XIV轴之间只有一对齿轮啮合。如需改变基本组的传动比，先将手轮向外拉，由图 2-18a 可知，螺钉尖端沿固定轴的轴向槽移动到环形槽 e 中，这时手轮可以自由转动选位变速。由于销子 4 还有一小段保留在槽 e 及孔 b 中，转动手轮时，销子 4 回到并沿槽 e 及孔 a、b 中滑过，所有滑移齿轮都在中间位置。当手轮转到所需位置后，例如从图 2-18b 所示位置逆时针转过 45°（这时孔 a 正对销 4′），将手轮重新推入，孔 a 中压块 7 的斜面将销子 4′向外抬起，通过杠杆将 XV 轴第 3 个滑移齿轮推向右端，使 $z=28$ 与 $z=28$ 齿轮啮合，从而改变基本组传动比。手轮沿圆周转一周时，则会依次实现基本组 8 个速比。

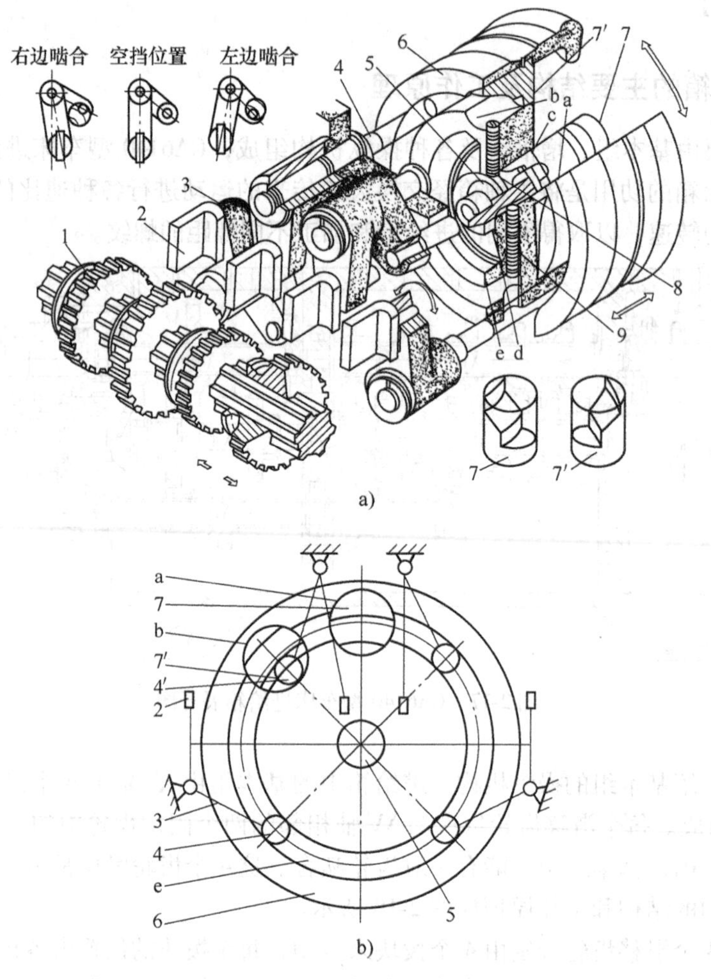

图 2-18　基本组操纵机构

1—滑移齿轮　2—拨块　3—杠杆　4、4′—销子　5—固定轴　6—操纵手轮　7、7′—压块　8—钢球　9—螺钉

二、溜板箱的主要结构及工作原理

CA6140 型车床溜板箱展开图如图 2-19 所示，该图表示溜板箱中各轴的装配关系。溜板箱的作用是将进给箱运动传给刀架，并做纵向、横向机动进给及切削螺纹运动的选择，同时有过载保护作用。

CA6140 型车床溜板箱传动操纵机构如图 2-20 所示。

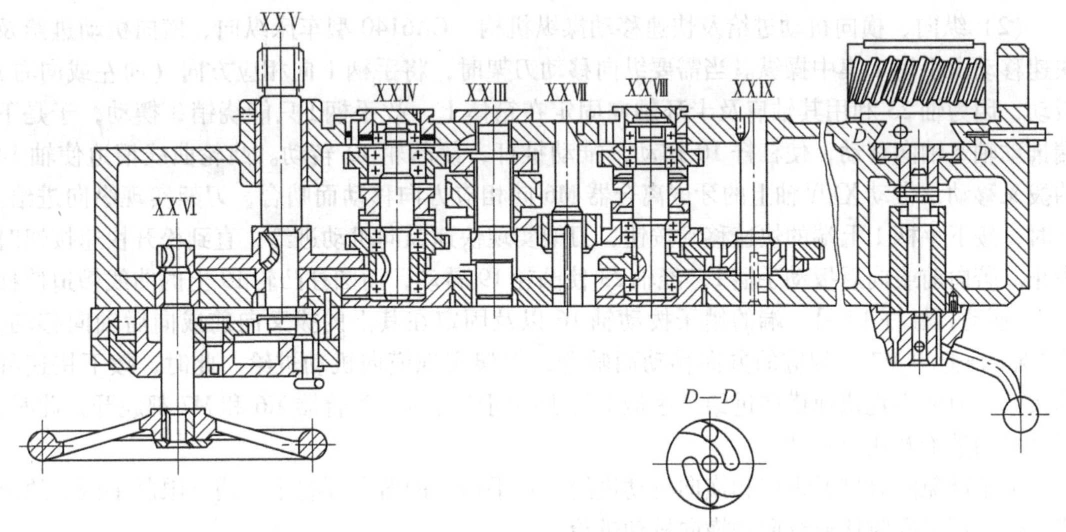

图 2-19　CA6140 型车床溜板箱展开图

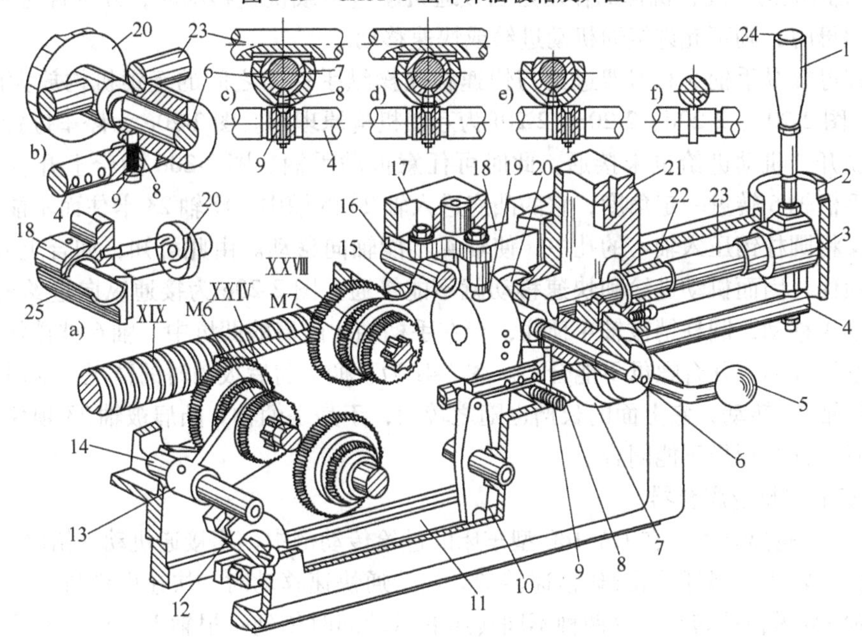

图 2-20　溜板箱操纵机构

1、5—手柄　2—盖　3—销　4、6、14、16、23—轴　7—选择盘　8—圆柱销　9—螺钉
10、17—杠杆　11—推杆　12、19—凸轮　13、15—拨叉　18—上半螺母　20—曲线槽盘
21—溜板箱体　22—卡环　24—按钮　25—下半螺母

（1）开合螺母的操纵机构　用来接通和断开切削螺纹运动，如图 2-20a 所示（因螺母做成开合的上下两部分而得名）。顺时针转动手柄 5，通过轴 6 带动曲线槽盘转动。利用其上面的曲线槽，通过圆柱销带动上半螺母、下半螺母在溜板箱体后面的燕尾形导轨内上下移动，使其相互靠拢，即开合螺母与丝杠啮合。若逆时针方向转动手柄 5，则两个螺母相互分离，开合螺母与丝杠脱开。

（2）纵向、横向机动进给及快速移动操纵机构　CA6140 型车床纵向、横向机动进给及快速移动由手柄 1 集中操纵。当需要纵向移动刀架时，将手柄 1 向相应方向（向左或向右）扳动，因为轴 23 利用其轴肩及卡环轴向固定在箱体上，故手柄 1 只能绕销 3 摆动，于是下端推动轴 4 轴向移动，使杠杆 10 摆动，推动推杆，使凸轮 12 转动。凸轮曲线槽迫使轴 14 的拨叉移动，带动 XXIV 轴上的牙嵌离合器 M6 向相应方向移动而啮合，刀架实现纵向进给。此时，按下手柄 1 上端的快速移动按钮，刀架实现快速纵向机动进给，直到松开快速按钮时为止。若向前或向后扳动手柄 1，经轴 23 使凸轮 19 转动，而圆柱凸轮 19 上的曲线槽迫使杠杆 17 摆动，杠杆 17 另一端的销子拨动轴 16 以及固定在其上的拨叉向前或向后轴向移动，使 XXVIII 轴上的 M7 向相应的方向移动而啮合，刀架实现横向机动进给。此时，按下快速移动按钮，刀架实现快速横向进给。手柄 1 处于中间位置时，离合器 M6 和 M7 都脱开，此时，断开机动进给及快速移动。

为了避免同时接通纵向和横向机动进给，在手柄 1 的盖上开有十字槽，限制手柄 1 的位置，使它不能同时接通纵向和横向机动进给。

（3）互锁机构　互锁机构的作用是当接通机动进给或快速移动时，开合螺母不能合上；合上开合螺母时，则不允许接通机动进给或快速移动。

开合螺母操纵手柄 5 和刀架进给与快速移动操纵手柄 1 之间的互锁机构放大图如图 2-20b 所示。图 2-20c、2-20d、2-20e、2-20f 为互锁机构原理图。图 2-20c 为停车位置状态，即开合螺母脱开，机动进给也未接通，此时可任意扳动手柄。图 2-20d 为合上开合螺母时状态，由于手柄轴 6 转过一定角度，它的凸肩进入轴 23 的槽中，将轴 23 卡住而不能转动。同时，凸肩又将圆柱销压入轴 4 的孔中，使轴 4 不能轴向移动。由此可知，如合上开合螺母，手柄 1 被锁住，因而机动进给和快速移动就不能接通。图 2-20e 为接通纵向进给时的情况。此时，使轴 4 移动，圆柱销被轴 4 顶住，卡在手柄轴 6 凸肩的凹坑中，轴 6 被锁住，开合螺母手柄 5 不能扳动，开合螺母不能合上。图 2-4f 为手柄 1 前后扳动时的情况，这时为横向机动进给。因轴 23 转动，它上面的长槽也随之转动，于是手柄轴 6 凸肩被轴 23 顶住，轴 6 不能转动，所以开合螺母不能闭合。

（4）安全与超越离合器

1）单向超越离合器。在 CA6140 型车床的进给传动链中，当接通机动进给时，光杠 XX 的运动经齿轮副传动蜗杆轴 XXII 做慢速转动。当接通快速移动时，快速电动机经一对齿轮副传动蜗杆轴 XXII 做快速转动。这两种不同转速的运动同时传到一根轴上，使轴不受损坏的机构称为超越离合器。

安全与超越离合器的结构如图 2-21 所示，图中单向超越离合器由齿轮、星状体、滚柱、弹簧 14 和顶销等组成。滚柱在弹簧和顶销的作用下，楔紧在齿轮和星状体的楔缝里，如图 2-22 所示。机动进给时，齿轮逆时针转动，使滚柱在齿轮及星状体的楔缝中越挤越紧，从而带动星状体旋转，使蜗杆轴慢速转动。假如同时接通快速移动，星状体则直接随蜗杆轴一起做逆时针快速转动。此时由于星状体比齿轮转得快，迫使滚柱压缩弹簧滚到楔缝宽端，则齿轮的慢速转动不能传给星状体，即切断了机动进给。当快速电动机停时，蜗杆轴又恢复慢速转动，刀架重新获得机动进给。

2）安全离合器。也可称为过载保护机构。它的作用是在机动进给过程中，当进给力过大或进给运动受到阻碍时，可以自动切断进给运动，保护传动零件在过载时不发生损坏。

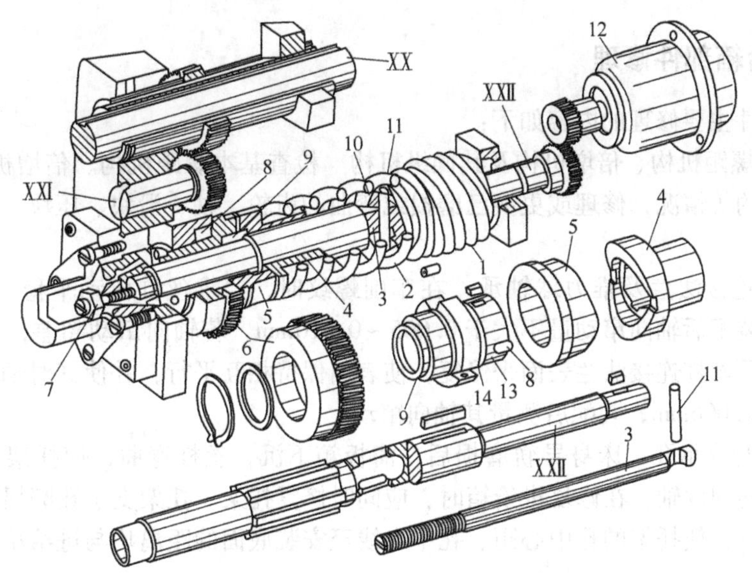

图 2-21　安全与超越离合器单向超越

1—蜗杆　2、14—弹簧　3—轴　4—右接合子　5—左接合子　6—齿轮　7—螺母

8—滚柱　9—星状体　10—垫圈　11—销　12—电动机　13—顶销

安全离合器由两个端面接合子组成。左接合子和单向超越离合器的星状体连在一起，且空套在蜗杆轴XXII上；右接合子和蜗杆轴由花键联接，可在该轴上滑移，靠弹簧 2 的弹簧力作用，与左接合子紧紧地啮合。

图 2-23 为安全离合器工作原理图。正常进给情况下，运动由单向超越离合器及左接合子带动右接合子，使蜗杆轴转动（图 2-23a）。当出现过载或阻碍时，蜗杆轴转矩增大并超过了许用值，两接合端面处产生的轴向力超过弹簧的压力，则推开右接合子（图 2-23b）。此时，左接合子继续转动，而右接合子却不能被带动，于是两接合子间产生打滑现象（图 2-23c），切断进给运动以保护机构不受损坏。当过载现象消除后，安全离合器又恢复到原来的正常工作状态。

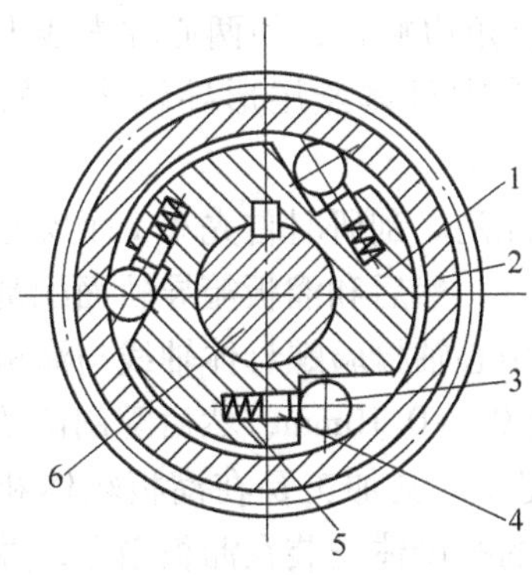

图 2-22　单向超越离合器工作原理

1—星轮　2—齿轮外套　3—滚柱

4—顶杆　5—弹簧　6—轴

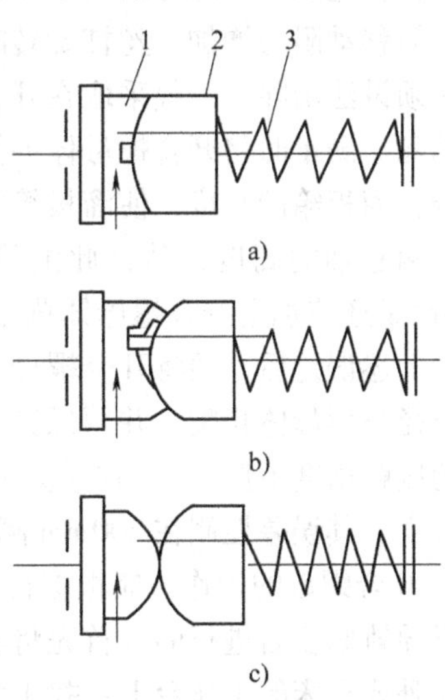

图 2-23　安全离合器工作原理图

1—左接合子　2—右接合子　3—弹簧

三、进给箱部件修理

进给箱部件主要修理的内容如下：

（1）基本螺距机构、倍增机构及其操纵机构　检查基本螺距机构、倍增机构中各齿轮、操纵机构、轴的等情况，修理或更换已磨损或弯曲的齿轮、轴、滑块、压块、斜面推销等零件。

（2）丝杠连接法兰及推力球轴承　在车削螺纹时，要求丝杠传动平稳，轴向窜动小。丝杠连接轴在装配后轴向窜动量不大于0.005~0.010mm，若轴向窜动超差，可通过选配推力球轴承和刮研丝杠连接法兰表面来修复，使表面保持相互平行，并使其对轴孔中心线的垂直度误差小于0.006mm，装配后测量其轴向窜动。

（3）托架与支承孔　床身导轨磨损后，溜板箱下沉，丝杠弯曲，使托架孔磨损。为保证3个支承孔的同度轴，在修复进给箱时，应同时修复托架。托架支承孔磨损后，一般采用键孔镶套来修复，使托架的孔中心距、孔中心线至安装底面的距离均与进给箱尺寸一致。

四、溜板箱部件修理

溜板箱部件修理的主要工作内容有丝杠传动机构的修理、光杠传动机构的修理、安全离合器和超越离合器的修理及进给操纵机构的修理。

（1）丝杠传动机构的修理　主要包括传动丝杠及开合螺母机构的修理。丝杠一般应根据磨损情况确定修理或更换，修理一般可采用校直和精车的方法。

（2）溜板箱燕尾形导轨的修理　用平板配刮导轨面，用专用角度底座配刮另一导轨面。刮研时要用90°角尺测量两导轨面对溜板结合面的垂直度误差，其误差值为在200mm长度上不大于0.08~0.10mm，导轨面与研具间的接触点达到均匀即可。

（3）开合螺母体的修理　由于燕尾形导轨的刮研，使开合螺母体的螺母安装孔中心位置产生位移，造成丝杠螺母的同轴度误差增大。当其误差超过0.05~0.08mm时，将使安装后的溜板箱移动阻力增加，丝杠旋转时受到侧弯力矩的作用，因此当丝杠螺母的同轴度误差超差时必须设法消除。一般采取在开合螺母体燕尾形导轨面上粘贴铸铁板或聚四氟乙烯胶带的方法消除。测量时将开合螺母体夹持在专用心轴上，然后用千斤顶将溜板箱在测量平台上垫起，调整溜板箱的高度，使溜板箱结合面与90°角尺直角边贴合，使两心轴素线上平台平行，测量两心轴的高度差值，此测量值的大小即为开合螺母体燕尾形导轨修复的补偿量（实际补偿量还应加上开合螺母体燕尾形导轨的刮研余量）。

消除上述误差后，须将开合螺母体与溜板箱导轨面配刮。刮研时首先车1个实心的螺母坯，其外径与螺母体相配，并用螺钉与开合螺母体装配好，然后和溜板箱导轨面配刮，要求两者间的接触精度不低于8~14点/（25mm×25mm），用心轴检验螺母体轴线与溜板箱结合面的平行度，其误差控制在200mm测量长度上不大于0.08~0.10mm，然后配刮调整塞铁。

（4）开合螺母的配作　应根据修理后的丝杠进行配作，其加工是在溜板箱体和螺母体的燕尾形导轨修复后进行的。首先将实心螺母坯和刮好的螺母体安装在溜板箱上，并将溜板箱放置在卧式车床的工作台上；找正溜板箱结合面，以光杠孔中心为基准，按孔间距的设计尺寸平移工作台，找出丝杠孔中心位置，在车床上加工出内螺纹底孔；然后以此孔为基准，在卧式车床上精车内螺纹至要求，最后将开合螺母切开为两半并倒角。

（5）光杠传动机构的修理　光杠传动机构由光杠、传动滑键和传动齿轮组成。光杠的弯曲、光杠键槽及滑键的磨损、齿轮的磨损，将会引起光杠传动不平稳，床鞍纵向工作进给时产生爬行。光杠的弯曲采用校直修复，校直再修复键槽，使装配在光杠轴上的传动齿轮在全长上移动灵活。滑键、齿轮磨损严重时一般需更换。

（6）安全离合器和超越离合器的修理　超越离合器用于刀架快速运动和工作进给运动的相互转换，安全离合器用于刀架工作进给超载时自动停止，起超载保护作用。

超越离合器经常出现传递力小时易打滑、传递力大时快慢转换脱不开的故障，造成机床不能正常运转。一般可采用加大滚柱直径（传递力小时打滑）或减小滚柱直径（传递力大时快慢转换脱不开）来解决上述问题。

安全离合器的修复重点是左右两半离合器接合面的磨损，一般需要更换，然后调整弹簧压力，使之能正常传动。

（7）纵、横向进给操纵机构的修理　卧式车床纵、横向进给操纵机构的功用是实现床鞍的纵向快慢速运动和横滑板的横向快慢速运动的操纵和转换。由于使用频繁，操纵机构的凸轮槽和操纵圆销易产生磨损，使拨动离合器时不到位、控制失灵。另外，离合器齿形端面易产生磨损，造成传动打滑。这些磨损件的修理，一般采用更换方法即可。

【任务实施】

一、训练内容

1）CA6140 型车床进给箱的拆装与调整。

2）CA6140 型车床溜板箱的拆装与调整。

二、操作步骤

1. CA6140 型车床进给箱的拆装与调整

1）从床身上拆卸下进给箱。

2）打开进给箱前后盖板。

3）卸下 XIX 丝杠传动轴，整体取出 XVIII 轴。

4）卸下 XIII 传动轴。

5）松开 XX 齿轮轴上的螺母和 XIII 传动轴下端法兰盖，把 XVII 轴先向左面借一点，再把双齿轮轴向光杠方向借足，整体卸下 XVII 轴。

6）卸下 XX 光杠传动轴。

7）从左面卸下 XIV 轴，注意基本螺距机构上的齿轮排列顺序和方向。

8）再拆卸下 XV 轴，注意基本螺距机构上的齿轮排列顺序和方向。

9）最后拆卸下 XVI 轴。

10）清洗、去毛刺。

11）逆顺序地装配与调整进给箱，包括齿轮啮合位置、轴承间隙、丝杠传动轴轴向窜动（允差≤0.01mm）的调整等。

12）最后盖上前后盖板，注意保证各拨叉装配位置正确和防止漏油。

13）把进给箱安装到床身上。

2. CA6140 型车床溜板箱的拆装与调整

1）从床鞍上拆卸下溜板箱。

2）松开锁紧螺母和紧定螺钉，取出塞铁，拆卸下开合螺母。

3）卸下纵向进给手轮和手轮刻度盘。

4）松开后端紧定螺钉和轴上挡圈。卸下XXIX轴。

5）松开轴上挡圈，卸下XXVI轴。

6）松开XXV轴前端齿轮。卸下XXV轴。

7）松开后端紧定螺钉和轴上挡圈，卸下XXVII轴。

8）松开XXIII轴后端端盖，拆卸下XXIII轴。

9）松开XXIV轴和XXVIII轴前端的紧定螺钉和后端的调整圆螺母，分别拆卸下XXIV轴和XXVIII轴。

10）最后整体拆卸下安全与超越离合器轴（XXII轴）。

11）清洗、去毛刺。

12）逆顺序地装配与调整溜板箱（包括齿轮啮合位置、轴承间隙、开合螺母燕尾形导轨间隙等的调整）。

13）把溜板箱安装到床鞍上。

子情境四　CA6140 型车床电气控制系统检修

【学习目标】

1）熟悉电气设备的维修要求及日常维护。

2）熟悉机床检修常用的方法和步骤。

3）掌握机床电气控制系统的分析方法，熟练掌握车床的电气控制原理图。

4）按图样要求进行 CA6140 型车床电气控制系统的安装与调试。

5）学会 CA6140 型车床电气控制系统的故障分析与检修技能。

6）培养学生安全操作、规范操作、文明生产的行为。

【任务描述】

正确识读 CA6140 型车床电气控制原理图；根据电气控制原理图及电动机型号选用电气元件及部分电工器材；完成 CA6140 型车床电气控制系统的安装、自检及通电试车；在 CA6140 型车床电气控制柜中按实际情况设置故障点，分析并排除电气故障，编写检修报告。

【相关知识】

一、机床电气控制系统分析基础

（一）电气控制系统的技术资料

机床电气控制系统的各种技术资料和具体内容主要包括以下几个方面。

1. 设备说明书

设备说明书由机械（包括液压部分）与电气两部分组成。在分析时首先要阅读这两部分说明书，了解以下内容：

1）设备的构造，主要技术指标，机械、液压和气动部分的工作原理。

2）电气传动方式，电动机和执行电器的数目、型号规格、安装位置、用途及控制要求。

3）设备的使用方法，各操作手柄、开关、旋钮和指示装置的布置及作用。

4）同机械和液压部分直接关联的电器（行程开关、电磁阀、电磁离合器和压力继电器等）的位置、工作状态以及作用。

2. 电气控制原理图

这是电气控制系统分析的中心内容。电气控制系统由主电路、控制电路和辅助电路等部分组成。在分析电气控制原理图时，必须与阅读其他技术资料结合起来，例如各种电动机和电磁阀等的控制方式、位置及作用，各种与机械有关的位置开关和主令电器的状态等。

3. 电气设备总装接线图

阅读分析电气设备总装接线图，可以了解系统的组成和分布状况，各部分的连接方式，主要电气部件的布置和安装要求，导线和穿线管的型号规格。这是安装设备不可缺少的资料。

4. 电气元件布置图与接线图

这是制造、安装、调试和维护电气设备必须具备的技术资料。在调试和检修中可通过布置图和接线图方便地找到各种电气元件和测试点，进行必要的调试、检测和维修保养。

（二）电气控制原理图阅读分析的方法与步骤

在仔细阅读了设备说明书，了解电气控制系统的总体结构、电动机和电气元件的分布状况及控制要求等内容之后，便可以阅读分析电气控制原理图了。

1. 分析主电路

从主电路入手，根据每台电动机和电磁阀等执行电器的控制要求去分析它们的控制内容。控制内容包括起动、方向控制、调速和制动等。

2. 分析控制电路

根据主电路中各电动机和电磁阀等执行电器的控制要求，逐一找出控制电路中的控制环节，利用前面学过的知识，按功能不同划分成若干个局部控制电路来进行分析。分析控制电路的最基本方法是查线读图法。

3. 分析辅助电路

辅助电路包括电源显示、工作状态显示、照明和故障报警等部分。它们大多由控制电路中的元件来控制，所以在分析时，还要回过头来对照控制电路进行分析。

4. 分析联锁与保护环节

机床对于安全性和可靠性有很高的要求，实现这些要求，除了合理地选择拖动和控制方案以外，在控制电路中还设置了一系列电气保护和必要的电气联锁。

5. 总体检查

经过“化整为零”，逐步分析了每一个局部电路的工作原理以及各部分之间的控制关系之后，还必须用“集零为整”的方法，检查整个控制电路，看是否有遗漏，特别要从整体角度去进一步检查和理解各控制环节之间的联系，理解电路中每个元件所起的作用。

二、机床电气故障的检修步骤与方法

机床电气控制系统的故障错综复杂，就是同一故障现象，发生的部位也会不同，而且电气系统故障又往往和机械、液压系统交织在一起，难以区分。因此作为一名维修人员应善于学习，积极实践，认真总结经验，掌握正确的诊断方法和步骤，做到迅速而准确地排除故障。

1. 学习机床电气系统维修图

机床电气系统维修图包括机床电气控制原理图、电气箱（柜）内电器布置图、机床电气布线图及机床电器位置图。通过学习机床电气系统维修图，做到掌握机床电气系统的构成和特点，熟悉电路的动作要求和顺序、各个控制环节的电气过程，了解各种电气元件的技术性能。对于一些较复杂的机床，还应了解一些液压系统的基本知识，掌握机床的液压原理。

实践证明，学习并掌握一些机床机械和液压系统知识，不但有助于分析机床电气系统的故障原因，而且有助于迅速、灵活、准确地判断、分析和排除故障。在检查机床电气故障时首先应对照机床电气系统维修图进行分析，再设想或拟订出检查步骤、方法和线路，做到有的放矢，有步骤地逐步深入进行。除此以外，维修人员还应掌握一些机床电气安全知识。

2. 详细了解电气故障产生的经过

机床发生故障后，维修人员首先必须向机床操作者详细了解故障发生前机床的工作情况和故障现象（如响声、冒烟、火花等），询问故障前有哪些征兆，这些对故障的处理极为有益。

3. 分析故障情况，确定故障的可能范围

了解了故障产生的经过后，对照电气控制原理图进行故障情况分析。虽然机床电路看起来很复杂，但是可把它拆成若干环节来分析，缩小故障范围，就能迅速地找出故障的确切部位。另外还应查询机床的维修保养、电路更改等记录，这对分析故障和确定故障部位有帮助。

4. 进行故障部位的外观检查

故障的可能范围确定后，应对有关电气元件进行外观检查，检查方法如下：

（1）闻　在某些严重的过电流、过电压情况发生时，由于保护器件的失灵，造成电动机、电气元件长时间过载运行，使电动机绕组或电磁线圈发热严重，绝缘损坏，发出臭味、焦味。所以闻到焦味就能随之查到故障的部位。

（2）看　有些故障发生后，故障元件有明显的外观变化，如各种信号的故障显示，带指示装置的熔断器、空气断路器或热继电器脱扣，接线或焊点松动脱落，触点烧毛或熔焊，线圈烧毁等。看到故障元件的外观情况，就能着手排除故障。

（3）听　电气元件正常运行和故障运行时发出的声音有明显差异，听听它们工作时发出的声音有无异常，就能查找到故障元件，如电动机、变压器、接触器等元件。

（4）摸　电动机、变压器、电磁线圈、熔体熔断的熔断器等发生故障时，温度会明显升高，用手摸一摸发热情况，也可查找到故障所在，但应注意必须在切断电源后进行。

5. 试验机床的动作顺序和完成情况

当在外观检查中没有发现故障点，或对故障还需进一步了解时，可采用试验方法对电气控制的动作顺序和完成情况进行检查。应先对可能是故障部位的控制环节进行试验，以缩短维修时间。此时可只操作某一按钮或开关，观察电路中各继电器、接触器、行程开关的动作是否符合规定要求，是否能完成整个循环过程。如动作顺序不对或中断，则说明此电器与故障有关，再进一步检查，即可发现故障所在。但是在采用试验方法检查时，必须特别注意设备和人身安全，尽可能断开主电路电源，只在控制电路部分进行，不能随意触动带电部分，以免故障扩大和造成设备损坏。另外，要预先估计到部分电路工作后可能发生的不良影响或后果。

6. 用仪表测量查找故障元件

用仪表测量电气元件是否为通路，电路是否有开路情况，电压、电流是否正常、平衡，这也是检查故障的有效措施之一。常用的电工仪表有：万用表、绝缘电阻表、钳形电流表、电桥等。

（1）测量电压　对电动机、各种电磁线圈、有关控制电路的并联分支电路两端电压进行测量，如果发现电压与规定的要求不符，则是故障的可能部位。

（2）测量电阻或通路　先将电源切断，用万用表的电阻档测量电路是否为通路，查明触点的接触情况、元件的电阻值等。

（3）测量电流　测量电动机三相电流和有关电路中的工作电流。

（4）测量绝缘电阻　测量电动机绕组、电气元件、电路的对地绝缘电阻及相间绝缘电阻。

7. 总结经验、摸清故障规律

每次排除故障后，应将机床故障修复过程记录下来，总结经验，摸清并掌握机床电气控制系统故障规律。记录的主要内容包括：设备名称、型号、编号，设备使用部门及操作者姓名，故障发生日期，故障现象，故障原因，故障元件以及修复情况等。

三、车床电气控制系统分析

（一）主电路分析

图 2-24 是 CA6140 型车床的电气控制原理图。

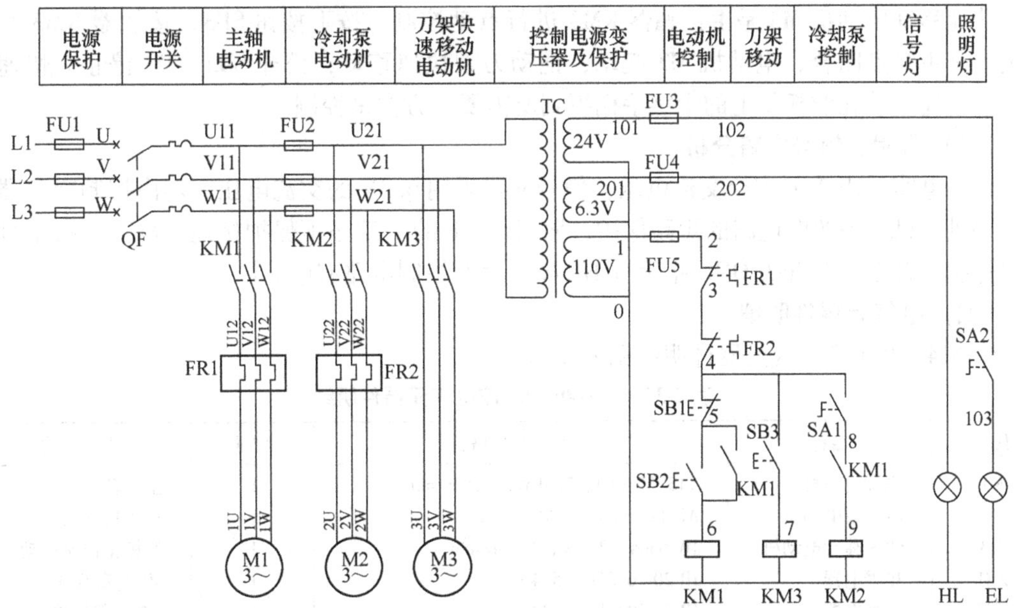

图 2-24　CA6140 型车床电气控制原理图

在主电路中，M1 为主轴电动机，拖动主轴的旋转并通过传动机构实现车刀的进给。主轴由主轴变速箱实现机械变速，主轴正、反转由机械换向机构实现。因此，主轴电动机 M1 是由接触器 KM1 控制的单向旋转直接起动的三相笼型感应电动机，由低压断路器 QF 实现短路和过载保护。M1 安装于机床床身左侧。

M2 为冷却泵电动机，由接触器 KM2 控制实现单向旋转直接起动，用于拖动冷却泵，在车削加工时供出切削液，对工件与刀具进行冷却。M2 安装于机床右侧。

M3 为刀架快速移动电动机，由接触器 KM3 控制实现单向旋转点动运行，M3 安装于溜板箱内。M2、M3 的容量都很小，加装熔断器 FU2 作短路保护。

热继电器 FR1 和 FR2 分别作 M1 和 M2 的过载保护，快速移动电动机 M3 是短时工作的，所以不需要过载保护。带钥匙的低压断路器 QF 是电源总开关。

（二）控制电路分析

合上 QF，将电源引入控制变压器 TC 一次侧，TC 二次侧输出交流 110V 控制电源，并由熔断器 FU5 作短路保护。

1. 主轴电动机 Ml 的控制

SB1 是带自锁的红色蘑菇形的停止按钮，SB2 是绿色的起动按钮。按一下起动按钮 SB1，KM1 线圈通电吸合并自锁，KMl 的主触点闭合，主轴电动机 M1 起动运转。按一下 SB2，接触器 KM1 断电释放，其主触点和自锁触点都断开，电动机 M1 断电停止运行。

2. 冷却泵电动机 M2 的控制

当主轴电动机起动后，KM1 的常开触点（8—9）闭合，这时若旋转转换开关 SA1 使其闭合，则 KM2 线圈通电，其主触点闭合，冷却泵电动机 M2 起动，提供切削液。当主轴电动机 M1 停车时，KM1 的触点（8—9）断开，冷却泵电动机 M2 随即停止。M1 和 M2 之间存在顺序联锁关系。

3. 快速移动电动机 M3 的控制

快速移动电动机 M3 是由接触器 KM3 进行点动控制。按下按钮 SB3，接触器 KM3 线圈通电，其主触点闭合，电动机 M3 起动，拖动刀架快速移动；松开 SB3，M3 停止。快速移动的方向通过装在溜板箱上的十字手柄扳到所需要的方向来控制。

（三）照明、信号电路分析

照明电路采用 24V 安全交流电压，信号回路采用 6.3V 的交流电压，均由控制变压器二次侧提供。FU3 是照明电路的短路保护，照明灯 EL 的一端必须保护接地。FU4 为指示灯的短路保护，合上电源开关 QF，指示灯 HL 亮，表明控制电路有电。

（四）电气元器件明细

CA6140 型车床电气元器件明细见表 2-3。

表 2-3　CA6140 型车床电气元器件明细

代号	名称	型号及规格	数量	用　　途
M1	主轴电动机	Y132M-4-B3，7.5kW，1450r/min	1	主传动
M2	冷却泵电动机	AB-12，90W，3000r/min	1	输送切削液
M3	快速移动电动机	JW-6304，250W，1360r/min	1	溜板箱快速移动
FR1	热继电器	JR 20-16/3D，15.4A	1	M1 过载保护
FR2	热继电器	JR 20-20/3D，0.32A	1	M2 过载保护
KM1	交流接触器	CJ 20-20，线圈电压 110V	1	控制 M1

（续）

代号	名称	型号及规格	数量	用　途
KM2	交流接触器	CJ 20-10，线圈电压 110V	1	控制 M2
KM3	交流接触器	CJ 20-10，线圈电压 110V	1	控制 M3
SB1	按钮	LAY 3-01ZS/1	1	停止 M1
SB2	按钮	LAY 3-10/3. 11	1	起动 M1
SB3	按钮	LA 9	1	起动 M3
SA1	转换开关	HZ 10-10	1	控制 M2
SA2	转换开关	HZ 10-10	1	控制照明灯
HL	信号灯	ZSD-0，6V	1	电源指示
QF	断路器	AM2-40，20A	1	电源开关
TC	控制变压器	JBK2-100，380V/110V，24V，6V	1	控制、照明
EL	机床照明灯	JC11	1	工作照明
FU1	熔断器	HL1-60，熔体 35A	3	总电路短路保护
FU2	熔断器	HL1-15，熔体 5A	3	M2、M3 主电路
FU3	熔断器	HL1-15，熔体 2A	1	110V 控制电源
FU4	熔断器	HL1-15，熔体 2A	1	信号灯电路
FU5	熔断器	HL1-15，熔体 2A	1	照明灯电路

四、车床常见电气故障的分析与排除

车床常见电气故障的分析与排除见表 2-4。

表 2-4　车床常见电气故障的分析与排除

序号	故障现象	故障原因	修复故障措施
1	主轴电动机不能起动	主要原因： (1) FU1 或控制电路中 FU5 的熔丝熔断 (2) 断路器 QF 接触不良或连线断路 (3) 热继电器已动作过，其常闭触点尚未复位 (4) 起动按钮 SB2 或停止按钮 SB1 内的触点接触不良 (5) 接触器 KM1 的线圈烧毁或触点接触不良 (6) 电动机损坏	(1) 更换相同规格和型号的熔丝 (2) 修复断路器或连接导线 (3) 将热继电器复位 (4) 修复或更换相同规格的按钮 (5) 修复或更换相同规格的接触器 (6) 修复或更换电动机
2	按下起动按钮，主轴电动机发出嗡嗡声，不能起动	这是电动机缺相运行造成的，可能的原因有： (1) 熔断器 FU1 有一相熔丝烧断 (2) 接触器 KM1 有一对主触点没有接触好 (3) 电动机接线有一处断线	(1) 更换相同规格和型号的熔丝 (2) 修复接触器的主触点 (3) 重新接好线
3	主轴电动机起动后不能自锁	接触器 KM1 自锁用的辅助常开触头接触不好或接线松开	修复或更换 KM1 的自锁触点，紧固松脱的线头
4	按下停止按钮，主轴电动机不会停止	(1) 停止按钮 SB1 常闭触点被卡住或线路中 4、5 两点连接导线短路 (2) 接触器 KM1 铁心表面粘有污垢 (3) 接触器主触点熔焊、主触点被杂物卡住	(1) 更换按钮 SB1 和导线 (2) 清理交流接触器铁心表面污垢 (3) 更换 KM1 主触点

（续）

序号	故障现象	故障原因	修复故障措施
5	主轴电动机在运行中突然停转	一般是热继电器 FR1 动作。引起热继电器 FR1 动作的原因可能是： （1）三相电源电压不平衡或电源电压较长时间过低 （2）负载过重 （3）电动机 M1 的连接导线接触不良	（1）用万用表检查三相电源电压是否平衡 （2）减轻所带的负载 （3）紧固松开的导线 发生这种故障后，一定要找出热继电器 FR1 动作的原因，排除后才能使其复位
6	照明灯不亮	（1）照明灯泡已坏 （2）照明开关 SA2 损坏 （3）熔断器 FU3 的熔丝烧断 （4）变压器一次绕组或二次绕组已烧毁	（1）更换相同规格和型号的灯泡 （2）更换相同规格的开关 （3）更换相同规格和型号的熔丝 （4）修复或更换变压器

【任务实施】

一、训练内容

CA6140 型车床电气控制系统的故障分析与检修。

二、操作步骤

1）在指导教师指导下操作车床，了解车床的各种工作状态及操作方法。

2）按照 CA6140 型车床电气控制原理图熟悉车床电气元件及分布情况。

3）将 CA6140 型车床电气控制柜中故障开关置于正常位置，接通电源进行正常运行操作：主轴电动机 M1 的起动、停止操作（自然停车）；冷却泵电动机 M2 的起动、停止操作；快速电动机 M3 的起动。

4）故障分析查找与排除练习：断开电源，人为设置故障点 2～3 处，在限定时间内分析故障范围并排除故障；接通电源，按正常情况操作各主令电器，观察不正常故障现象并记录下来，再进行分析检查、排除；排除故障后，重新接通电源，按正常运行要求再操作一遍，动作正常后，断开电源。

5）训练结束，断开电源，拆线，整理电气设备等。

子情境五　CA6140 型车床整机装配与验收

【学习目标】

1）了解 CA6140 型车床的用途、各主要部件的作用及主要技术规格。

2）掌握分析机床传动系统图的方法，熟悉卧式车床的运动。

3）掌握常用装配量具、量仪的结构原理及使用方法。

4）掌握卧式车床的总装配工艺，熟悉试运行和验收的方法。

【任务描述】

识读 CA6140 型车床的装配图；遵守机修工和机修技术人员的员工标准；按照修理工艺以及相关技术要求对 CA6140 型车床进行总装配、试运行和验收。

【相关知识】

一、车床的修理过程

车床的修理过程主要包括修前准备、拆卸、清洗、检测、修复和装配及质量验收等。

（一）车床修理前的准备和拆卸

1. 车床修理前的准备

（1）试切及精度检测　车床修理前，可按照车床标准或随机合格证的精度项目，进行零件的试切及精度检测，根据精度丧失情况及存在的问题，决定具体修理项目与验收要求，并做好技术物资准备，修理后仍按上述要求验收。

（2）外观检查　对车床进行外观检查，发现问题（如外部零件的损坏和缺陷、零件的缺失等）及时做好记录。

（3）安全防护装置和电气部分检查　对车床进行安全防护装置和电气检查，发现问题及时做好记录。

（4）技术文件准备　技术文件准备是为维修提供技术依据，主要包括以下几个方面。

1）准备现有的或需要编制的机械设备和备件图册。

2）确定维修工作类别和年度维修计划。

3）整理车床在使用过程中的故障及其处理记录。

4）调查维修前车床的技术状况。

5）明确维修内容和方案。

6）提出维修后要保证的各项技术性能要求。

7）提供必备的有关技术文件等。

在图册准备中要注意：有些车床有现成图册时可直接选用，而没有现成图册的则需由自己编制。图册内容应包括：主要技术数据；原理图、系统图；总图和重要部件装配图；备件或易损件图；安装地基图；标准件和外构件目录；重要零件的毛坯图等。

（5）准备修理工具和材料　在确定维修工作类别时要按维修工作量的大小、内容和要求划分大修、中修、小修、项修、计划外修理等。要根据车床的使用情况和本单位的具体条件安排好年度维修计划。

2. 车床拆卸的一般原则

1）首先必须熟悉车床的技术资料和图样，弄懂机械传动原理，掌握各个零、部件的结构特点和装配关系以及定位销、轴套、弹簧卡圈、锁紧螺母、锁紧螺钉与顶丝的位置和退出方向。

2）车床的拆卸程序要坚持与装配程序相反的原则。在切断电源后，先拆外部附件，再将整机拆成部件总成，最后全部拆成零件，按部件归并放置。

3）在拆卸轴孔装配件时，通常应坚持用多大力装配就基本上用多大力拆卸的原则。如果出现异常情况，就应查找原因，防止在拆卸中将零件碰伤、拉毛、甚至损坏。热装零件要利用加热来拆卸，如热装轴承可用热油加热轴承内圈进行拆卸。滑动部件拆卸时，要考虑到滑动面间油膜的吸力。一般情况下，在拆卸过程中不允许进行破坏性拆卸。

4）拆卸大型零件要坚持慎重、安全的原则。拆卸中要仔细检查锁紧螺钉及压板等零件是否拆开。吊挂时，必须估计零件重心位置，合理选择直径适宜的吊挂绳索及吊挂受力点。注意受力平衡，防止零件摆晃，避免吊挂绳索脱开与断裂等事故发生。

5）要坚持拆卸服务于装配的原则。如果被拆卸设备的技术资料不全，拆卸中必须对拆卸过程有必要的记录，以便安装时遵照“先拆后装”的原则重新装配。在拆卸中，为防止搞乱关键件的装配关系和配合位置，避免重新装配时精度降低，应在装配件上用划针做出明显标记。对于拆卸出来的轴类零件应悬挂起来，防止弯曲变形。精密零件要单独存放，避免损坏。

（二）车床零件的清洗和检测

1. 零件的清洗

（1）清洗零件的要求

1）对全部拆卸件都应进行清洗，彻底清除表面上的脏物，检查其磨损痕迹、表面裂纹和砸伤缺陷等。通过清洗，决定零件的再用或修换。

2）必须重视再用零件或新换零件的清理，要清除由于零件在使用中或者加工中产生的毛刺。例如，滑移齿轮的倒圆部分、轴类零件的螺纹部分，孔、轴滑动配合件的孔口部分都必须清理掉零件上的毛刺、毛边。这样，才有利于装配工作并保证零件功能的正常发挥。零件清理工作必须在清洗过程中进行。

3）零件清洗并且干燥后，必须涂上润滑油，防止零件生锈。若用化学碱性溶液清洗零件，洗涤后还必须用热水冲洗，防止零件表面被腐蚀。精密零件和铝合金件不宜采用碱性溶液清洗。

4）清洗各类箱体时，必须清除箱内残存磨屑、漆片、灰砂、油污等。要检查润滑油过滤器是否有破损，以便修补或更换。油标表面除清洗外，还要进行研磨抛光提高其透明度。

（2）清洗溶液的选择

1）煤油或轻柴油在清洗零件中应用较广泛，能清除一般油脂，无论铸件、钢件或有色金属件都可清洗，使用比较安全，但挥发性较差。精密零件最好使用含有添加剂的专用汽油进行清洗。

2）目前，为了节省燃料，正在大力研究和推广清洗机械零件用的各种金属清洗剂。它具有良好的亲水、亲油性能，有极佳的乳化、扩散作用，价格便宜，有良好的使用前途，适用性也很好。

（3）清洗方法

1）人工清洗。对于小型零件可直接放入盛有清洗溶液的油盆之中，用毛刷仔细刷洗零件表面。对于油盆无法容纳的零件，如床身等，应先用旧棉纱擦掉其上的油污，然后用棉纱蘸满清洗溶液反复擦洗。最后一道清洗操作，应使用干净棉纱蘸上干净的清洗溶液进行擦洗，这样既有利于节约清洗溶液，又能保证清洗质量。

2）用清洗箱喷洗。清洗箱是一个由网眼架分成 2 层的箱体结构，一般长 1200mm，宽 600mm，高 500mm，由 4 个滚轮支承。箱体的上层可以适当大一些，用以盛放待洗的零件。

箱体的下层用以储放清洗溶液。箱体上层的侧面安放一个齿轮泵，与箱体外面的电动机相连。当通电时，电动机带动齿轮泵，将溶液通过管路吸出，并经过一个前端表面布满小孔的球形喷头，喷洒到待洗零件表面。由于喷头安装在一根软管上可以来回移动，喷出的溶液具有一定的压力，而且进液管口安装一个过滤器，保证了溶液的干净，因此清洗效果良好。由于清洗溶液可以循环使用，实现了节约用液。

在清洗中要注意，尽量先将待洗零件上的厚层油污擦去，以延长清洗溶液的使用时间。要定期清洗过滤器，清除溶液箱中的沉淀污物。

2. 零件的检测

设备拆卸以后，零件经过清洗，必须及时进行检查，以确定磨损零件是否需要修换。如果不能继续使用的零件没有及时修换，就会影响机床使用功能及性能的正常发挥，并且要增加维修工作量。如果可用零件被提前修换，就会造成浪费，提高修理费用。决定零件是否需要修换的一般原则如下。

（1）根据磨损零件对车床精度的影响情况决定零件是否修换　在床身导轨、滑座导轨、主轴轴承等基础零件磨损严重，引起被加工的工件几何精度超差，以及相配合的基础零件间间隙增大，引起设备振动加剧，影响加工工件的表面粗糙度的情况出现时，应该对磨损的基础零件进行修换。对于影响车床精度的主要零件如主轴、箱体等，虽然已经磨损，但尚未超过公差规定，估计还能满足下一个修理周期使用的要求时，可以不进行修换。对于一般零件，无论是过盈配合零件，或者间隙配合零件，在对精度影响不大的前提下，对由于拆卸或使用中磨损引起尺寸变化的，可以使配合关系适当改变。通常间隙配合的孔、轴公差等级都可以降一级，如 H8/h7 的配合关系可以适当改为 H9/h8。过盈配合的孔、轴经拆卸后，一般过盈量都会明显减少，但是如果还能保持原配合关系所需最小过盈量的 50% 左右，就基本上能满足下一个修理周期的使用要求。否则，就应该进行修换。

（2）根据磨损零件对车床性能的影响情况决定零件是否修换　通常评价磨损零件对机械设备性能的影响，在综合考虑的基础上，主要考虑对功能可靠性、生产性能及操作灵活性等方面的影响。零件磨损会使设备不能完成预定的使用功能。例如：离合器失去传递动力的作用；链传动中销轴与套筒的工作面间，因相对滑动而磨损，导致链节距伸长，发生脱链现象；液压机构不能达到预定的压力或压力分配要求；凸轮因磨损不能保持预定的运动规则。在这些情况下，零件都应该进行修换。当零件磨损，如车床导轨磨损、间隙增加、配合表面研伤等，使设备不能满足产品质量要求，不能进行满负荷工作，增加工人的精力消耗和设备空行程时间，从而降低了设备的生产性能时，只有对磨损零件进行修换，才能恢复对设备的使用要求。还有许多零件磨损后，虽然设备还能完成规定的使用功能，但会降低设备许多方面的性能。例如，齿轮噪声过大，既影响工人的工作情绪，又影响设备的使用寿命，还会降低传动效率，损坏工作平稳性，影响设备的生产性能。齿轮产生噪声增大的因素很多，只有查出根源，对有关零件进行修换，才能使噪声减小。

（3）重要的受力零件在强度下降接近极限时应进行修换　设备零件必须有足够的强度，才能保证其承载后不会发生断裂和产生残余变形超过允许限度的情况。尤其一些传递力的零件，当强度下降接近极限时，应及时进行修换。例如，低速蜗轮由于轮齿不断磨损，齿厚逐渐减薄，如果超过强度极限，就容易发生齿面剥蚀或轮齿断裂，在使用中就有可能迅速发生变化，引起严重事故。这些都是根据零件材料的强度极限决定零件的修换标准。

(4) 磨损零件的摩擦条件恶化时应进行修换　在零件磨损量超过一定限度后，会使磨损速度迅速加大，造成摩擦面间发热，摩擦条件恶化，出现摩擦面咬焊拉伤、零件毁坏等事故。例如，车床的导轨刮研面被磨光后，如果继续使用，在重压之下就容易破坏摩擦面间形成的油膜，造成导轨面咬焊拉伤。渗碳主轴的渗碳层在滑动轴承中被磨掉，渗氮齿面在传动中被磨掉，如果继续使用这些摩擦条件恶化的零件，必将引起剧烈磨损。因此，对这些零件应根据磨损零件的摩擦条件状况，决定零件是否需要修换。

（三）车床零件的修复与装配

1. 零件的修复

车床的修理主要是对失效零件的修复。在确定能修复，且修复后能恢复其技术经济要求的，就可以根据零件的失效情况确定修复工艺。参照零件修复工艺并根据所修复零件的精度、性能要求，对各种可能的修复工艺进行充分比较，选择装配精度以及零件相对于整台设备的精度要求。确定好修复工艺后，严格按照工艺进行修复。

2. 装配与调整

车床零件修复后的装配和调整就是把经过修复的零件以及包括更新件在内的其他全部合格零件，按照一定的技术标准、一定的顺序装配起来，经调整后达到规定的精度和使用性能要求的整个工艺过程。装配和调整质量的好坏，在很大程度上影响车床的性能。

(1) 对装配工作的要求

1）装配前，应对零件的几何和尺寸精度等进行认真检查，特别要注意零件上的各种标记，以免装错。

2）固定连接的零件，不得有间隙；活动连接的零件，应能灵活而均匀地按规定方向运动。

3）各种变速和变向机构，必须位置正确，操作灵活，手柄位置和变速表应与车床的运转要求相符合。

4）高速运动机构的外面不得有凸出的螺钉头和销钉头等。

5）各种运动件的接触表面，必须保证有足够的润滑油，并且油路要畅通。

6）各种管路和密封件，装配后不得有渗漏现象。

7）每一部件装配完后，必须仔细检查和清理干净，特别是在封闭的箱内（如齿轮箱等），不得遗留任何杂物。

8）试车时，应对各部件连接的可靠性和运动的灵活性等进行认真检查；要从低速到高速逐步进行。要根据试车情况，进行必要的调整，使其达到运转的要求。

(2) 装配的一般过程

1）装配前的准备。

①熟悉装配图和有关技术文件，了解所装部件的用途、构造、工作原理及各零、部件的作用，相互关系，连接方法及有关技术要求，掌握装配工作的各项技术规范。

②确定装配的方法和程序，准备必要的工艺装备。

③准备好所需的各种物料（如铜皮、铁皮、保险垫片、弹簧垫圈、止动钢丝等）。所有皮质油封在装配前必须浸入加热至66℃的润滑油和煤油各半的混合液中浸泡5～8min；橡胶油封应在摩擦部分涂以齿轮油。

④检查零、部件的加工质量及其在搬运和堆放过程中是否有变形和碰伤，并根据需要进

行适当的修整。

⑤所有的偶合件和不能互换的零件，要按照拆卸、修理和制造时所做的记号妥善摆放，以便成对成套地进行装配。

⑥装配前，对零件进行彻底清洗，因为任何脏物或灰尘都会引起严重的磨损。

2）零件和机构的装配。这是为部件装配做准备。

3）部件装配。部件装配是总装配的基础。

4）总装配。将零件、机构和部件装配成完整的机械设备称为总装配。总装配时要避免多装、漏装零件，并防止污物进入机械内部；各部位紧固牢靠，移动部件能灵活移动，不能有歪斜、卡塞现象；滑动和旋转部位加润滑油，以防运转时拉毛、咬死甚至损坏。

5）调整、检验和试车。

调整：调整各零件、机构间的相互位置、配合间隙和结合程度等，目的是使各机构工作协调。

检验：检验车床的几何精度和工作精度。

试车：试验车床运转的灵活性、振动、工作温升、噪声、转速、功率等性能指标是否符合技术要求。

6）装配后的整理与修饰。机械设备装配、调试完毕后，要进行整理与修饰，其主要工作包括各种门、盖、罩和指示牌的安装及整机的表面修饰等。修饰的目的是防止设备表面锈蚀，使外观美观。设备外表面的修饰，就是在不加工表面涂漆，在加工表面上涂防锈剂。

（四）车床总体修理后的验收和试车

1. 车床修理后的质量要求

（1）对外观的质量要求

1）车床大修后必须全部涂（喷）漆复新。车床各部分的颜色应按照以下规定：车床外表面涂（喷）浅灰色油漆，或按使用部门要求的颜色涂（喷）漆；车床电气箱和储油箱的内壁涂白色或其他浅颜色油漆；加润滑油的位置标志和其他安全标志涂红色油漆。

2）不同颜色的油漆应界限分明，不得相互侵染，油漆表面要光泽平整，应有足够的强度，不得起皱和脱落，并且要耐油和耐切削液侵蚀。

3）装在车床外部的电器和其他附件的未加工表面涂与车床颜色相同的油漆。

4）车床所有盖、罩壳、油盘等应保持完整。

5）手柄、手柄球和手轮不得缺少，规格、颜色应符合规定。

6）车床的各种标牌应清晰，位置正确，不得歪斜。

（2）对装配的质量要求

1）车床上的滑动和转动部位，要运动灵活、轻便、平稳，并且无阻滞现象。

2）可调的齿轮、齿条和蜗杆副等传动零件装配后的接触斑点和侧隙应符合标准规定。

3）变速齿轮应保证准确可靠的定位。啮合齿轮轮缘宽度小于或等于20mm时，轴向错位不得大于1mm；啮合齿轮轮缘宽度大于20mm时，轴向错位不能超过轮缘宽度的15%，且不得大于5mm。

4）在花键上装配的齿轮不应有摆动，间隙配合的花键轴与齿轮、离合器等配合件，在轴上应有滑动无阻的移动，不得有咬塞现象。

5）传动轴上，固定配合的零件不得有松动和窜动现象；滑动配合的零件，在轴上要能自由地移动，不得有啃住和阻滞现象；转动配合的零件，转动时应灵活、均匀。

6）重要的固定结合面应紧密贴合，紧固后用0.04mm 塞尺检验时不得插入，特别重要的固定结合面，除用涂色法检验外，在紧固前后均用0.04mm 的塞尺检验，不得插入。

7）滑动、移动导轨表面除用涂色法检验外，还应用0.04mm 塞尺检验。塞尺在导轨、镶条、压板端部的滑动面间插入深度不得超过下列数值：车床质量小于或等于10^4kg 时为20mm；车床质量大于10^4kg 时为25mm。

8）有刻度的手轮、手柄的反向空行程量，不得超过下列规定：高精度车床精确位移的手轮（1/60）r；普通车床精确位移的手轮（1/40）r；普通车床直接转动的手轮（1/30）r；普通车床很少转动的手轮1/10r。

9）车床运转时，不应有不正常的尖叫声和不规则的冲击声。车床噪声的测量应在空运转的条件下进行，噪声级不得超过下列规定：高精密车床75dB（A）；精密车床和普通车床85dB（A）。

（3）对液压系统的质量要求

1）车床大修后应更换新液压油，油面要加至规定的高度；滤油网应清洗，失去性能的应更换；油箱要仔细清理，并涂以耐油防锈白漆，并且要有防止切屑、灰尘等落入的防护装置。

2）拆修的所有液压元件应进行清理、清洗和严格的检查。装配前，液压件要用清洁的中性轻质油进行清洗。零件表面要擦干净，并防止纤维粘在表面上。

3）连杆、活塞、缸筒、阀芯等零件表面不得有划伤、研沟和裂纹，阀体、液压缸等铸件不得有气孔、砂眼等。

4）用钢球密封的阀座必须经过研磨，使接触正确，从而保证密封性能良好。

5）液压件的装配间隙应符合规定，装配后用手转动或移动时，在全程上必须保证运动灵活，感觉轻重均匀，无阻滞现象。

6）油管不得压扁，表面不得有裂纹和明显的压坑，端部喇叭口应平整光滑，符合技术要求；油管内腔必须清洁，保证畅通。

7）吸油管的敷设，要排列整齐，管路尽量短；金属管要用卡子固定，以免工作中产生振动而使接头松动。

8）液压系统内形成真空的各个部分，必须可靠地进行密封。

9）液压系统进行工作时，油箱内油液不得产生泡沫。液压系统连续工作2h 以上，油温不得超过60℃；当环境温度达到或高于35℃时，油温不得超过70℃。

10）液压系统在工作行程范围内和换向时，不得发生显著振动、噪声、冲击和停滞现象，更不得爬行，回程精度和起程量应符合规定。

（4）对冷却、润滑系统的质量要求

1）冷却装置应灵活可靠，阀门、管路不得有渗漏现象，喷嘴应能调节，切削液应能畅通地喷到切屑形成的地方。

2）各润滑部位应有相应的注油器或注油孔，并保持完善齐全。

3）润滑标牌应完整清晰，润滑系统必须完整无缺。所有润滑元件、油管、油孔、油道必须清洁干净，保证畅通。

4）表示油位的标志应清晰，要能观察出油面或润滑油滴入的情况。

（5）对安全防护装置的质量要求

1）设备上各部分超负荷安全装置的弹簧、配重块、保险销等应按有关规定予以调整配齐，不得随便调整、更换尺寸或使用不合适的材料，安全装置的动作应灵活可靠。

2）对车床运动中有可能松脱的零件，应有防松装置。车床上卡盘的保险卡大修后应完整、齐全、可靠。

3）露在外面的齿轮、带轮、飞轮等应有合适的防护罩，砂轮应有坚固的防护罩。

4）所有防护罩必须用螺钉可靠地固定，不得用钢丝、布条等捆绑。防护罩不得与设备的运转部分有任何摩擦和接触。

5）设备移动部分的行程限位装置应齐全可靠。

6）各滑动导轨的两端应装有防尘、防切屑的毡垫。毡垫应清洗干净，保持与导轨面紧贴，外加金属压板加以固定。

7）电动机的旋转方向在适当零件的外部用箭头表示出来。

2. 车床总体修理后的试车

车床总体修理后，应按说明书或其他技术文件的规定，使车床处于自然状态，调整至安装水平位置。在负荷实验的前后，均应检查车床的几何精度，并将实测数据记录整理保存。

（1）车床空运转检查

1）运动机构的试车检查。车床的主运动机构从最低速度起，依次逐级运转到高速，每级运转时间不少于2min，高速运转时间不少于30min，使主轴承达到稳定温度。高速运转时，检查主轴承的温度：滑动轴承不超过60℃，温升不超过30℃；滚动轴承不超过70℃，温升不超过40℃；其他机构的轴承温度不超过50℃。

2）进给机构的试车检查。从低速起，各级速度运转时间不少于2min，对装有快速移动机构的车床，还应进行快速移动试验。

3）对液压传动的车床进行液压系统稳定性试验。试验时开动液压泵，按说明书调整工作压力及润滑压力；打开放气阀，排除缸内空气后再关闭排气阀，或者使工作台在全行程上往复移动排气；开动工作台，从低速逐渐向高速运动，应无明显的冲击现象；使工作台处于全行程低速运动，时间不少于30min，使工作台运转至稳定速度。

4）在各种速度下运转时，车床的各工作机构运动应平稳、无冲击和异常噪声。

5）在各种速度下运转时，车床振动的振幅应不超过10μm。

6）检查主运动与进给运动的起动及停车情况；手动和自动动作的灵活性及可靠性；重复定位、分度及转位动作的准确性；自动循环动作的可靠性；夹紧装置、快速移动机构、示数指示装置和其他附属装置的可靠性；有刻度装置的手轮反向空行程量及手轮、手柄的操纵力。

7）检查液压系统。接头不得有漏油现象；工作时应无明显的噪声、管内液压冲动和气穴；液压传动部件在规定速度下，不应发生振动及爬行，不应有明显的冲动和阻滞现象，工作速度、换向精度和换向冲击量应符合规定；回程运动不应有冲动现象。

8）检查电气设备及润滑、冷却系统的工作情况；检查安全防护装置的可靠性。

（2）车床负荷检查

1）车床主轴允许的最大转矩试验。

2）工作台、滑枕、刀架等的最大作用力试验。

3）短时间（5～10min）超负荷（超过允许最大转矩或最大切削力的25%）试验。

4）车床工作时电动机的最大功率试验。

5）重型车床的最大静负荷试验。

除以上各项内容外，可按实际需要增加或减少车床负荷试验的内容。车床的负荷试验应按试验规程进行，试验规程由企业编制或采用车床制造厂的试验规程。在负荷试验中，车床的所有机构均应正常工作，不应有明显的振动、冲击、噪声和不平衡现象。

对于不需要检验最大转矩和最大切削力的精密车床，应按专门的技术要求进行负荷试验。专用车床应按产品工艺进行。

（3）车床工作精度与几何精度检验

1）车床工作精度检验应在经过车床空运转试验，并确定车床所有工作机构均已处于正常状态后才能进行。按工作精度检验规程进行切削加工和工作精度检验，检验记录作为验收依据存入档案。

通用车床工作精度检验，可按国家规定的精度标准或车床说明书中规定的精度标准进行，也可按企业选定的典型零件进行加工和检测。专用车床应按产品工艺规定进行加工和检测。

2）通用车床几何精度检验，可按国家规定的车床精度标准或车床说明书中规定的精度标准进行检验，也可按企业规定的精度标准进行检验。专用车床应按专用精度标准进行检验，检验记录作为验收依据存入档案。

在车床几何精度检验过程中，不得对影响精度的机构和零件进行调整；检验时，凡是与主轴承（或工作台、滑枕）温度有关的项目，应在主轴承（或工作台、滑枕）温度达到稳定后方可进行检验。如对影响精度的机构和零件进行过调整，应复查因调整而受影响的有关项目，包括车床工作精度的有关项目也应复查。

二、卧式车床的机械故障分析与检修

机床通过一段时间的工作后，各种各样的故障会不断出现。造成这些故障的原因很多，如零件的自然磨损、零件的材质不良、部件组装不当、操作不按规程等都会引发故障。由于引发故障的原因错综复杂，任何一本技术资料都不可能把各种故障全部详细地列出来，也不可能把各种故障的排除方法全面详细地列出来。检修人员只有系统地学习基础知识，根据机床的构造原理，结合典型故障的分析处理模式，用推理和综合分析的方法来解决各类故障。这里仅对CA6140型车床的一些常见故障进行具体的分析讲解。为了便于读者系统地了解各类故障，将从3个方面分别讲述各种故障的产生原因及排除方法，即影响工件加工精度的故障，产生运动障碍的故障和润滑系统的故障。

1. 影响工件加工精度的故障

（1）车削外圆尺寸精度达不到要求

【故障原因分析】

①操作者看错图样或刻度盘使用不当。

②车削时盲目吃刀，没有进行试切削。

③量具本身有误差或测量不正确。

④由于切削热的影响，使工件尺寸发生变化。

【故障排除与检修】

①车削时必须看清图样尺寸要求，正确使用刻度盘，看清刻度数值。

②根据加工余量放出背吃刀量，进行试切削，然后修正背吃刀量。

③量具使用前，必须仔细检查和调整零位，正确掌握测量方法，实施首件检查制度，避免批量报废。

④不能在工件温度较高时测量，如果测量，应先掌握工件的收缩情况。也可在车削时浇注切削液，降低工件的温度。

（2）车削工件表面粗糙度达不到要求

【故障原因分析】

①车床刚性不足，如滑板的镶条过松，传动件（如带轮）不平衡或主轴太松引起振动。

②车刀刚性不足引起振动。

③工件刚性不足引起振动。

④车刀几何形状不正确，如选用过小的前角、主偏角和后角。

⑤低速切削时，没有加切削液。

⑥切削用量选择不合适。

⑦切屑拉毛已加工的表面。

【故障排除与检修】

①消除或防止由于车床刚性不足而引起的不平衡或松动，正确调整车床各部分的间隙。

②增加车刀的刚性和正确安装车刀。

③增加工件的安装刚性。

④选择合理的车刀角度（如适当增加前角，选择合理的后角，用油石研磨切削刃），降低切削刃表面粗糙度值。

⑤低速切削时，应加切削液。

⑥进给量不宜太大，精车余量和切削速度要选择适当。

⑦控制切屑的形状和排出的方向。

（3）车削工件时出现椭圆或棱圆（即多棱形）

【故障原因分析】

①主轴的轴承间隙过大。

②主轴轴承磨损。

③滑动轴承的主轴轴颈磨损或椭圆度过大。

④主轴轴承套的外径或主轴箱体的轴孔呈椭圆，或相互配合间隙过大。

⑤卡盘后面的连接盘的内孔、螺纹配合松动。

⑥毛坯余量不均匀，在切削过程中吃刀量发生变化。

⑦工件用两顶尖安装时，中心孔接触不良，或后顶尖顶得不紧，以及可使用的回转顶尖产生扭动。

⑧前顶尖锥圆跳动。

【故障排除与检修】

①调整轴承的间隙。主轴轴承间隙过大直接影响加工精度，主轴的回转精度有径向跳动及轴向窜动两种，径向跳动由主轴的前后双列向心短圆柱滚子轴承保证，在一般情况下调整前轴承即可。如径向跳动仍达不到要求，就要对后轴承进行同样的调整。调整后应进行 1h

的高速空转运转试验，主轴轴承温度不得超过70℃，否则应稍松开一点螺母。

②更换滚动轴承。

③修磨轴颈或重新刮研轴承。

④可更换轴承外套或修正主轴箱的轴孔。

⑤重新修配卡盘后面的连接盘。

⑥在此道工序前增加一道或两道粗车工序，使毛坯余量基本均匀，以减小复映误差，再进行此道工序加工。

⑦工件在两顶尖间安装必须松紧适当。发现回转顶尖产生扭动，必须及时修理或更换。

⑧检查、更换前顶尖，或把前顶尖锥面修车一刀，然后再安装工件。

（4）车削时工件出现锥度

【故障原因分析】

①用卡盘安装工件纵向进给车削时，产生锥度是由于主轴轴线在水平面和垂直面上相对溜板移动导轨的平行度超差。

②车床安装时使床身扭曲，或调整垫铁松动，引起导轨精度发生变化。

③床身导轨面严重磨损，主要的3项精度均已超差：导轨在水平面内的直线度超差；由于棱形导轨和平导轨磨损量不等，使溜板移动时产生倾斜误差；导轨在垂直面内的直线度超差。

④用一夹一顶或两顶尖安装工件时，由于后顶尖不在主轴的轴线上，或前、后顶尖不等高及前后偏移。

⑤用小滑板车外圆时产生锥度，是小滑板的位置不正，即小滑板的刻线没有与横滑板的零线对准。

⑥工件安装时悬臂较长，车削时因径向切削力影响使前端让开，产生锥度。

⑦由于主轴箱温升过高，引起机床热变形。

⑧切削刃不耐磨，中途逐渐磨损，引起工件呈锥形。刀具的影响虽不属车床本身的原因，但这个因素绝不可忽视。

【故障排除与检修】

①必须重新检查并调整主轴箱安装位置和刮研修正导轨。

a. 检查主轴锥孔中心线和尾座顶尖套锥孔中心线对溜板移动的等高度。对于CA6140型车床公差为0.06mm，并且只可尾座高，如图2-25所示。用百分表及磁性表架、检验棒、6号和5号莫氏锥柄顶尖各一件，移动溜板，在检验棒两端处的上素线上检测。

b. 检查溜板移动对主轴中心线的平行度，如图2-26所示。在300mm的测量长度上，在素线 a 上测量公差为0.03mm，只允许伸出的一端向上翘，在素线 b 上测量公差为0.015mm，只允许伸出端向操作方面偏。

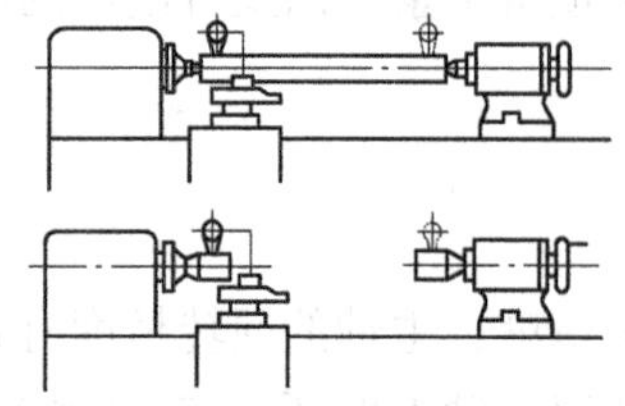

图2-25　溜板移动的等高度检测

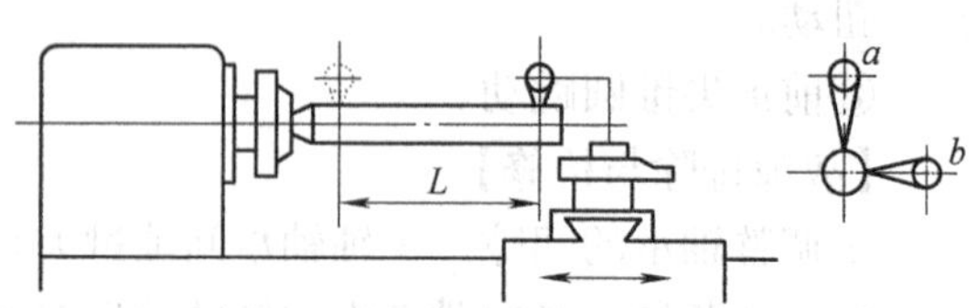

图2-26　溜板移动对主轴中心线的平行度

c. 若上述两项检查测得的数值超过公差值，即可考虑进行修复。修理方法如图 2-27 所示，利用刮刀和刮研平板来修刮主轴箱的安装面，以尾座顶尖套锥孔中心线为基础，通过修刮和调整，使这两项精度均达到要求。

②必须检查并调整床身导轨的倾斜值。

a. 检查溜板移动时的倾斜值，按规定在溜板每 1000mm 行程上公差为 0. 03mm；溜板全部行程小于或等于 500mm，公差为 0. 02mm/1000mm。

b. 若上述检查测得的倾斜值超差，则可通过调整垫块和紧固地脚螺栓来使倾斜值符合要求；如果地脚螺栓与车床基础间发生松动，就需清理基础，重新预埋地脚螺栓。

③刮研导轨甚至用导轨磨床磨削导轨以恢复这 3 项主要精度，使之达到标准。这已属于大修或项修的范畴了。

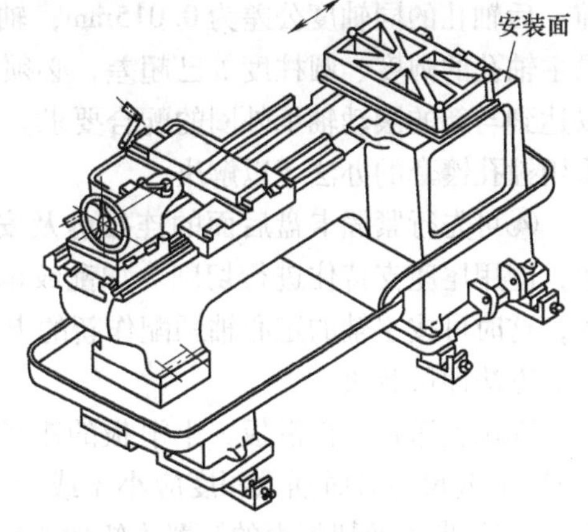

图 2-27　刮削主轴箱安装面

④可调整尾座偏移量，使顶尖对准主轴轴线，调整尾座两侧的横向螺钉以及调整尾座底座的高度，用垫片来补偿尾座底座的磨损或刮研底座来使前、后顶尖等高。

⑤使用小滑板车外圆，必须事先检查小滑板上的刻线是否与横滑板的零线对准。

⑥尽量减小工件的伸出长度，或另一端用尾座顶尖支顶，增加工件的安装刚性。

⑦检查并解决引起主轴箱温升的各种情况。

a. 检查所用润滑油是否合适，应选用 L-AN46 全损耗系统用润滑油，应按要求定期换油，各箱的油面不低于油标中心线。检查主轴箱油窗是否来油。

b. 检查主轴前轴承润滑油的供油量，供油量过多时，轴承不但不能冷却润滑，反而会因严重的搅拌现象而发热。当然，供油量过少时，温度也会上升。

c. 按规定要求调整主轴。

⑧及时修正刀具，正确选择刀具材料、主轴转速和进给量。

（5）精车圆柱表面时出现混乱的波纹

【故障原因分析】

①主轴的轴向间隙超差。

②主轴滚动轴承滚道磨损，某粒滚珠磨损，或间隙过大。

③主轴的滚动轴承外圈与主轴箱主轴孔的间隙过大。

④用卡盘夹持工件切削时，因卡盘后面的连接盘磨损而与主轴配合松动，使工件在车削中不稳定；或卡爪呈喇叭孔形状，使工件夹紧不牢。

⑤溜板（即床鞍、横滑板、小滑板）的滑动表面之间间隙过大。

⑥刀架在夹紧车刀时发生变形，刀架底面与小滑板表面的接触不良。

⑦使用尾座顶尖车削时，尾座顶尖套夹紧不稳固，或回转顶尖的轴承滚道磨损，间隙过大。

⑧进给箱、溜板箱、托架的支承不同轴，转动时有卡阻现象。

【故障排除与检修】

①可调整主轴后端的推力轴承的间隙。

②应调整或更换主轴的滚动轴承，并加强润滑。

③用千分尺、气缸表等检查主轴孔。圆度公差为 0.012mm，圆柱度公差为 0.01mm，前、后轴孔的同轴度公差为 0.015mm，轴承外圈与主轴孔的配合过盈量为 0 ~0.02mm。如果主轴孔的圆度、圆柱度等已超差，必须先设法刮圆、刮直，然后再采用局部镀镍等方法，以达到与新的滚动轴承外圈的配合要求。如果超差值过大无法用局部镀镍的方法修复，则可采用镗孔镶套的办法予以解决。

④可先行紧固卡盘后面的连接盘及安装卡盘的螺钉，如不见效，再改变工件的夹持方法，即用尾座支持住进行切削。如乱纹消失，即可肯定是由于卡盘后面的连接盘的磨损所致，这时可按主轴的定心轴颈配作新的卡盘连接盘。如果是卡爪呈喇叭孔时，一般用加垫铜皮的方法即可解决。

⑤调整床鞍、横滑板、小滑板的镶条和压板到合适的配合，使之移动平稳、轻便，用 0.04mm 塞尺检查时插入深度应小于或等于 10mm，以克服由于溜板在床身导轨上纵向移动时受齿轮-齿条及切削力的倾覆力矩的影响而沿导轨面跳跃的缺陷。

⑥在夹紧刀具后用涂色法检查方刀架底面与小滑板接合面的接触精度，应保证方刀架在夹紧刀具时仍保持与它均匀地全面接触，否则应用刮研法予以修正。

⑦应先检查顶尖套是否夹紧了，如不是此原因，则应检查顶尖套与尾座体的配合以及夹紧装置是否配合合适。如果确定顶尖套与尾座体的配合过松，则应对尾座进行修理，研磨尾座体孔，顶尖套镀铬后精磨与之相配，间隙控制在 0.015 ~0.025mm 之间。回转顶尖有间距则更换回转顶尖。

⑧找正光杠、丝杠与床身导轨的平行度，校正托架的安装位置，调整进给箱、溜板箱、托架支承的同轴度，使床鞍在移动时无卡阻现象。

(6) 用方刀架进刀精车锥孔时呈喇叭形（抛物线形）或表面粗糙度值大

【故障原因分析】

①方刀架的移动燕尾形导轨直线度超差。

②方刀架移动对主轴轴线平行度超差。

③主轴径向回转精度不高。

【故障排除与检修】

上述①、②两项故障的排除方法如下。

①在刮研平板上刮研小滑板表面 2，如图 2-28 所示。平面度公差为 0.02mm，可用小滑板表面 2 与平板涂色研点，接触度公差为 0.02mm，接触点每 25mm ×25mm 为 10 ~12 点，用 0.03mm 塞尺检查时插不进为合格。

②用小滑板与角度底座配合刮研刀架中部转盘的表面及小滑板的表面 3（图 2-28）。

③表面 3 的精刮与镶条的修复一起完成。如果燕尾形导轨磨损，应修刮，原镶条已不能使用时，除了更换新的镶条外，还可利用镶条进行修复，方法有两种：其一是在镶条的非滑动面（背面）上胶粘一层尼

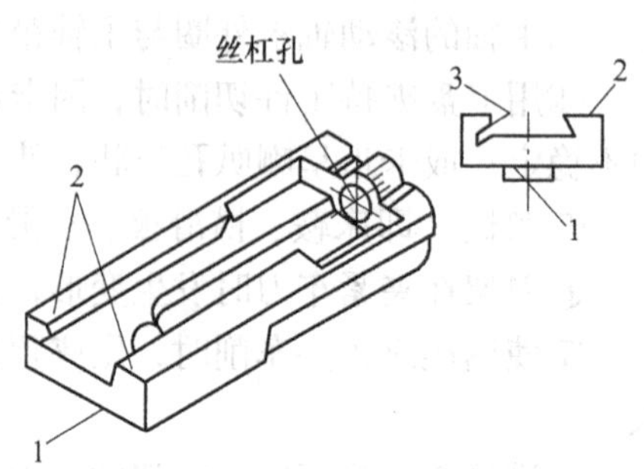

图 2-28　小滑板

龙板、层压板或玻璃纤维板，以恢复其厚度；其二是将原镶条在大端方向焊接加长，镶条配置后应保持大端尚有必要的调整余量（10mm 左右）。

④最后综合检查修复的质量。将镶条调节适当，小滑板底部的移动应无轻重现象，即使拉出刀架中部转盘的一半长度也不应有松动现象。

⑤如图 2-29 所示，以横滑板的表面为基准来刮研刀架中部转盘的表面 1，并测量表面 1 相对于表面 2 的平行度。测量时，可使刀架中部转盘回转 180°进行校核，平行度公差为 0.03mm，接触面间用 0.03mm 塞尺检查，不得插入。

⑥刀架部件安装以后，按图 2-30 所示移动方刀架，测量它与主轴轴线的平行度。然后，把千分表顶在 5 号莫氏检验心轴的素线上校直，重刻“0”度线。方刀架对主轴轴线的平行度在小滑板的全部行程上公差为 0.04mm。

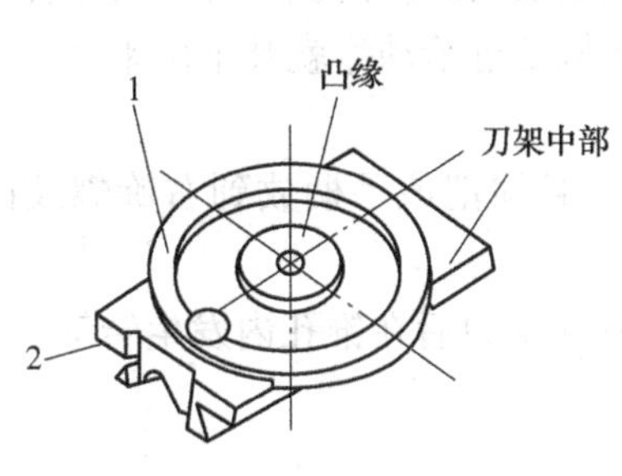

图 2-29 刀架中部转盘

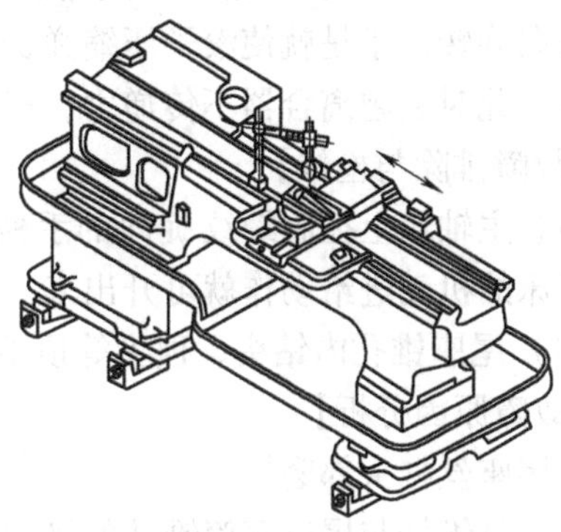

图 2-30 测量刀架导轨的平行度

上述故障原因③，可调整主轴轴承间隙，提高主轴回转精度予以解决。

2. 产生运动障碍的故障

(1) 发生闷车现象

【故障原因分析】

主轴在切削负荷较大时，出现了转速明显低于标牌转速或者自动停车现象。故障产生的常见原因是主轴箱中的片式摩擦离合器的摩擦片间隙调整过大，或者摩擦片、摆杆、滑环等零件磨损严重。如果电动机的传动带调节过松，也会出现这种情况。

【故障排除与检修】

首先应检查并调整电动机传动带的松紧程度，然后再调整摩擦离合器的摩擦片间隙。如果还不能解决问题，应检查相关件的磨损情况，如内外摩擦片、摆杆、滑环等件的工作表面是否产生严重磨损。发现问题，应及时进行修理或更换。

(2) 发生切削自振现象

【故障原因分析】

用切槽刀切槽时，或者加工工件外圆切削负载较大时，在切削过程中会发生刀具相对工件的振动。切削自振现象的产生及其振动的强弱与切削系统的动刚度、工件的切削刚度及切削条件有关。当切削条件改变以后，切削自振现象仍然不能排除，主要应检查切削系统动刚度的下降情况，尤其是主轴前轴承的径向间隙过大，溜板与床身导轨之间的接触面积过小等原因，都容易产生这种现象。

【故障排除与检修】

首先要将主轴前轴承安装正确、间隙调整合适，使主轴锥孔中心线的径向跳动值符合要求。在此基础上，再对溜板和床身导轨进行检查和刮修，提高其接触刚度。若还不能解决问题，应对切削系统相关零件的配合关系逐个进行检查，发现影响动刚度的因素，务必进行排除。

（3）车床纵向和横向机动进给动作开不出

【故障原因分析】

此种情况是 CA6140 型车床溜板箱内传动进给运动的单向超越离合器的结构造成的。这个超越离合器在正常机动进给时由光杠传来的运动通过超越离合器外环，按逆时针方向旋转，如果主轴箱控制螺纹旋向的手柄放在左螺纹位置上，光杠为反转，超越离合器外环做顺时针方向旋转，于是就使滚子压缩弹簧而向楔形槽的宽端滚动，从而脱开外环与星体间的传动关系，此时超越离合器不传递力，车床纵向和横向的机动进给动作就开不出来。

【故障排除与检修】

检查主轴箱上控制螺纹旋向的手柄实际所处位置，必须把该手柄放到右旋螺纹的位置上，车床的机动进给动作就可开出来。

（4）尾座锥孔内钻头、顶尖等顶不出来或钻头等锥柄受力后在锥孔内发生转动

【故障原因分析】

①尾座丝杠头部磨损。

②工具锥柄与尾座套筒锥孔的接触率低。

【故障排除与检修】

①烧焊加长尾座丝杠的头部。

②修磨尾座套筒的锥孔，涂色检查。接触应靠近大端，接触应不低于工作长度的 75%。或者是对尾座套筒实施改装，在锥孔后增加一个扁形槽，如图 2-31 所示，使用锥柄后带扁尾的刀具，在这样的扁尾套筒内就不会出现转动的情况。当然对尾座丝杠的头部也要进行相应的改动，车成 16mm × 40mm 尺寸，使得丝杠头部在使用时也能通过套筒中宽为 18mm 的扁形槽，把刀具顶出来。

（5）溜板箱自动进给手柄容易脱开

【故障原因分析】

①溜板箱内脱落蜗杆的压力弹簧调节过松。

②蜗杆托架上的控制板与杠杆的倾角磨损。

③自动进给手柄的定位弹簧松动。

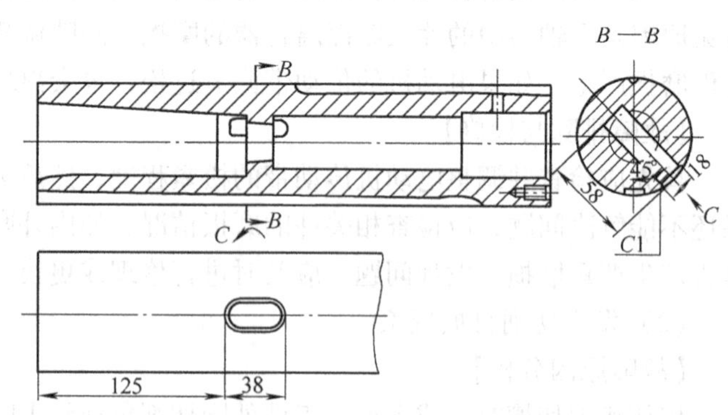

图 2-31　尾座套筒改装

【故障排除与检修】

①调整脱落蜗杆。可用特殊扳手松开螺母及弹簧。当蜗杆在进给量不大时自行脱落，则应旋紧螺母以压紧弹簧，但绝不能把弹簧压得太紧，否则在车床过载时，蜗杆不能脱开而失去了它应有的作用，甚至造成车床损坏。

②将控制板进行焊补修复，并将挂钩处修锐。

③调紧弹簧，若定位孔磨损可铆补后更新打孔。

3. 润滑系统的故障

（1）主轴箱油窗不滴油

【故障原因分析】

①油箱内缺油或滤油器、油管堵塞。

②油泵磨损，压力过小或油量过小。

③进油管漏压。

【故障排除与检修】

①检查油箱里是否有润滑油；清洗滤油器（包括粗滤油器和精滤油器），疏通油管。

②检查修理或更换油泵。

③检查漏压点，旋紧管接头。

（2）主轴前法兰盘处漏油

【故障原因分析】

①法兰盘 2 回油孔与箱体 3 回油孔对不正，如图 2-32 所示。

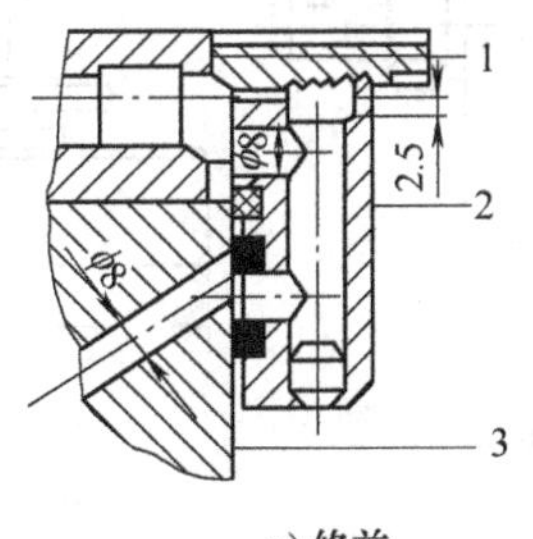

a) 修前

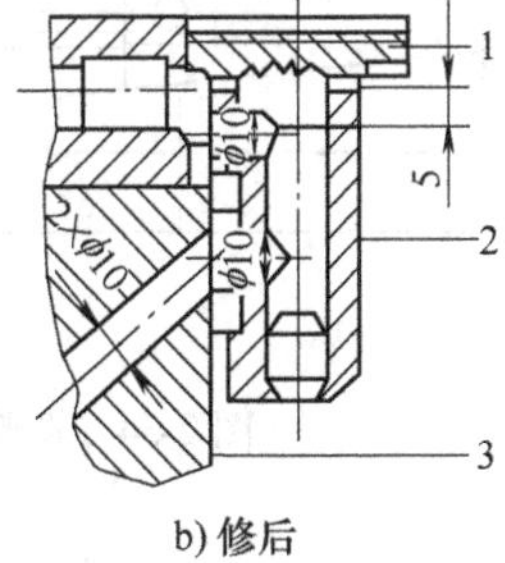

b) 修后

图 2-32　主轴前法兰盘

1—旋转背帽　2—法兰盘　3—箱体

②法兰盘 2 封油槽太浅，使回油空间不够用，迫使油从旋转背帽 1 和法兰盘 2 间隙中流出来。

【故障排除与检修】

①使回油孔对正畅通。

②加深封油槽，从 2.5mm 加深至 5mm；加大法兰盘上面的回油孔；箱体回油孔改两个；压盖上涂密封胶或安装纸垫。

（3）主轴箱手柄座轴端漏油

【故障原因分析】

手柄轴在套中转动，轴与孔之间配合为 $\phi18H7/f7$（mm），油从配合间隙渗出来，如图 2-33 所示。

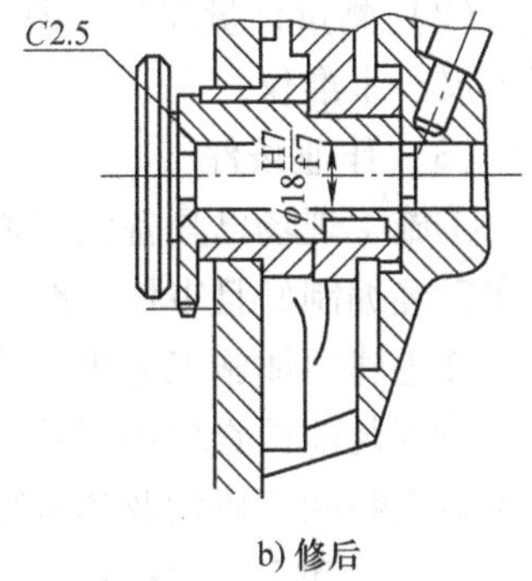

a) 修前　　b) 修后

图 2-33　主轴箱手柄座

【故障排除与检修】

将轴套内孔一端倒棱 2.5mm × 45°，使已溅的油顺着倒棱流回箱体内。注意提高装配质量。

三、机床的安装工艺流程

机床的安装方式通常有两种。一种是直接把机床安装在混凝土地基上，用垫铁调整机床的安装精度。这种方法简单方便，适用于中、小型机床及加工过程较平稳、刚度好、振动小的机床。但是，在受到不稳定因素的影响或冲击时，其安装精度容易被破坏。另一种是用地脚螺栓将机床固定在单独块状基础上，其安装较为牢靠。但是，当调整方法不恰当时，会使机床产生变形，反而会降低安装精度。所以，后面一种安装方法更适用于大型及重型机床。

（一）机床调整垫铁

机床安装时所用的调整垫铁有很多种，图 2-34 所示为调整垫铁，图 2-35 所示为减振垫铁。现以减振垫铁为例，说明调整垫铁的选用及使用特点。

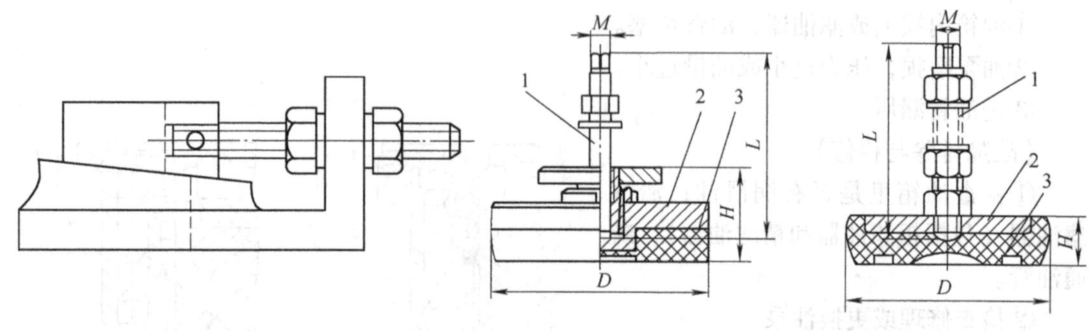

图 2-34　调整垫铁

图 2-35　减振垫铁
1—螺栓　2—支承盘　3—橡胶体

如图 2-35 所示，减振垫铁主要由螺栓 1、支承盘 2 和橡胶体 3 等组成。使用减振垫铁时不需要埋设地脚螺栓，根据生产工艺变化，可随意改变机床的安装位置，调整方便、迅速，且有隔振、减振、降低噪声的作用。在选用时，单个垫铁的承载力 > 机床总质量/垫铁个数。

（二）施工准备

（1）常用工具　锤子、扳手、刮刀、螺钉旋具、锉刀、尖铲、边铲、钢丝绳、手电钻、角向磨光机、台虎钳、千斤顶。

（2）测量计量器具　钢直尺、内外径千分尺、指示表、平尺、塞尺、框式水平仪、游标卡尺、水准仪。

（3）作业条件

①施工现场已具备施工条件，所需的图样资料和技术文件齐备，图样会审已进行，施工方案已经编制好且审核批准，并进行技术交底，安装设备已吊至基础附近。

②土建主体施工完毕，设备基础及预埋件的强度达到安装条件。

③安装前检查现场应具备足够的运输场地及空间。设备安装地点应清理干净，要求无影响设备安装的障碍物及其他管道、设备、设施等。

④设备和主、辅材料已运抵现场。安装所需机具已准备齐全，且有安装前检测用的场地、水源、电源。

⑤安装厂房的安装环境要求：地面、基础上面施工废弃物清理干净，厂房封闭基本完成，无灰尘污染，施工用电、用水齐备，具备机床本体安装条件。

⑥设备基础混凝土复测检验合格，地脚螺栓孔清理完毕，对基础有预压要求的应在设备本体安装前进行预压。

⑦安装施工现场的轴线、水准控制点、布点必须经常检查，妥善保护，控制点和水准点的数量不应少于 2 个。

（三）施工工艺

1. 工艺流程

机床安装施工工艺流程如图 2-36 所示。

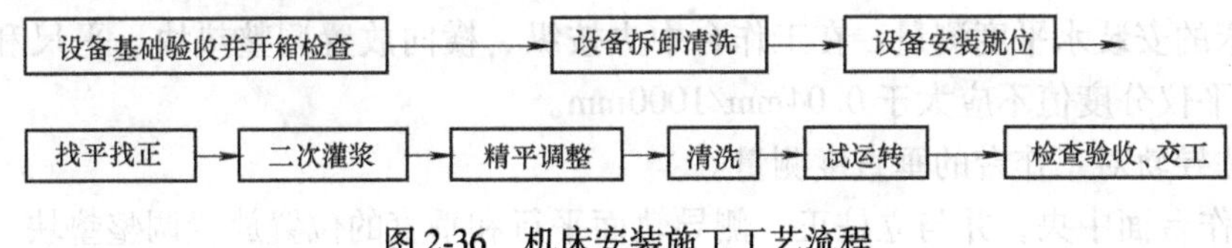

图 2-36 机床安装施工工艺流程

2. 设备基础验收

1）设备基础的位置、几何尺寸和质量要求应符合现行国家标准 GB 50204—2015《混凝土结构工程施工质量验收规范》的规定，并应有验收资料或记录。

2）基础的混凝土强度必须大于设计强度，试块试压合格，隔震带充填完毕并做了防水密封，对基础有预压要求的应在设备本体安装前进行预压。

3）设备基础尺寸的公差应符合 GB 50231—2009《机械设备安装工程施工及验收通用规范》的规定。

3. 机床安装（以双柱立式车床为例）

立式车床有单柱式和双柱式。单柱立式车床有一个立刀架、一个侧刀架，单柱立式车床大多为整体到货，整体安装；双柱立式车床有移动横梁，上有两个立刀架，两个侧刀架装在立柱上。两种立式车床的共同点是有一个圆形工作台，双柱立式车床的圆形工作台直径较大，可达十几米，双柱立式车床是散件到货，现场组装。双柱立式车床主要部件有床身及工作台、双立柱、横梁、顶梁立刀架、侧刀架、工作台驱动装置、液压润滑装置、电气控制装置、测量装置。

（1）基础处理、放线 根据安装要求检查基础标高，处理后达到安装要求；根据基准线确定机床的安装位置，确定地脚螺栓、垫铁位置。

（2）垫铁安装

1）根据设备情况采用平垫铁，垫铁材料采用普通碳素钢。

2）每个地脚螺栓旁至少应有一组垫铁组，应放在靠近地脚螺栓和底座主要受力部位的下方。

3）每一垫铁组应减少垫铁的块数，不宜超过 3 块并且不宜采用薄垫铁。放置平垫铁时厚的宜放在下面，薄的宜放在中间且不宜小于 2mm，应将各垫铁相互用定位焊焊牢。

4）每一垫铁组应放置整齐、平稳，接触良好。设备初平后每组垫铁均应压紧，用 0.25kg 锤子敲击垫铁组，通过声音判断其接触情况。对于高速运转的机床应采用 0.05mm 塞尺检查垫铁之间及垫铁与底座面之间的间隙，在垫铁同一断面处，两侧塞入的长度总和不得超过垫铁长度或宽度的 1/3。

（3）车床吊装就位

1）根据设备具体情况编制吊装方案进行吊装。

2）吊装前应检查吊装机具及索具并进行试吊，确定无误后方可正式吊装。

3）部件安装流程如图 2-37 所示。

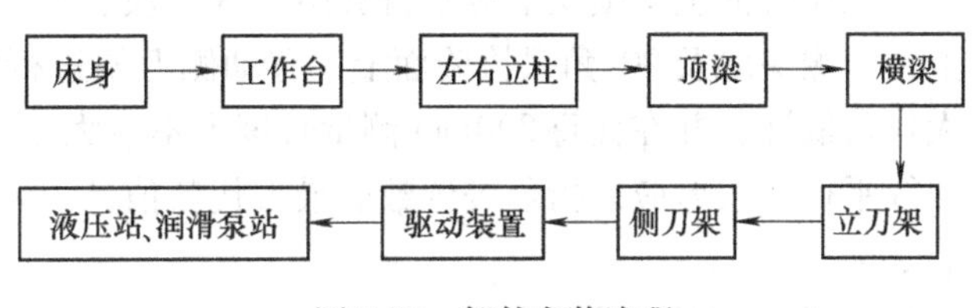

图 2-37 部件安装流程

（4）车床调平

1）车床的安装水平度测量。在工作台中央按纵、横向放置调整垫块、平尺和水平仪进行测量，水平仪分度值不应大于0.04mm/1000mm。

2）立柱导轨对工作台的垂直度测量。

①在工作台面中央，并与立柱正、侧导轨面平行和垂直的位置放置调整垫块，其上应放置平尺，调整平尺检验面使平尺与工作台面或底座导轨平行，在平尺上放水平仪进行测量。

②在立柱正侧导轨面上，并在距离横梁下行程极限位置300mm范围内的导轨面上靠贴水平仪进行测量。

③垂直度误差应以立柱与工作台或底座导轨上相应的两个水平仪读数的代数差值计，正、侧面的公差均不应大于0.04mm/1000mm。

3）两立柱正导轨面的共面度测量。用横梁或平尺靠贴两立柱的正导轨面，采用0.04mm塞尺检查且不应插入。

4）横梁垂直移动对工作平台旋转轴线的平行度测量。

①将检验棒或90°角尺放在工作台中心并找正。指示表应固定在横梁或刀架上，使其测头触及检验棒或90°角尺表面。

②在横梁行程的上、中、下3个位置移动横梁测量，垂直刀架和滑座应锁紧，并应在锁紧横梁后记录指示表读数；在上、中、下3个位置检验横梁垂直移动，在1000mm测量长度上，至少测取3个读数。

③平行度误差应以指示表读数的最大值计；在平行于横梁的平面内1000mm测量长度上，应不大于0.04mm；在垂直于横梁的平面内1000mm测量长度上，应不大于0.06mm。

5）工作台固定型立式车床垂直刀架水平移动对工作台面的平行度测量。

①工作台面上距工作台中心距离相等处，与横梁平行放两个等高块，其上放一平尺并调整平尺，使其与横梁水平导轨平行。

②横梁固定在行程的下部，指示表固定在垂直刀架上，使其测头触及平尺检验面上，水平移动垂直刀架测量。有双刀架的应在检验一个刀架的同时将另一个刀架置于立柱前。

③平行度误差应以指示表读数的最大代数值计，并在任意1000mm测量长度上不应大于0.03mm。

6）侧刀架移动对工作台旋转轴线的平行度，侧刀架移动对工作台面的垂直度测量。

①将检验棒放在工作台中心并找正，指示表应固定在刀架上，使其测头触及检验棒表面，移动侧刀架测量；平行度误差应以指示表读数的最大代数值计，并在任意300mm测量长度上不应大于0.03mm。

②工作台面上于横梁上应平行放两个等高块、平尺和90°角尺，并将指示表固定在侧刀架上，使测头触及90°角尺检验面上，移动侧刀架进行测量；垂直度误差应以指示表读数的最大代数值计，并在任意300mm测量长度上不应大于0.03mm。

③平行度误差应以指示表读数的最大代数值计。刀架水平移动对工作台面的平行度公差见表2-5。

（5）地脚螺栓二次灌浆

1）灌浆前，灌浆处应清洗干净；灌浆宜采用细碎石混凝土，其强度应比基础或地坪的混凝土强度高一级；灌浆时应捣实，避免地脚螺栓倾斜，影响设备的安装精度。

表 2-5　刀架水平移动对工作台面的平行度公差

刀架行程/mm	平行度公差/mm(在 1000mm 测量长度上)
≤2000	0.03
2000～3000	0.10
3000～4000	0.20

2）灌浆层厚度不应小于 25mm。仅用固定垫铁或防止油、水进入的灌浆层，且灌浆无困难时，其厚度可小于 25mm。

3）灌浆前应敷设外模板。外模板至设备底座面外缘的距离不宜小于 60mm。模板拆除后表面应进行抹面处理。

（6）润滑管道的安装

1）润滑系统的管子及管路附件均应进行检查，其材质、规格与数量应符合设计要求。

2）润滑系统的管子，宜采用机械方法切割，切割的表面质量、焊接管道的坡口形式及尺寸均应符合现行国家标准 GB 50184—2011《工业金属管道工程施工质量验收规范》的有关规定。

3）润滑系统的管子采用冷弯，对大直径、厚壁的管子必须采用热弯时，弯制后应保持管内的清洁。

4）管道连接时不得采用强力对口、加热管子、加偏心垫或多层垫等方法来消除接口端面的偏差。

5）管道的对接宜采用氩弧焊打底，焊条电弧焊填充、盖面。

6）润滑系统的回油管道，应向油箱方向布置，其坡度为 12.5/1000～25/1000 并向下倾斜。

（7）车床的空负荷试运转

1）车床的空负荷试运转前，各系统必须联合调试合格。

2）应按说明书空负荷试验的工作规范和操作程序，试验各运动机构的起动、变速、换向、停机、制动和安全联锁等动作，均应正确、灵敏、可靠。

3）空负荷运转中应进行下列各项检查，并应做实测记录：

①技术文件要求测量的轴承振动和轴向窜动不应超过标准。

②齿轮、链条与链齿啮合应平稳，无不正常的噪声和磨损。

③平带不应打滑，平带跑偏量不应超过标准。

④主轴轴承达到稳定温度时其温度和温升不应大于表 2-6 的规定。

表 2-6　主轴轴承的温度和温升表

轴承型式	温度/℃	温升/℃
滑动轴承	60	30
滚动轴承	70	40

注：机床经过一定时间的运转后，其温度上升每小时不超过 5℃时可认为已到了稳定温度。

⑤油箱油温最高不得超过 60℃。

⑥润滑、液压、气动等各辅助系统的工作应正常，无渗漏现象。

⑦各种仪表应工作正常。

4）空负荷试运转结束后，应立即进行下列各项工作：

①切断电源和其他动力来源。

②进行必要的放气、排水、排污及必要的防锈、除油。

③对蓄能器和设备内有余压的部分进行卸压。

④按设备安装规范的规定对设备几何精度进行必要的复查，各紧固部分进行复紧。

⑤设备负荷试运转后应对润滑剂的清洁度进行检查，清洗过滤器，必要时可更换新润滑剂。

⑥拆除调试中临时的装置，装好试运转中临时拆卸的部件或附属装置。

⑦清理现场，整理试运转的各项记录。

【任务实施】

一、训练内容

CA6140 型车床安装与验收。

二、操作步骤

1. CA6140 型车床的安装

1）验收基础质量，铲麻面，放垫铁。

2）安装并调整设备，使之具有正确位置（找正、找平、找标高），紧固地脚螺栓并复查位置的正确性。

3）二次灌浆。

4）试运转。

2. CA6140 型车床的验收

（1）定位检验　检查车床安装基准线和建筑轴线距离、车床平面位置、车床标高的误差。

（2）地脚螺栓和垫铁的检验

1）地脚螺栓的安装应垂直，螺母应旋紧，松紧程度要一致；螺母与垫圈、垫圈与机床底座间的接触应紧密。

2）垫铁应安放平稳，位置正确，接触紧密，每组应不超过 3 块；承受主要负荷的成对斜垫铁应用定位焊焊牢。

3）需要防振的车床，应加防振层。支撑用的调整螺钉，其伸出的长度不应大于螺钉直径。

（3）车床的调整　需对安装设备进行检验和调整。检验的目的在于检查部件的装配工艺是否正确，检查安装的设备是否符合设计图样的规定。

（4）检验主轴回转精度　主轴的回转精度，包括主轴的轴向窜动、径向跳动和轴肩端面跳动。

（5）检验溜板移动在垂直平面内的直线度、溜板移动时的倾斜度。

（6）检验主轴锥孔中心线和尾座顶尖套锥孔中心线对溜板移动的等高度。

（7）检验丝杠轴线位置。

习题与思考题

1. 电气设备维修的一般要求有哪些？
2. 控制设备的日常维护和保养的主要内容有哪些？
3. 简述诊断机床电气故障的方法和步骤。
4. CA6140 型车床的电气系统有哪些常见故障？如何解决？
5. 机械装配的一般工艺原则有哪些？
6. 装配方法有哪几种？各有何特点？
7. 机电设备拆卸前要做哪些准备工作？拆卸的一般原则是什么？
8. 零件清洗的种类有哪些？其清洗方法主要有哪些？
9. 机床主轴常见的磨损部位有哪些？
10. CA6140 型车床床身导轨修理有哪些要求？

学习情境三　X6132 型铣床的装调与维修

子情境一　X6132 型铣床升降台的拆装和调整

【学习目标】

1）能熟练识读 X6132 型铣床升降台的装配图。

2）掌握 X6132 型铣床工作台纵、横、垂 3 个方向导轨间隙的调整方法以及相关技术要求。

3）掌握铣床升降台常见故障的排除与检修方法。

4）提高机床装配和调试技能。

【任务描述】

识读 X6132 型铣床升降台的装配图；遵守机修工和机修技术人员的员工标准；按照修理工艺以及相关技术要求对 X6132 型铣床升降台进行拆装和调整。

【相关知识】

一、铣床的主要结构及传动系统

铣床主要用于加工工件的平面、斜面、沟槽。装上分度头以后，可以加工直齿轮、螺旋面；装上回转工作台，则可以加工凸轮、弧形槽。铣床有卧铣、立铣、龙门铣、仿形铣等。

X6132 型铣床是应用较广泛的中型卧式铣床，具有主轴转速高、调速范围宽、操作方便和加工范围广等特点。X6132 中的 X 表示铣床，6 表示卧式升降台铣床，1 表示万能升降台铣床，32 表示工作台面宽 320mm。

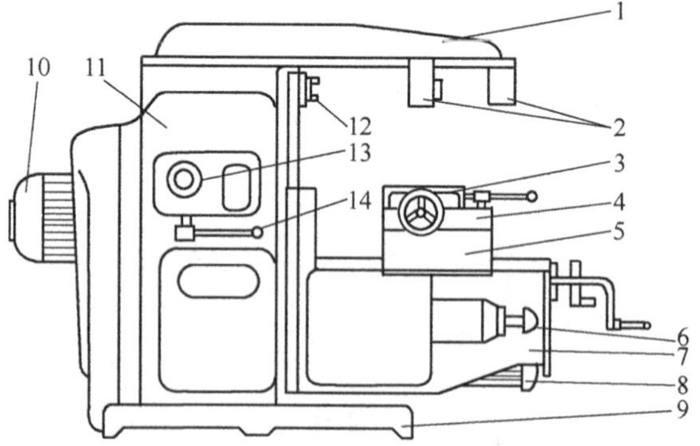

图 3-1　X6132 型铣床结构示意图

1—悬梁　2—刀架支杆　3—工作台　4—转盘　5—床鞍　6—进给变速手柄及变速盘　7—升降台　8—进给电动机　9—底座　10—主轴电动机　11—床身　12—主轴　13—主轴变速盘　14—主轴变速手柄

（一）主要结构

X6132 型铣床主要由底座、床身、主轴电动机、升降台、床鞍、转动盘、工作台、悬梁及刀杆支架等部分组成，其结构如图 3-1 所示。

箱形的床身 11 固定在底座 9 上，在床身内装有主轴传动机构及主轴变速操作机构。顶部悬梁带有水平导轨，导轨上带有一个或两个刀杆支架。刀杆支架用来支承安装铣刀杆的一端，而铣刀杆的另一端则固定在主轴上。在床身的前方有垂直导轨，一端悬持的升降台可沿轨道上下移动。在升降台上面的水平导轨上，装有可平行于主轴轴线方向移动（横向移动）的床鞍 5。工作台 3 可沿床鞍上部转盘 4 的导轨在垂直于主轴轴线的方向移动（纵向移动）。安装在工作台上的工件，可以在 3 个方向调整位置或完成进给运动。此外，由于转盘 4 对床鞍 5 可绕垂直轴线转动一个角度（通常为 ±45°），这样，工作台于水平面上除能平行或垂直于主轴轴线方向进给外，还能在倾斜方向上进给，从而完成铣螺旋槽的加工。

（二）X6132 型铣床的传动系统

在铣削加工时，有主轴带动刀具旋转的主运动和工作台带动工件的直线进给运动。另外，还有工作台带动工件的快速运动。X6132 型铣床是采用两个电动机分别产生主运动和进给运动的，如图 3-2 所示。

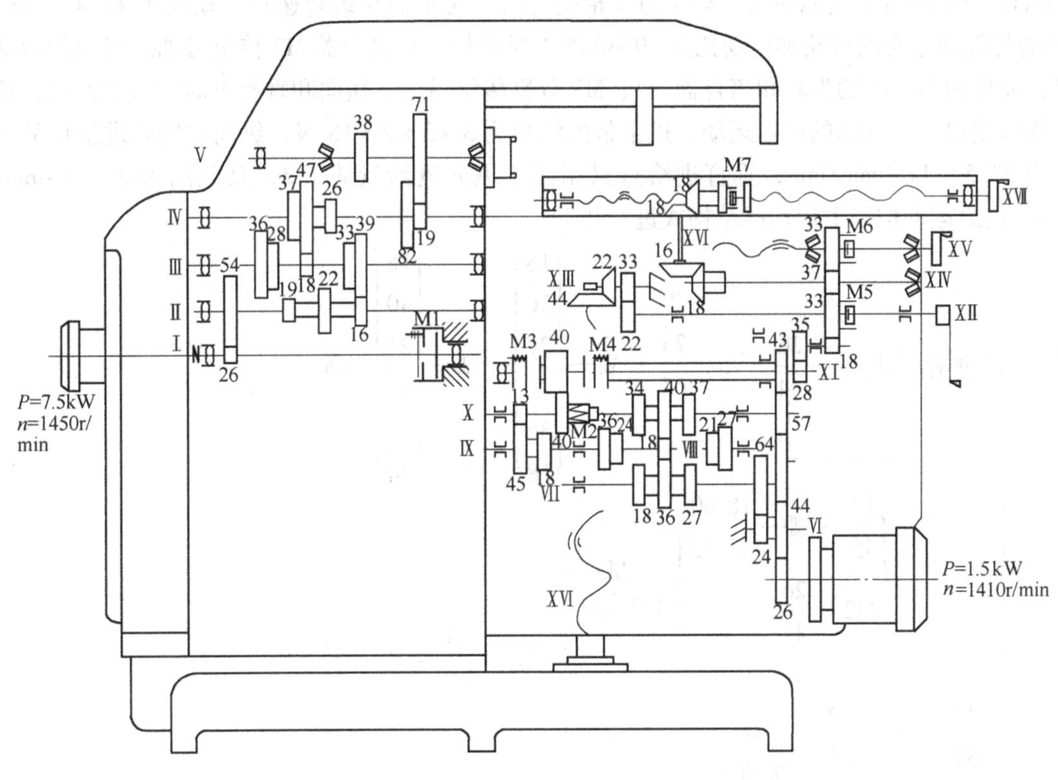

图 3-2　X6132 型铣床的传动系统

（1）主传动系统　铣床主运动传动链的两端是主电动机和主轴。主电动机（功率 $P=7.5\text{kW}$，转速 $n=1450\text{r/min}$）经弹性联轴器与变速箱中的Ⅰ轴相联。电动机的运动经传动比为 26/54 的一对齿轮传到Ⅱ轴，再经Ⅱ轴至Ⅴ轴的 2 组三联滑移齿轮和 1 组双联滑移齿轮，将运动传到主轴Ⅴ轴，使主轴获得 $3\times3\times2=18$ 级转速，其转速范围为 30 ~ 1500r/min。主轴的转动方向由电动机正反转来变换。停车时，采取电动机反接制动。主传动按以下传动链结构式来进行传动：

$$n\,(\text{主电动机})—\text{I}—\frac{26}{54}—\text{II}—\begin{Bmatrix}\frac{22}{33}\\ \frac{19}{36}\\ \frac{16}{39}\end{Bmatrix}—\text{III}—\begin{Bmatrix}\frac{39}{26}\\ \frac{28}{37}\\ \frac{18}{47}\end{Bmatrix}—\text{IV}—\begin{Bmatrix}\frac{82}{38}\\ \frac{19}{71}\end{Bmatrix}—\text{V}\,(\text{主轴})$$

（2）进给传动系统　铣床的进给运动有工作台的纵向进给运动、床鞍的横向进给运动和升降台的垂直进给运动。

进给运动由进给电动机（$P=1.5\text{kW}$，$n=1410\text{r/min}$）经传动比为26/44×24/64的2对齿轮传至Ⅶ轴，再经Ⅷ轴和X轴上的2组三联滑移齿轮使X轴获得9级转速。当空套在X轴上可滑移的$z=40$的齿轮处于图3-2所示位置时，离合器M2结合，X轴的9级转速经传动比为40/40的1对齿轮及离合器M2传至Ⅺ轴；当X轴上空套的$z=40$的齿轮向左移动（离合器M2脱开）与Ⅸ轴上$z=18$的齿轮啮合时，X轴的9级转速经传动比为13/45×18/40的与Ⅸ轴空套的背轮和传动比为40/40的1对齿轮，经离合器M2传至Ⅺ轴。Ⅺ轴的运动经传动比为28/35的齿轮和离合器M4、M3分别传给纵向、横向和垂直方向的进给丝杠，使工作台获得3个方向的进给运动。进给量的级数为3×3×2=18级，纵向和横向进给量的范围为23.5～1180mm/min，垂直进给量只相当于纵向进给量的1/3，其范围为8～394mm/min。进给运动按以下传动链结构式进行传动：

$$n(\text{进给电动机})—\frac{26}{44}—\text{VI}—\frac{24}{64}—\text{VII}—\begin{Bmatrix}\frac{18}{36}\\ \frac{27}{27}\\ \frac{36}{18}\end{Bmatrix}—\text{VIII}—\begin{Bmatrix}\frac{18}{40}\\ \frac{21}{37}\\ \frac{24}{34}\end{Bmatrix}—\text{X}$$

$$—\begin{Bmatrix}\frac{13}{45}—\text{VIII}—\frac{18}{40}\,\frac{40}{40}\\ \text{M2}—\frac{26}{44}\end{Bmatrix}—\text{M3}\,(\text{进给})—\text{XI}—\frac{28}{35}—\text{XII}—\frac{37}{33}$$

$$\frac{44}{57}—\text{X}—\frac{57}{43}—\text{M4}\,(\text{快速})—\text{XI}$$

$$—\begin{Bmatrix}\frac{33}{37}—\begin{Bmatrix}\frac{18}{16}—\text{XIV}—\frac{18}{18}—\text{M7}—\text{XVII}\ (\text{纵向进给丝杠}\ P=6\text{mm})\\ \frac{37}{33}—\text{M6}—\text{XV}\ (\text{横向进给丝杠}\ P=6\text{mm})\end{Bmatrix}\\ \text{M5}—\text{XII}—\frac{37}{33}\text{XIII}—\frac{22}{44}—\text{XVIII}\ (\text{垂向进给丝杠}\ P=6\text{mm})\end{Bmatrix}$$

X6132型铣床工作台3个方向的进给运动是互锁的。纵向进给运动与横向和垂直进给运动是电气互锁；横向进给运动与垂直进给运动是机械互锁。工作台进给运动的方向由改变电动机旋转方向来变换。

二、升降台的结构

图 3-3 所示为升降台传动系统展开图。运动从进给变速箱中的轴Ⅺ，通过 $z=28$ 的齿轮带动轴Ⅻ上 $z=35$ 的齿轮，传入升降台内。轴Ⅻ上 $z=18$ 的齿轮 8 带动齿轮 1、2、7 旋转，把运动传给纵向、横向和垂向进给系统。齿轮 7 与轴ⅩⅢ是空套的，所以必须把离合器 $M_{垂}$ 与齿轮 7 啮合后，才能把运动传给垂向进给系统。齿轮 2 通过销带动轴ⅩⅣ，再把运动传给纵向进给系统。齿轮 1 与齿轮 7 一样，必须与离合器 $M_{横}$ 啮合后才能把运动传给横向进给丝杠。工作台做横向或垂向进给运动时，尤其是做快速移动时，为了防止手柄旋转而造成工伤事故，结构中设有安全装置，即机动与手动的联锁装置。

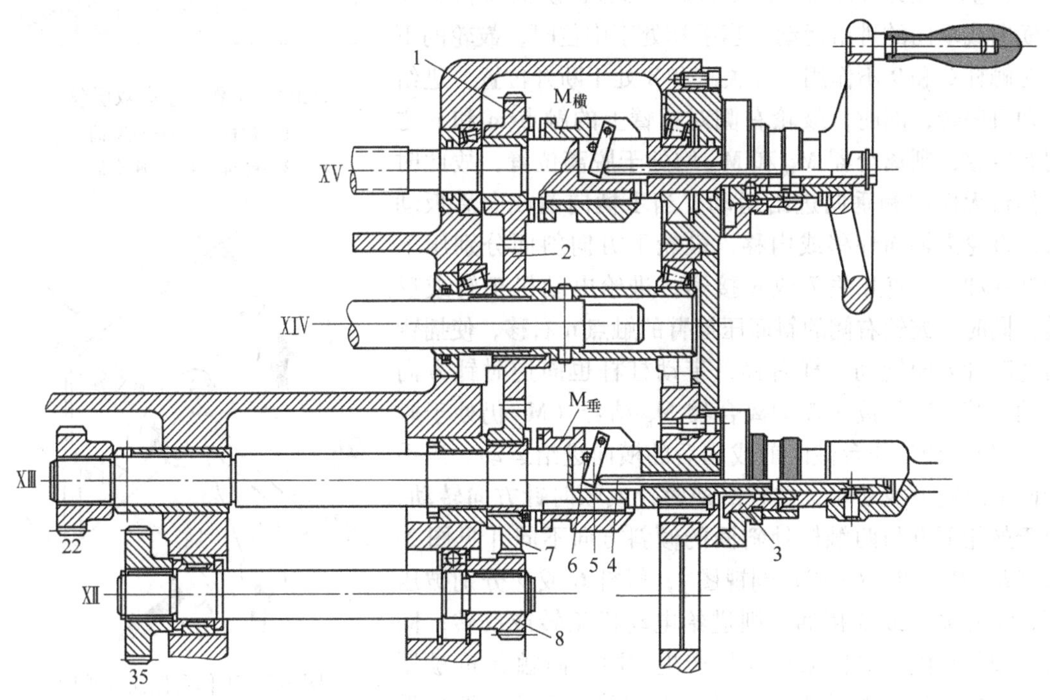

图 3-3　X6132 型铣床升降台传动系统展开图

1、2、7、8—齿轮　3—套圈　4—柱销　5—杠杆　6—销子

工作台在做垂向进给时，离合器 $M_{垂}$ 与齿轮 7 必须啮合，在 $M_{垂}$ 向左移动时，带动杠杆的固定销一起移动，则杠杆绕销做逆时针转动，杠杆的下端将柱销向右移，再通过套圈把手柄和手动进给的离合器向外推，使手柄离合器脱开，而手柄不会转动。横向进给系统的联锁装置与此相同。

为了使升降台的行程增大，减少安装丝杠的空间，工作台的垂向进给采用双层丝杠，其结构如图 3-4 所示。丝杠上端与锥齿轮（$z=44$）用键联接，并固定在升降台的套筒内一起上下移动；丝杠的下端与丝杠套筒的内螺纹配合，由于内螺纹较短构成台阶形，当丝杠在丝杠套筒内旋至末端时，不能再向上旋，于是就带动丝杠套筒一起转动，即可在螺母内向上升，于是就增大了升降台的工作行程。

三、横向和垂向进给运动的操纵机构

控制工作台横向和垂向进给的手柄在升降台的左侧，为了便于操纵，里外各有一个手柄，二者是联动的。手柄有5个位置（上、下、前、后、中间），且手柄所指的方向与工作台的进给方向一致，如图3-5所示，因此可以避免操作失误。

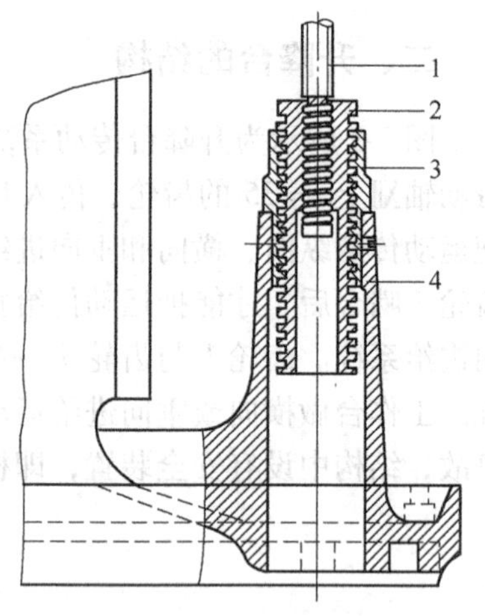

图3-4 工作台垂向双层丝杠

1—丝杠 2—丝杠套筒

3—螺母 4—底座套筒

图3-6a是工作台横向和垂向进给运动的操纵机构。该机构的作用是控制进给电动机正、反转的两个开关7或8的接通，以及离合器$M_{横}$或$M_{垂}$的结合，从而获得工作台横向或垂向的进给运动。当手柄处于中位时，鼓轮的下方对触杆6和9不作用，开关7和8处于断开位置，进给电动机停转；同时，鼓轮右侧对摇臂上的触点m和n之间有空隙，则离合器$M_{横}$和$M_{垂}$均处于脱离位置，故此时工作台无横向和垂向进给运动。当手柄向前或向后扳动时，鼓轮沿轴向外移或内移，鼓轮下方向斜面分别压下触杆6和9，使开关7或8接通，进给电动机正转或反转；同时，鼓轮右侧的斜面压摇臂的触点n右移，使摇臂沿逆时针方向转动，杆右移，带动杠杆也向逆时针方向转动，其右边的拨叉拨动离合器$M_{横}$结合（$M_{垂}$仍处于脱开位置），使工作台做向前或向后的横向进给运动。当手柄向上或向下扳动时，鼓轮沿逆时针或顺时针方向转动，由于鼓轮下方与两触杆处斜面的倾斜方向不同［见图3-6b（*B—B*）和（*C—C*）剖视图］，触杆6或9分别被压下，使开关7或8接通，则进给电动机正转或反转；同时，鼓轮右侧与摇臂触点n处产生空隙，而触点m被压右移，摇臂沿顺时针方向转动，杆左移，带动杠杆也沿顺时针方向转动，其左边的拨叉拨动离合器$M_{垂}$结合（$M_{横}$处于脱开位置），使工作台做向上或向下的进给运动。由于由同一个手柄操纵横向或垂向两个离合器的结合或脱开，同时只能有一个方向的进给，所以两者是机械互锁，而横向、垂向进给与纵向进给之间是电气互锁。

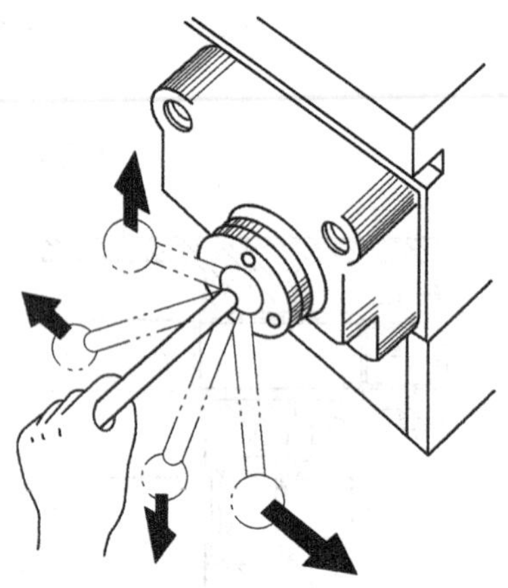

图3-5 工作台横向和垂向机动进给操作示意图

四、导轨间隙的调整

工作台纵、横、垂3个方向的导轨间隙均应适当。间隙过小时，会使工作台移动困难、灵敏度差；间隙过大时，铣削时会产生振动，影响工件的加工质量。因此，导轨之间均装有镶条，用来调整其间隙的大小。导轨间隙调整机构如图3-7所示，图3-7a是横向和垂向导轨的间隙调整机构，图3-7b是纵向导轨的间隙调整机构。

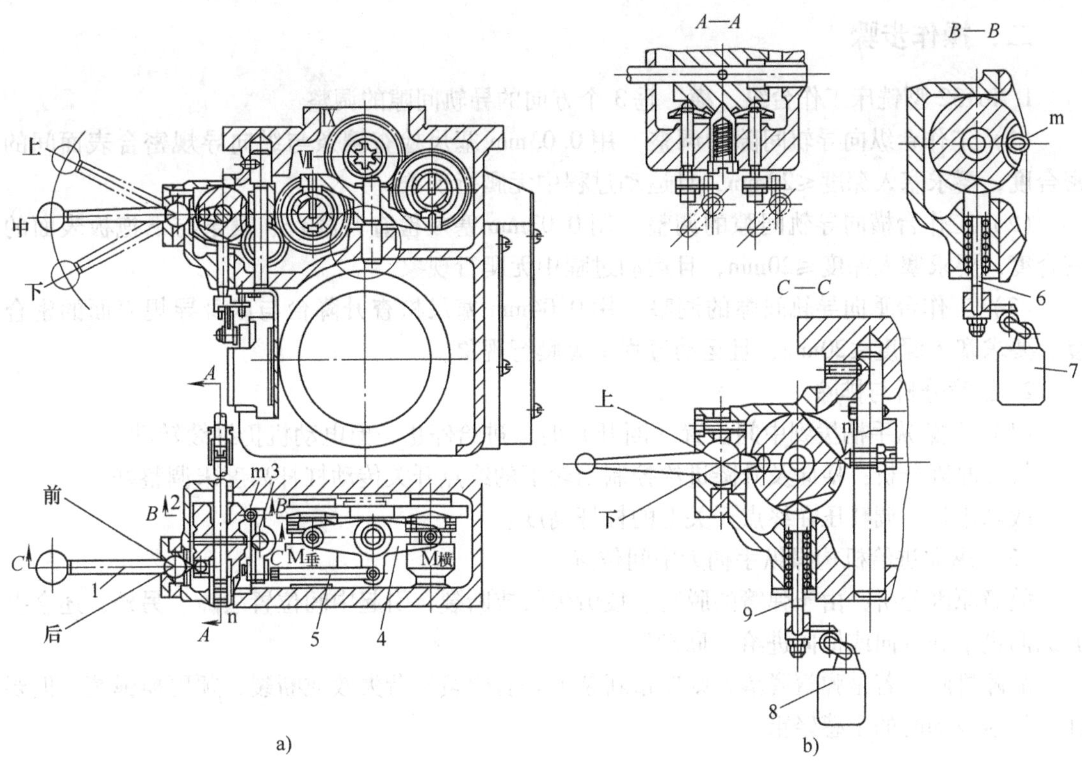

图 3-6　工作台横向和垂向进给运动的操纵机构

1—手柄　2—鼓轮　3—摇臂　4—杠杆　5—杆　6、9—触杆　7、8—行程开关

调整纵向导轨的间隙时，应先旋松两个螺母，再转动调整螺钉，即能将镶条推进或拉出，使间隙减小或增大，最后应旋紧两个螺母，以防止产生松动。调整后的间隙以不大于 0.03mm 为宜，通常用手摇工作台时，不感到太紧、太重即可。

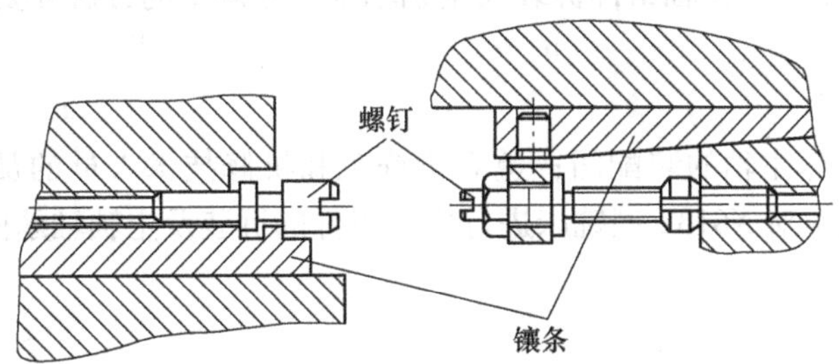

a) 横向和垂向导轨的间隙调整机构　b) 纵向导轨的间隙调整机构

图 3-7　导轨间隙调整机构

【任务实施】

一、训练内容

1）X6132 型铣床工作台纵、横、垂 3 个方向的导轨间隙的调整。

2）X6132 型铣床工作台的故障排除与检修。

二、操作步骤

1. X6132 型铣床工作台纵、横、垂 3 个方向的导轨间隙的调整

（1）工作台纵向导轨间隙的调整　用 0.03mm 塞尺检查镶条与纵向导规密合表面间的密合度，要求塞入深度≤20mm，且运动过程中无爬行现象。

（2）工作台横向导轨间隙的调整　用 0.03mm 塞尺检查升降台、镶条与下拖板表面的密合度，要求塞入深度≤20mm，且运动过程中无爬行现象。

（3）工作台垂向导轨间隙的调整　用 0.04mm 塞尺检查升降台与床身导规表面的密合度，要求塞入深度≤20mm，且运动过程中无爬行现象。

2. 故障分析与排除

（1）当操纵手柄拨到中间位置（断开）时，进给停止，但电动机仍继续转动

故障原因分析：横向及升降进给控制凸轮下的终点开关传动杠杆高度未调整好。

故障排除：调整压在终点开关上的杠杆高度。

（2）纵向进给机构操纵手柄无中间位置

故障原因分析：由于弹簧的脱落、疲劳失效或断裂，引起中间位置故障。另外，还会引起纵向进给和垂向或横向进给“联动”。

故障排除：若是弹簧脱落，则应重新装上。若弹簧疲劳失效或断裂，须更换弹簧，但要注意手柄扳动时的手感轻重。

子情境二　X6132 型铣床主轴组件及变速箱的拆装和修理

【学习目标】

1）能熟练识读 X6132 型铣床变速箱的装配图。

2）掌握 X6132 型铣床主轴组件拆装及主轴轴承间隙调整的方法和要领。

【任务描述】

识读 X6132 型铣床主轴的装配图；遵守机修工和机修技术人员的员工标准；按照修理工艺以及相关技术要求对 X6132 型铣床进行主轴组件的拆装及主轴轴承间隙的调整。

【相关知识】

一、X6132 型铣床主轴组件结构

铣床主轴是用来带动铣刀旋转的，如图 3-8 所示。由于铣刀是多刃刀具，切削是断续进行的，切削力周期性地变化，容易引起机床的振动，因此要求铣床主轴组件的刚性要好、抗振性要高。

主轴是空心轴，其前端有锥度为 7∶24 的精密定心锥孔和精密定心外圆柱面。前端面上镶有两个端面键，它们是用来安装铣刀刀杆或面铣刀的。主轴中心通孔可以穿过拉杆，拉紧铣刀刀杆的锥柄。

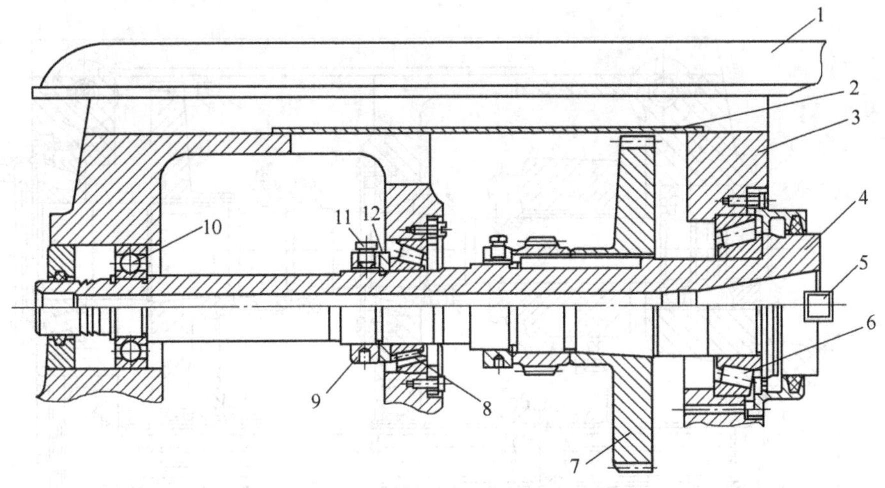

图 3-8　X6132 型铣床主轴组件结构

1—悬梁　2—盖板　3—床身　4—主轴　5—端面键　6、8、10—轴承　7—齿轮　9—螺母　11—螺钉　12—隔圈

如图 3-8 所示，主轴支承在前、中、后 3 个轴承上。前轴承 6 为 P5 级圆锥滚子轴承，承受径向力和向左的切削力，力通过轴肩、轴承内环、圆锥滚子和轴承外环传给床身。中轴承 8 为 P6 级圆锥滚子轴承，除承受径向力外还承受向右的切削力，力通过螺母、垫圈、轴承内环、圆锥滚子、轴承外环、法兰盘传给床身。后支承的轴承 10 为单列向心球轴承，只承受径向切削力。前、中轴承是决定主轴回转精度的主要支承，后轴承是辅助支承。3 个轴承能使主轴刚度提高。固定在主轴上的齿轮尺寸较大，可起飞轮作用，能储存能量，使主轴转动平稳。

主轴中间的螺母用来调整前、中轴承的间隙，以提高主轴回转精度。调整时，首先移开床身顶部的悬梁，拆下机床盖板，旋松锁紧螺母上的紧定螺钉，用专用扳手勾紧锁紧螺母，然后利用端面键，旋转主轴，使轴承 8 内环向右移动，主轴轴肩使轴承 6 内环向左移动，即可消除轴承 8 和轴承 6 的间隙。当机床进行一般负荷不大的精加工时，轴承间隙应保证在 1500r/min 的转速下运转 1h 后，轴承温度不超过 70℃。

二、主轴变速箱结构

图 3-9 所示为主轴变速箱传动系统结构图。主轴变速箱位于床身内，电动机与轴Ⅰ由弹性联轴器联接，能减轻铣床在起动和停止时所引起的冲击和振动。变速箱中传动轴的轴承都采用滚动轴承，适用于高速运转。轴Ⅱ和轴Ⅳ上的各滑移齿轮与轴Ⅲ和轴Ⅴ上相应的齿轮啮合，来实现变速。轴Ⅲ左端装有制动用的转速控制继电器，右端装有带动润滑油泵的偏心凸轮。

变速箱操纵机构的任务是把变速箱的轴Ⅱ和轴Ⅳ上的各滑移齿轮通过拨叉拨动到规定位置，与轴Ⅲ和轴Ⅴ的相应齿轮啮合，以使主轴得到需要的转速。

变速操纵机构的结构如图 3-10 所示。变速时，首先将变速杆 1 下压后向左扳，使固定在同轴上的扇形齿轮 2 沿顺时针方向转动，带动与其啮合的齿条右移，通过齿条右端的拨

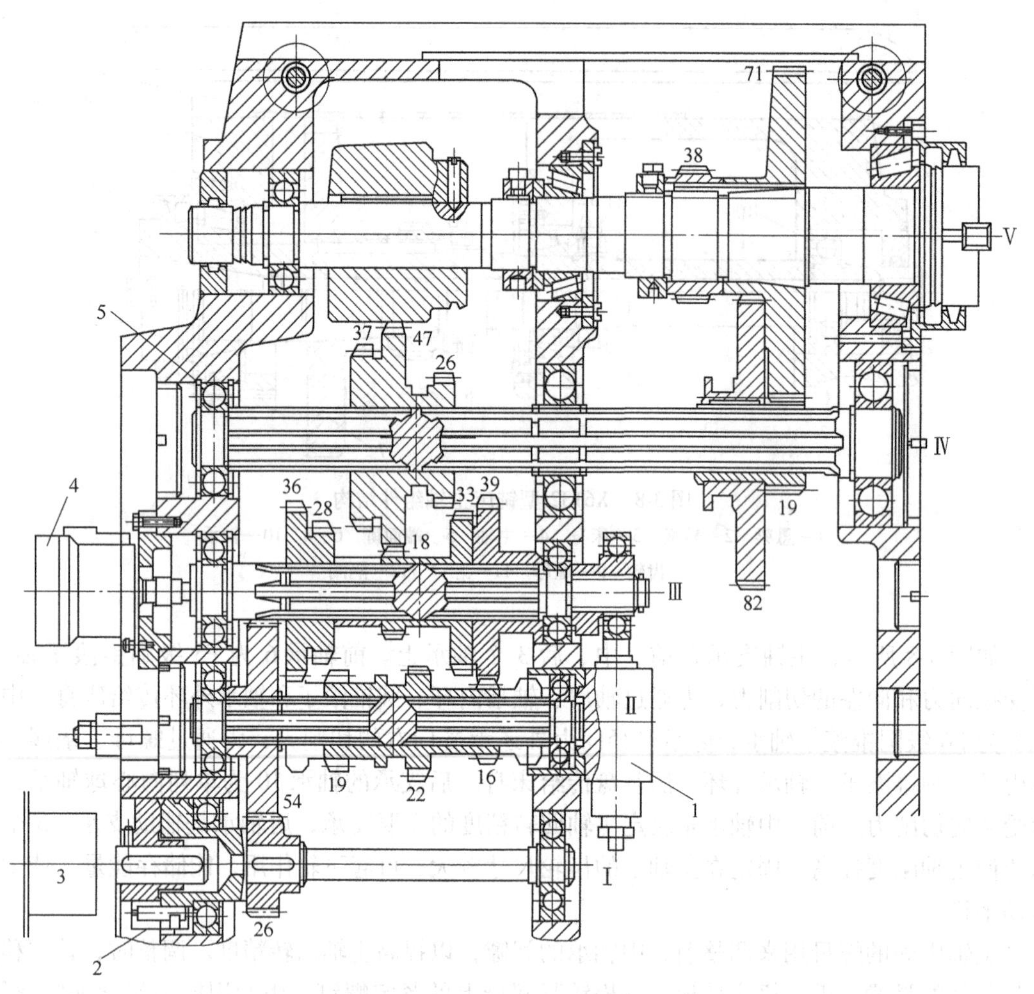

图 3-9　X6132 型铣床主轴变速箱传动系统的结构

1—油泵　2—弹性联轴器　3—主轴电动机　4—转速控制继电器　5—弹性挡圈

叉，拨动轴及固定在右端的变速孔盘 5 一起向右移动，使之与孔盘的孔相配合的齿杆全部脱离。此时，可转动转速盘，使所需转速对准箭头所指的位置。当转动转速盘时，通过一对锥齿轮带动轴和孔盘同步转动。然后将变速杆 1 扳回到右位。这时，通过扇形齿轮 2、齿条、拨叉 7、8、10，使轴和孔盘从右向左移到原位，则孔盘推动 3 组齿杆 6、9、11，连同拨叉拨动 3 个滑移齿轮向左或向右移动（或保持原位不动），改变相啮合的齿轮副，以达到变速的目的。另外，还有一个与变速杆和扇形齿轮同轴的凸轮，当扳动变速杆时，凸轮便压上微动开关，使电动机瞬时接通（又立即切断）。这时，各轴上的齿轮都转动起来，使滑移齿轮顺利地与固定齿轮相啮合，使变速容易。变速时，应注意在扳动变速杆时，开始一定要迅速，以免电动机接通时间过长，使转速升高，打坏齿轮；在接近最终位置时，应减慢速度，以利于齿轮啮合。连续变速的次数不宜太多，一般不超过 3 次，否则会因起动电流过大，造成超负荷，导致电动机损坏。为了避免损坏齿轮，主轴转动时严禁变速。

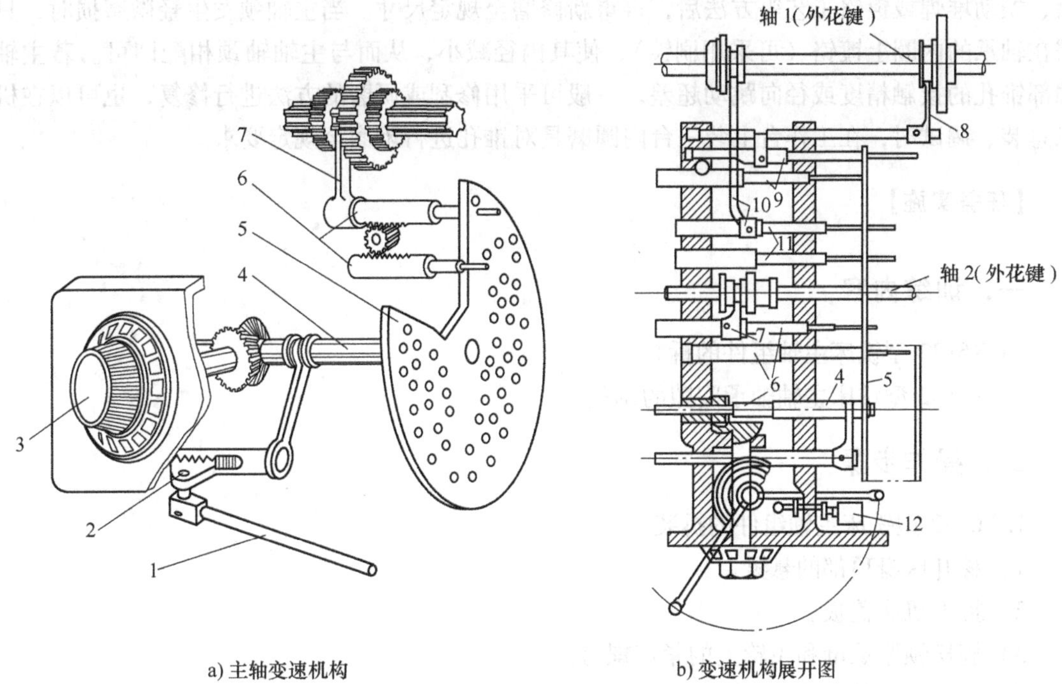

a) 主轴变速机构　　b) 变速机构展开图

图 3-10　X6132 型铣床主轴变速操纵机构结构

1—变速杆　2—扇形齿轮　3—转速盘　4—轴　5—变速孔盘

6、9、11—齿杆　7、8、10—拨叉　12—微动开关

三、主轴轴承的装配和调整

X6132 型铣床主轴上装有 3 个轴承，前轴承 32218/P5（D7518）和中轴承 32213/P6（E7513）是决定主轴工作精度的主要环节，而后轴承是辅助支承。一般在大修时，考虑到因长期使用，轴承产生磨损和疲劳点蚀而影响精度，甚至失效，因此需要调换。

在装配时，可采用定向装配，即事先测定主轴轴颈和轴承内圈的径向跳动量，然后将轴跳动量最大处与轴承跳动量最小处装配，使其误差抵消。另外，还可以通过在装配前轴承和中轴承时，使其最大径向跳动量在同一轴向平面内，而且在轴线的同一侧。同时测定主轴锥孔中心线的偏差量，按轴承的径向跳动量相反方向进行装配。由于选择的前轴承的精度比后轴承的精度要高，因此经过这样装配使主轴端部的径向跳动量最小，以提高主轴的回转精度。另外，必须保证轴承内圈与主轴轴颈配合要求，不得相对转动。

轴承装配后，需通过螺母来调整前轴承和中轴承的间隙。当机床在负荷不大的情况下，轴承的间隙应尽量小，要求机床在最高转速（1500r/min）下连续运转 30 ~ 60min 后，轴承温度不超过 60℃，因此轴承装配和调整对主轴的回转精度及主轴组件的刚度、抗振性有十分重要的作用。

四、主轴的修理

当主轴上安装滚动轴承的轴颈发生严重磨损，不符合原设计要求时，可在采用金属喷涂、振动堆焊或镀铬工艺等方法后，再重新修磨至规定尺寸。当主轴颈发生轻微磨损时，只需在轴承的内圈上镀铬（可采用刷镀），使其内径减小，从而与主轴轴颈相配即可。若主轴端部锥孔的接触精度或径向跳动超差，一般可采用修刮或研磨的方法进行修复，也可以在机床总装、调试时，在工作台上装一台内圆磨具对锥孔进行珩磨至规定要求。

【任务实施】

一、训练内容

1）X6132 型铣床主轴组件的拆装。

2）X6132 型铣床主轴轴承间隙的调整。

二、操作步骤

1. X6132 型铣床主轴组件的拆装

1）移开床身顶都的悬梁。

2）拆下机床盖板。

3）旋松锁紧螺母和飞轮上的紧定螺钉。

4）拆卸下主轴组件。

5）清洗、去毛刺。

6）装配主轴组件。

7）初调主轴轴承间隙。

2. X6132 型铣床主轴轴承间隙的调整

1）用专用扳手勾紧锁紧螺母，然后利用端面键旋转主轴，使轴承 8 内环向右移动（见图 3-8），主轴轴肩使轴承 6 内环向左移动，即可消除轴承 8 和轴承 6 的间隙。

2）在主轴锥孔中插入检验棒，检测主轴的轴向窜动（公差为 0.01mm）、径向跳动（近主轴端面公差为 0.01mm；距主轴端面 300mm 处为 0.02mm）。

3）锁紧螺母上的紧定螺钉。

子情境三　X6132 型铣床进给变速箱的拆装和修理

【学习目标】

1）能熟练识读 X6132 型铣床进给变速箱的装配图。

2）熟悉 X6132 型铣床进给变速箱的拆装与调整工艺要求。

3）掌握铣床进给变速箱常见故障的排除与检修方法。

【任务描述】

识读 X6132 型铣床进给变速箱的装配图；遵守机修工和机修技术人员的员工标准；按照修理工艺以及相关技术要求对 X6132 型铣床进给变速箱进行拆装和调整。

【相关知识】

一、进给变速箱的结构与调整

X6132 型铣床进给变速箱的结构如图 3-11 所示。它安装在升降台的左边，轴Ⅺ为电动机轴，轴Ⅸ是一根短轴，其左端用过盈配合压紧在箱体孔内，右端装双联空套齿轮，双联空套齿轮与轴之间装有滚针轴承。轴Ⅷ、轴Ⅸ和轴Ⅹ的转速较低，均采用滑动轴承支承。轴Ⅷ的左端固定一个带动油泵的凸轮，用以润滑变速箱的轴承和齿轮。轴Ⅺ的转速较高，所以轴的左端采用滚动轴承支承；轴的右端由于结构比较复杂，空间受到限制，所以采用滚针轴承；轴的中间安装有球式安全离合器和片式摩擦离合器。

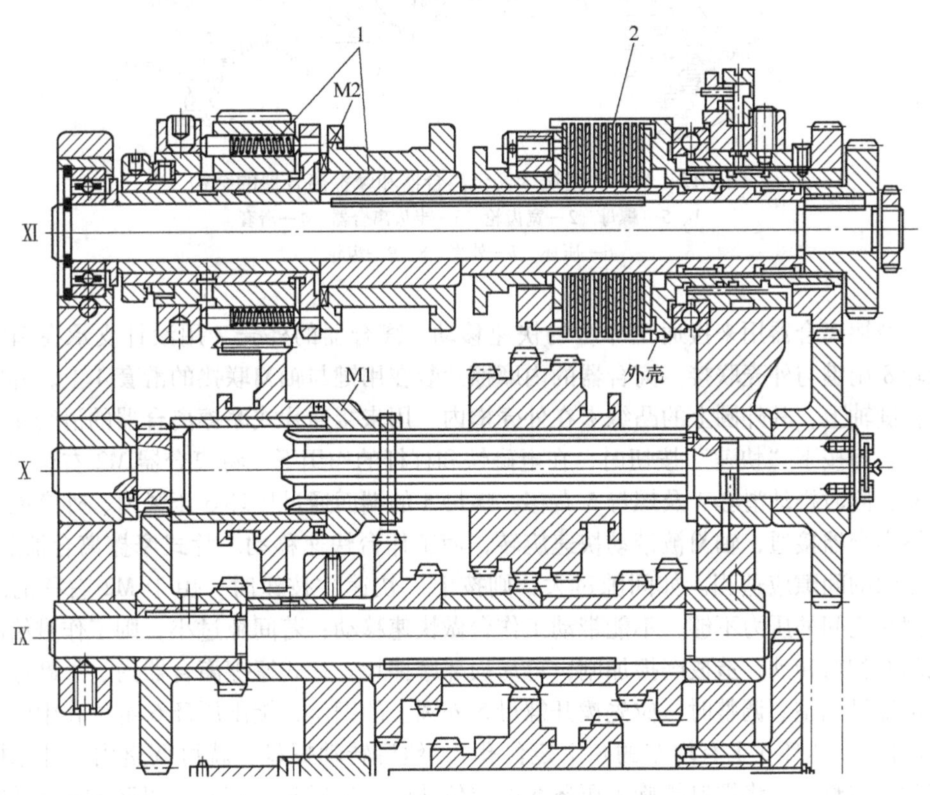

图 3-11　X6132 型铣床进给变速箱的结构展开图

1—球式安全离合器　2—片式摩擦离合器

安全离合器是定转矩装置，用来防止机床工作时因超载而损坏零件，其主要结构如图 3-12 所示。半齿离合器 3 空套在轴Ⅺ的套筒上，其端面齿与离合器 M2 的端面齿结合，宽齿轮 2 空套在半齿离合器 3 上。宽齿轮 2 和半齿离合器 3 在圆周上钻有 12 个等分孔，宽齿轮 2 的孔中均装有圆柱销、弹簧和钢球。圆柱销左端紧靠在螺母 1 的端面上，弹簧将钢球压紧在半齿离合器 3 小孔的端面上，故宽齿轮 2 传入的运动，可通过钢球传给半齿离合器 3 和离合器 M2，再通过滑套 4 和键传给轴Ⅺ，最后由齿轮 9 传出。当机床超载或发生故障时，即传递的转矩增大时，则半齿离合器 3 上的孔坑对钢球的反作用力也增大，当其轴向力大于弹簧压力时，钢球便从孔口滑出，这样宽齿轮 2 带动钢球在半齿离合器 3 的端面上打滑，离合器不转，进给运动中断，从而防止了传动零部件的损坏。安全离合器所传递的转矩大小，可用螺母调整。调整时，先旋松螺母上的紧定螺钉，旋转螺母，改变其在宽齿轮 2 上的位置，即调整弹簧对钢球的压力，就可调整安全离合器传递转矩的大小，其转矩一般以 160 ~ 200N · m 为宜。调整后，旋紧紧定螺钉，以防调整螺母松动。

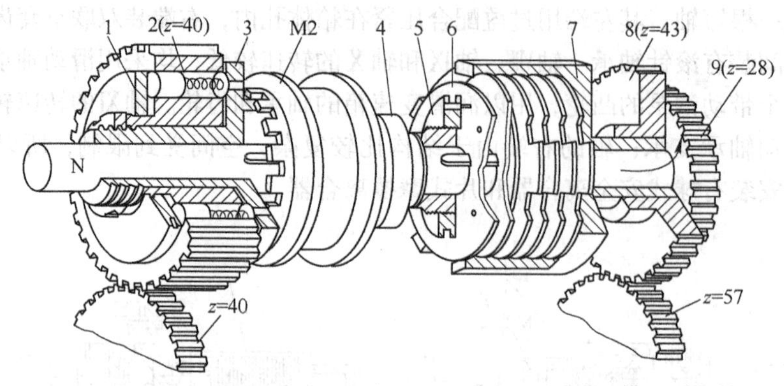

图 3-12　X6132 型铣床安全离合器和摩擦离合器的结构

1、5—螺母　2—宽齿轮　3—半齿离合器　4—滑套　6—压环　7—外壳　8、9—齿轮

片式摩擦离合器用来接通工作台的快速移动。离合器的外壳 7 用滚针支承在箱体压套内，齿轮 8 用键与外壳联接。离合器的内摩擦片装在用键与轴Ⅺ联接的滑套 4 上，外摩擦片空套在花键轴上，其外圆上的凸缘卡在外壳槽内，用来接通片式摩擦离合器的滑套 4 上装有调整螺母。当按下“快速”按钮时，在电磁铁和杠杆的作用下，将离合器 M2 右移与安全离合器脱开，同时推动滑套 4 及螺母 5 右移，螺母 5 的端面通过压环 6 压紧内、外摩擦片，使片式摩擦离合器接通，轴Ⅺ被带动快速旋转，使工作台快速移动。片式摩擦离合器脱开时，摩擦片之间的间隙应适当。如间隙过大，则按下“快速”按钮时，由于 M2 右移的距离一定，摩擦片之间的压力不够，不能带动工作台做快速移动；若间隙过小，则工作进给时，摩擦片之间有相对转动，造成磨损加剧，容易损坏摩擦片。片式摩擦离合器内、外摩擦片之间的间隙由螺母调整。调整时，应先拨开螺母 5 外圆上的钢丝，旋出压环 6 定位孔中的螺钉销（但不要卸下，压环 6 上有均布的 8 个定位孔），然后转动螺母，就可调整内、外摩擦片之间的间隙。调整后，将螺钉销旋入压环 6 的定位孔中，最后装好钢丝，以防螺母 5 在滑套 4 上松动。

二、进给变速操纵机构

铣床的进给变速操纵机构如图 3-13 所示。它所采用的也是孔盘变速操纵机构，是用拨叉拨动轴Ⅷ和轴Ⅹ上的三联滑移齿轮，以及轴Ⅹ左边 $z=40$ 的空套齿轮的轴向位置，改变其啮合状态，使工作台得到 18 种工作进给速度，其工作原理与主轴变速操纵机构相同，只是具体结构和操纵方法有所不同。主要的不同处是手柄 4、速度盘 3 和变速孔盘 1 均固定在轴上，故结构紧凑、操作方便。变速时，先把手柄 4、速度盘 3 和变速孔盘 1 向外拉动，使孔盘与各组的齿杆脱离，然后转动手柄 4，则速度盘 3 和变速孔盘 1 一起转动，转至所需的进给速度对准箭头（如图 3-14 所示），将手柄 4 推回原位，则变速孔盘 1 推动各组齿杆做轴向移动，拨叉拨动 3 个滑移齿轮沿轴向向左或向右位移，改变其啮合状态，从而实现进给速度的改变。当手柄 4 外拉或推回时，都会触动一下微动开关 5，使进给电动机瞬时接通和切断电路，以利于各滑移齿轮顺利地进入啮合状态。进给变速允许在开车的情况下进行，这一方面是因为微动开关可切断电动机电路，断开动力源，另一方面是因为进给箱内的齿轮转速较低。

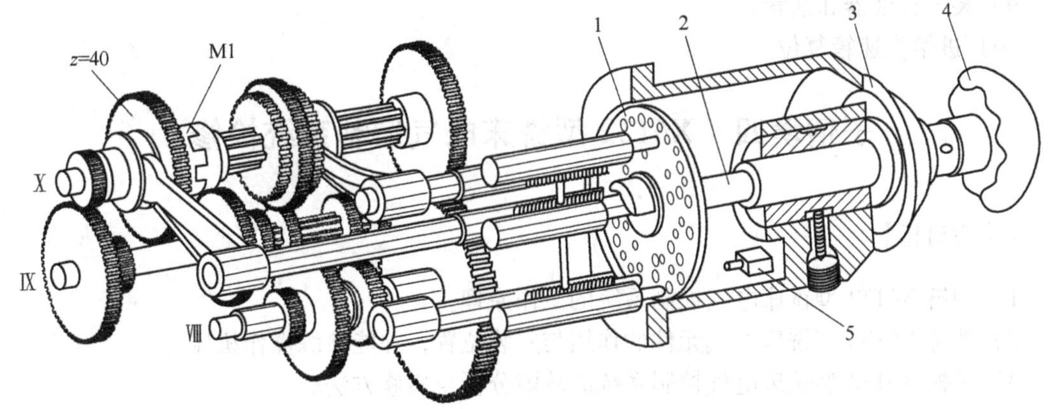

图 3-13　X6132 型铣床进给操纵机构结构

1—变速孔盘　2—轴　3—速度盘　4—手柄　5—微动开关

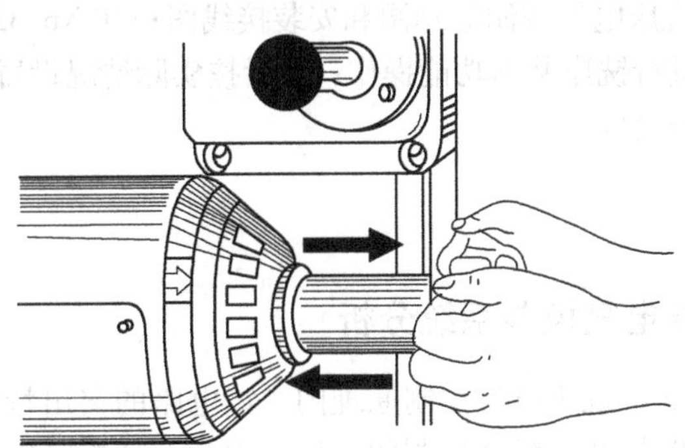

图 3-14　X6132 型铣床进给变速操作

【任务实施】

一、训练内容

X6132 型铣床进给变速箱的拆装与调整。

二、操作步骤

1）从升降台的左侧卸下进给变速箱。

2）卸下油管和分油器。

3）松开各滑动轴承定位螺钉。

4）按照从上向下、从外到里的原则依次拆卸下各轴及齿轮。

5）清洗、去毛刺。

6）按照拆卸的反向顺序依次装上各轴及齿轮（注意润滑等）。

7）装配完成后依次调整各齿轮啮合位置，并旋紧滑动轴承定位螺钉。

8）调整安全离合器及片式摩擦离合器间隙。

9）装上分油器和油管。

10）进给变速箱复位。

子情境四　X6132 型铣床电气控制系统检修

【学习目标】

1）理解 X6132 型铣床电气控制系统的工作原理。

2）熟悉 X6132 型铣床电气元件的作用与安装位置，并能熟练操作机床。

3）掌握 X6132 型铣床电气控制系统的故障分析与检修方法。

4）养成学生安全操作、规范操作、文明生产的习惯。

【任务描述】

正确识读 X6132 型铣床电气控制原理图和安装接线图；在 X6132 型铣床电气控制柜中，识别铣床电器元件，并进行铣床基本功能操作；然后按实际情况设置故障点，分析、检测并排除电气故障，编写检修报告。

【相关知识】

一、X6132 型铣床电气控制系统分析

图 3-15 所示为 X6132 型铣床电气控制原理图。该电路的突出特点是电气控制与机械控制紧密配合，是典型的机械-电气联合控制的机床。因此，分析电气控制原理图时，应弄清机械操作手柄扳动时相应的机械动作和电气开关动作情况，弄清各电气开关的作用和相应触点的通断状态。表 3-1 为该铣床电气元件明细表。

（一）主电路分析

图 3-15 中 M1 为主轴电动机，其正反转由换向组合开关 SA4 实现，正常运行时由 KM1 控制。KM2 的主触点串联两相电阻与速度继电器配合实现 M1 的停车反接制动，还可进行变速点动控制。M2 为工作台进给电动机，由正反转接触器 KM4、KM3 主触点控制，YA 为快速移动电磁铁，由 KM5 控制。M3 为冷却泵电动机，由 KM6 控制。

（二）控制电路分析

1. 主轴电动机 M1 的控制

主轴电动机 M1 的控制分为正反转起动、正反向反接制动和主轴变速冲动。

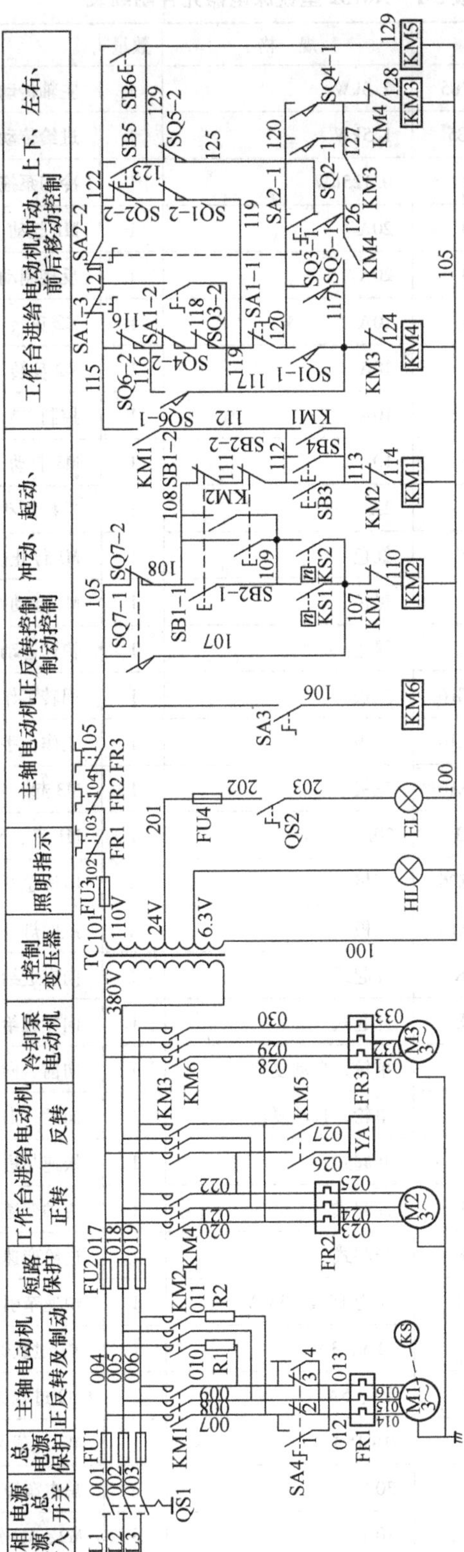

图3-15　X6132 型铣床电气控制原理图

表 3-1　X6132 型铣床电器元件明细表

符号	名　称	型　号	规　格	数量	用途
M1	主轴电动机	Y132M-4/B5	7.5kW	1	主轴传动
M2	进给电动机	Y90L-4/B5	1.5kW	1	进给传动
M3	冷却泵电动机	JCB-22	0.125kW	1	冷却泵拖动
KM1	接触器	CJ20-20	20A	1	M1 起动
KM2	接触器	CJ20-20	20A	1	反接制动
KM3	接触器	CJ20-10	10A	1	M2 正转
KM4	接触器	CJ20-10	10A	1	M2 反转
KM5	接触器	CJ20-10	10A	1	控制 YA
KM6	接触器	CJ20-10	10A	1	M3 起动
KS	速度继电器	JY1	2A	1	反接制动
SB1、2	按钮	LA2	红色	1	M1 停止按钮
SB3、4	按钮	LA2	黑色	1	M1 起动按钮
SB5、6	按钮	LA2	绿色	1	快速进动按钮
SA1	转换开关	HZ15-10/E16	三极	1	回转工作台转换
SA2	转换开关	HZ15-10/E16	三极	1	工作台手动与自动转换
SA3	转换开关	HZ15-10/E16	三极	1	M3 起、停开关
SA4	转换开关	HZ15-123	20A	1	M1 正、反转
QS1	转换开关	HZ15-60/E26	三极	2	电源总开关
QS2	转换开关	HZ15-10/E16	三极	2	照明灯开关
SQ1	限位开关	LX33-11K	开起式	2	向右进给
SQ2	限位开关	LX33-11K	开起式	1	向左进给
SQ3	限位开关	LX33-131	单轮，自动复位	1	向前、向下进给
SQ4	限位开关	LX33-131	单轮，自动复位	1	向后、向上进给
SQ5	限位开关	LX33-11K	开起式	1	快速与进给转换
SQ6	限位开关	LX33-11K	开起式	1	主轴变速冲动
SQ7	限位开关	LX33-11K	开起式	1	进给变速冲动
YA	牵引电磁铁	MQ1-5141	拉力 15kg，380V	1	快速牵引电磁铁
FR1	热继电器	JR20-40	11A、3A	1	M1 过载保护
FR2	热继电器	JR20-10	3A、5A	1	M2 过载保护
FR3	热继电器	JR20-10	0.415A	1	M3 过载保护
FU1	熔断器	RL6	30A	3	总电源短路保护
FU2	熔断器	RL6	10A	3	M2、M3 短路保护
FU3	熔断器	RL6	6A	1	控制电路短路保护

（续）

符号	名　称	型　号	规　格	数量	用途
FU4	熔断器	RL6	4A	1	照明电路短路保护
TC	变压器	BK-150	380V/110、24、6.3V	1	控制、照明、指示电路电源
R	电阻	ZB_2	1.45W，15.4A	2	限制制动电流

（1）主轴电动机 M1 的起动　本机床采用两地控制方式：起动按钮 SB3 和停止按钮 SB1 为一组，起动按钮 SB4 和停止按钮 SB2 为一组，分别安装在工作台和机床床身上，以方便操作。

起动前，先选择好主轴转速，并将主轴换向的转换开关 SA4 扳到所需转向上。然后，按下起动按钮 SB3 或 SB4，接触器 KM1 通电吸合并自锁，主轴电动机 M1 起动。KM1 的辅助常开触点（112-115）闭合，接通控制电路的进给电路电源，保证了只有先起动主轴电动机，才可起动进给电动机，避免损坏工件或刀具。

（2）主轴电动机 M1 的制动　为了使主轴停车准确，主轴采用反接制动。M1 起动后，速度继电器 KS 的常开触点 KS1 或 KS2 闭合，为电动机停转制动做准备。停车时，按下停止复合按钮 SB1 或 SB2，首先其常闭触点断开，KM1 线圈断电释放，主轴电动机 M1 断电，但因惯性继续旋转，将停止按钮 SB1 或 SB2 按到底，其常开触点闭合，接通 KM2 回路，改变 M1 的电源相序进行反接制动。当 M1 转速趋于零时，KS 触点自动断开，切断 M2 的电源。

（3）主轴变速冲动　主轴变速是通过改变齿轮的传动比进行的。当改变了传动比的齿轮组重新啮合时，因齿之间的位置不能刚好对上，若直接起动，有可能使齿轮打牙。为此，本机床设置了主轴变速瞬时点动控制电路。

图 3-16 所示是主轴变速冲动控制求意图。变速时，将变速手柄 4 向下压并向前推，在推动手柄的过程中，凸轮 2 转动压动弹簧杆 3，压下限位开关 SQ7。SQ7-2 常闭触点分断，使 KM1 线圈失电释放，切断 M1 运转电源。由于 SQ7-1 常开触点闭合，使 KM2 线圈得电吸合但不自保。电源经限流电阻使 M1 缓慢转动。转动变速孔盘选好转速，齿轮啮合好后，将变速手柄 4 拉回原位，限位开关复位，SQ7-1 常开触点分断，切断 M1 电源，SQ7-2 常闭触点闭合，为重新起动 M1 做准备。

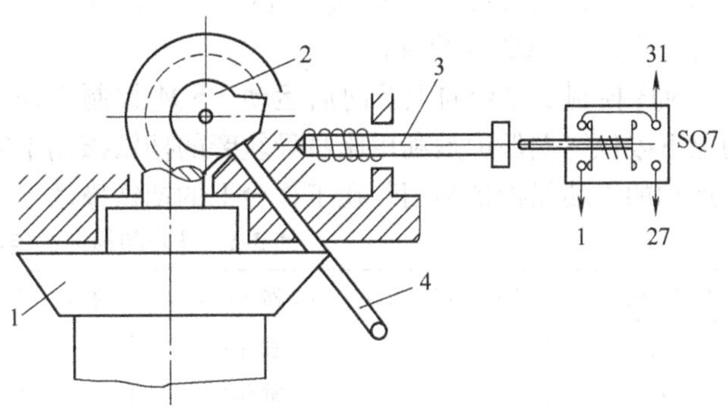

图 3-16　主轴变速冲动控制示意图

1—变速盘　2—凸轮　3—弹簧杆　4—变速手柄

2. 工作台移动控制

转换开关 SA1 是控制回转工作台运动的，在不需要回转工作台运动时，将转换开关 SA1 扳至“断开”位置，转换开关 SA1 在正向位置的两个触点 SA1-1、SA1-3 闭合，反向位置的触点 SA1-2 断开。再将工作台自动与手动控制方式选择开关 SA2 扳到手动位置，SA2-1 断开，SA2-2 闭合，然后起动 M1。这时接触器 KM1 吸合，其触点 KM1（112-115）闭合，这样就可以进行工作台的进给控制。

工作台上下、前后、左右 6 个方向的进给都由 M2 拖动，接触器 KM4 和 KM3 控制 M2 的正反转。进给方向由有关操纵手柄选定。操纵手柄经联动机构，在机械上接通相应的离合器，在电气上压合相应的限位开关，使接触器线圈得电，电动机 M2 的转动传至相应的丝杠，使工作台按选定的方向进给。“纵向”进给与“升降和横向”进给之间采用电气互锁，“横向”与“升降”之间采用机械互锁。

（1）工作台的“纵向”（左右）进给控制　首先将回转工作台转换开关 SA1 扳在“断开”位置。操纵工作台纵向运动的手柄有两个，一个装在工作台底座的顶面的正中央，另一个装在工作台底座的左下方，它们之间有机械连接，只要操纵其中任意一个就可以了。手柄有 3 个位置，既“左”“右”和“中间”。当手柄扳到“右”或“左”时，手柄联动机构压下行程开关 SQ1 或 SQ2 使接触器 KM4 或 KM3 动作，控制进给电动机 M2 的正反转。工作台的左右行程可通过调整安装在工作台两端的挡铁来控制。当工作台纵向运动到极限位置时，挡铁撞动纵向操纵手柄，使它回到零位，工作台停止运动，从而实现了纵向终端保护。

在主轴电动机起动后，将操作手柄扳向右，其联动机构压下行程开关 SQ1，使 SQ1-2 断开，SQ1-1 闭合，接触器 KM4 线圈得电，电动机 M2 正转，拖动工作台向右。同理，将操作手柄扳向左，其联动机构压下行程开关 SQ2，使 SQ2-2 断开，SQ2-1 闭合，接触器 KM3 线圈得电，电动机 M2 反转，拖动工作台向左。

（2）工作台的“升降和横向”进给控制　控制工作台的上下运动和前后运动的手柄是十字手柄，有两个完全相同的手柄分别装在工作台左侧的前、后方，它们之间有机械连接，只需操纵其中任意一个。手柄有 5 个位置，即上、下、前、后和中间，5 个位置是联锁的。手柄的联动机构与行程开关 SQ3、SQ4 相连，扳动十字手柄时，通过传动机构将同时压下相应的行程开关 SQ3 或 SQ4。

SQ3 控制工作台向上及向后运动，SQ4 控制工作台向下及向前运动，见表 3-2。工作台的上下限位终端保护是利用床身导轨旁的挡铁撞动十字手柄使其回到中间位置来实现的；横向运动的终端保护是利用装在工作台上的挡铁撞动十字手柄来实现的。

表 3-2　升降和横向进给的操纵

十字手柄位置	工作台进给方向	离合器接通的丝杠	行程开关动作	接触器动作	电动机转向
向上	向上	垂直丝杠	SQ3	KM4	M2 正转
向下	向下	垂直丝杠	SQ4	KM3	M2 反转
向前	向前	横向丝杠	SQ4	KM3	M2 反转
向后	向后	横向丝杠	SQ3	KM4	M2 正转
中间	停止	横向丝杠	复位	释放	停止

在主轴起动以后，将手柄扳至向上位置，其联动机构一方面接通垂直传动丝杠离合器，为垂直传动丝杠的转动做好准备，另一方面它使行程开关 SQ3 动作，SQ3-2 断开，SQ3-1 闭合，接触器 KM4 线圈通电，M2 正转，工作台向上运动。

将手柄扳至向后位置，联动机构拨动垂直传动丝杠的离合器使它脱开，停止转动，而将横向传动丝杠的离合器接通进行转动，可使工作台向后运动。

将手柄扳至向下位置，其联动机构一方面接通垂直传动丝杠离合器，为垂直传动丝杠的转动做好准备，另一方面它使行程开关 SQ4 动作，SQ4-2 断开，SQ4-1 闭合，接触器 KM3 线圈通电，M2 反转，工作台向下运动。

将手柄扳至向前位置，联动机构拨动垂直传动丝杠的离合器使它脱开，而将横向传动丝杠的离合器接通进行转动，由横向传动丝杠使工作台向前运动。

工作台“纵向”与“升降和横向”进给采用了“常闭触头串联”方式实现电气互锁。

进给控制电路有两条通路都能使接触器 KM4 或 KM3 的线圈得电。

（3）工作台快速移动控制　在铣床不进行铣削加工时，工作台可以快速移动。工作台的快速移动也是由进给电动机 M2 来拖动的，在 6 个方向上都可以实现快速移动的控制。

主轴起动以后，将工作台的进给手柄扳到所需的运动方向，工作台将按操纵手柄指定的方向慢速进给。这时按下快速移动按钮 SB5（在床身侧面）或 SB6（在工作台前面），使接触器 KM5 线圈得电，接通牵引电磁铁 YA，电磁铁通过杠杆使摩擦离合器合上，减少中间传动装置，使工作台按原运动方向做快速移动。当松开快速移动按钮时，电磁铁 YA 断电，摩擦离合器断开，快速移动停止。工作台仍按原进给速度继续运动。

（4）进给变速冲动的控制　进给变速冲动是操纵进给变速孔盘和操纵手柄实现的，其操纵动作如同主轴变速冲动。

选好变速位置后，在将变速手柄向原位推回过程中，压动限位开关 SQ6，其常闭触点 SQ6-2 分断，常开触点 SQ6-1 闭合，KM4 线圈经（115-122-119-116-117-124）得电动作，M2 正向旋转，使变速齿轮啮合良好。变速手柄推回到原位时，SQ6 复位，M2 停转。

从进给变速冲动环节的通电回路中可以看出，要经过 SQ1 ~ SQ4 4 个行程开关的常闭触点，因此，只有在进给运动的操作手柄在中间位置时，才能实现进给变速冲动的控制，以保证操作安全。同时应注意进给电动机的通电时间不能太长，以防止转速过高，在变速时打坏齿轮。

3. 回转工作台的控制

为扩大铣床的加工能力，如铣削圆弧、凸轮曲线，在工作台上安装回转工作台。回转工作台工作时，先将转换开关 SA1 扳到“接通”的位置，触点 SA1-1、SA1-3 断开，SA1-2 接通，然后将工作台的进给操作手柄扳至中间位置，此时行程开关 SQ1 ~ SQ4 处于不受压状态。按下主轴起动按钮 SB3 或 SB4，主轴电动机起动，同时 KM4 线圈经（115-116-118-119-123-122-121-117-124）得电动作，进给电动机起动，并通过机械传动使回转工作台按照需要的方向转动。可以看出，回转工作台只能沿着一个方向做旋转运动，并且回转工作台运动控制的通路需要经过 SQ1 ~ SQ4 4 个行程开关的常闭触点，如果扳动工作台任意一个进给手柄，回转工作台都会停止工作，这就保证了工作台的进给运动与回转工作台的旋转运动不能同时进行。若按下主轴停止按钮，主轴停转，回转工作台也同时停止工作。

（三）照明、信号电路分析

照明电源是变压器 TC 提供的 24V 交流电。照明灯 EL 由开关 SQ2 控制，熔断器 FU4 作为照明电路的短路保护。HL 为电源工作指示灯。

X6132 型铣床电器位置图和电气柜内电器布置图分别如图 3-17 和图 3-18 所示。

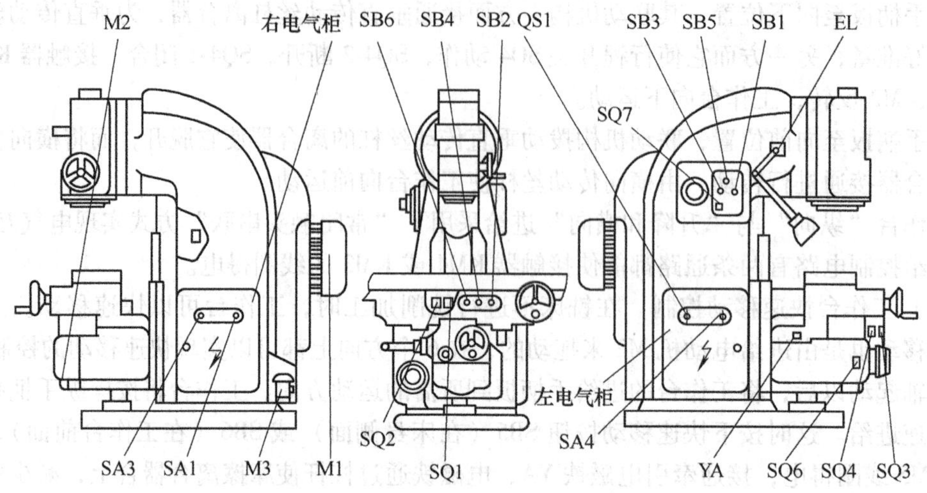

图 3-17　X6132 型铣床电器位置图

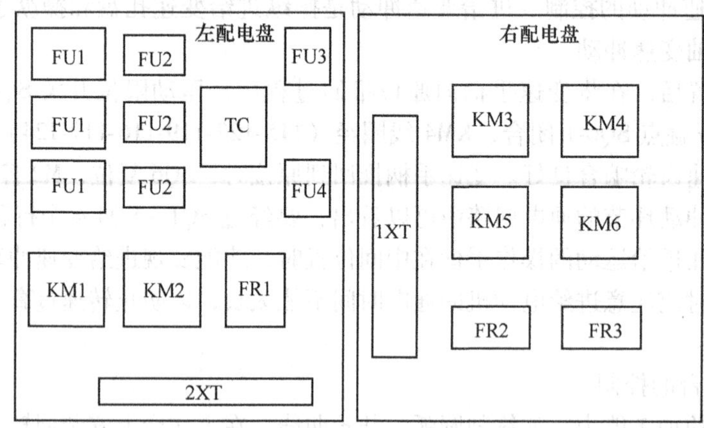

图 3-18　X6132 型铣床电气柜内电器布置图

二、铣床常见电气故障的分析与排除

铣床常见电气故障的分析与排除见表 3-3。

表 3-3　铣床常见电气故障的分析与排除

序号	故障现象	故障原因	修复故障措施
1	主轴电动机不能起动	（1）控制电路熔断器 FU3 或 FU4 熔丝熔断 （2）主轴换相开关在 SA4 在停止位置 （3）SB1、SB2、SB3 或 SB4 的触点接触不良 （4）主轴变速冲动行程开关 SQ7 的常闭触点接触不良 （5）热继电器已经动作，没有复位 （6）主轴电动机损坏	（1）更换相同规格和型号的熔丝 （2）将 SA4 扳到所需转向上 （3）修复或更换同规格的按钮 （4）修复或更换行程开关 （5）将热继电器复位 （6）修复或更换电动机

（续）

序号	故障现象	故障原因	修复故障措施
2	按下停止按钮后主轴不停	（1）若按下停止按钮后，接触器KM1不释放，则说明接触器KM1主触点熔焊 （2）若按下停止按钮后，KM1能释放，KM2吸合后有“嗡嗡”声，或转速过低，则说明制动接触器KM2主触点只有两相接通 （3）若按下停止按钮电动机能反接制动，但放开停止按钮后，电动机又再次起动，则是起动按钮在起动电动机M1后绝缘被击穿 （4）停止按钮常闭触点短路	（1）修复接触器KM1的主触点 （2）修复KM2另一相主触点 （3）更换起动按钮 （4）更换停止按钮
3	工作台各个方向都不能进给	（1）SA2不在“断开”位置 （2）接触器KM3和KM4主触点接触不良 （3）电动机M2接线脱落或电动机绕组断路 （4）SQ1、SQ2、SQ3、SQ4的位置发生变动或被撞坏	（1）将SA2置于“断开”位置 （2）修复接触器的主触点 （3）重新接好线或更换电动机 （4）更换行程开关或调整好位置并切实安装牢固
4	工作台不能快速进给	（1）牵引电磁铁YA线圈损坏或机械卡死 （2）离合器摩擦片间隙调整不当或损坏 （3）SB5和SB6的触点接触不良 （4）KM5主触点接触不良或线圈损坏	（1）更换电磁铁 （2）调整离合器摩擦片间隙或更换 （3）修复或更换同规格的按钮 （4）修复或更换接触器
5	变速时不能冲动控制	多数是由于冲动位置开关SQ6或SQ7经常受到频繁冲击，使开关位置改变（压不上开关），甚至开关底座被撞坏或接触不良	修理或更换开关，并调整好开关的动作距离

【任务实施】

一、训练内容

X6132型铣床电气控制系统的常见故障分析与检修。

二、操作步骤

1）在指导教师指导下操作X6132型铣床，了解铣床的各种工作状态及操作方法。

2）按照X6132型铣床电气控制原理图熟悉铣床电气元件及分布情况。

3）将X6132型铣床电气控制柜中故障开关置正常位置，接通电源进行正常运行操作。

4）故障分析查找与排除练习：断开电源，人为设置故障点2～3处，在限定时间内分析故障范围并排除故障；接通电源，按正常情况操作各主令电器，观察故障现象并记录下来，再进行分析检查、排除；排除故障后，重新接通电源，按正常运行要求再操作一遍，动作正常后，断开电源。

5）训练结束，断开电源，拆线，整理电气设备，并做好维修记录。

习题与思考题

1. X6132 型铣床工作台纵、横、垂 3 个方向的导轨间隙怎样调整？

2. X6132 型铣床主轴箱变速操纵自动脱落，试分析故障原因，说明处理方法。

3. X6132 型铣床主轴箱变速手柄操作时扳不动，试分析故障原因，说明处理方法。

4. X6132 型铣床主轴轴承间隙怎样调整？

5. X6132 型铣床起动进给时，进给箱过载保护离合器打滑，电动机停转，而反向进给正常。试分析故障原因，说明处理方法。

6. X6132 型铣床的电气控制系统有哪些常见故障？如何解决？

学习情境四　数控设备的装调与维修

子情境一　数控系统的安装与调试

【学习目标】

1）掌握FANUC数控系统的硬件组成与连接方法。

2）熟悉数控系统参数的作用和种类。

3）掌握数控系统参数的显示和设定的操作步骤。

4）能正确连接FANUC数控系统，并进行检查与调试。

【任务描述】

按照设计的数控机床电气接线图和FANUC数控系统连接手册将系统连接完成之后，对系统进行检查与调试。

【相关知识】

一、FANUC数控系统的连接

数控系统主要由数控系统主板、电源模块、主轴模块、伺服模块、I/O模块等构成。数控系统主板通过接口和这些模块建立联系，然后通过这些模块驱动数控机床执行部件，从而使数控机床按照指令要求有序地工作。

1. FANUC数控系统的总体连接

图4-1所示为FANUC 0i-D数控系统的连接图。

（1）数控系统硬件连接的基本步骤

1）读懂并理解数控系统连接图。

2）核对数控系统主板、电源模块、主轴模块、伺服模块、I/O模块等的安装位置，弄清楚各模块接口定义，明确各模块控制对象，选择合适数据线进行接口之间的连接，并确保连接可靠。

（2）数控系统的通电顺序

1）接通机床AC200V电源。

2）接通伺服放大器AC200V控制电源。

3）接通I/O Link连接的从属设备电源，接通显示器电源，接通CNC控制单元电源。

（3）数控系统的断电顺序　数控系统的断电顺序与通电顺序相反。

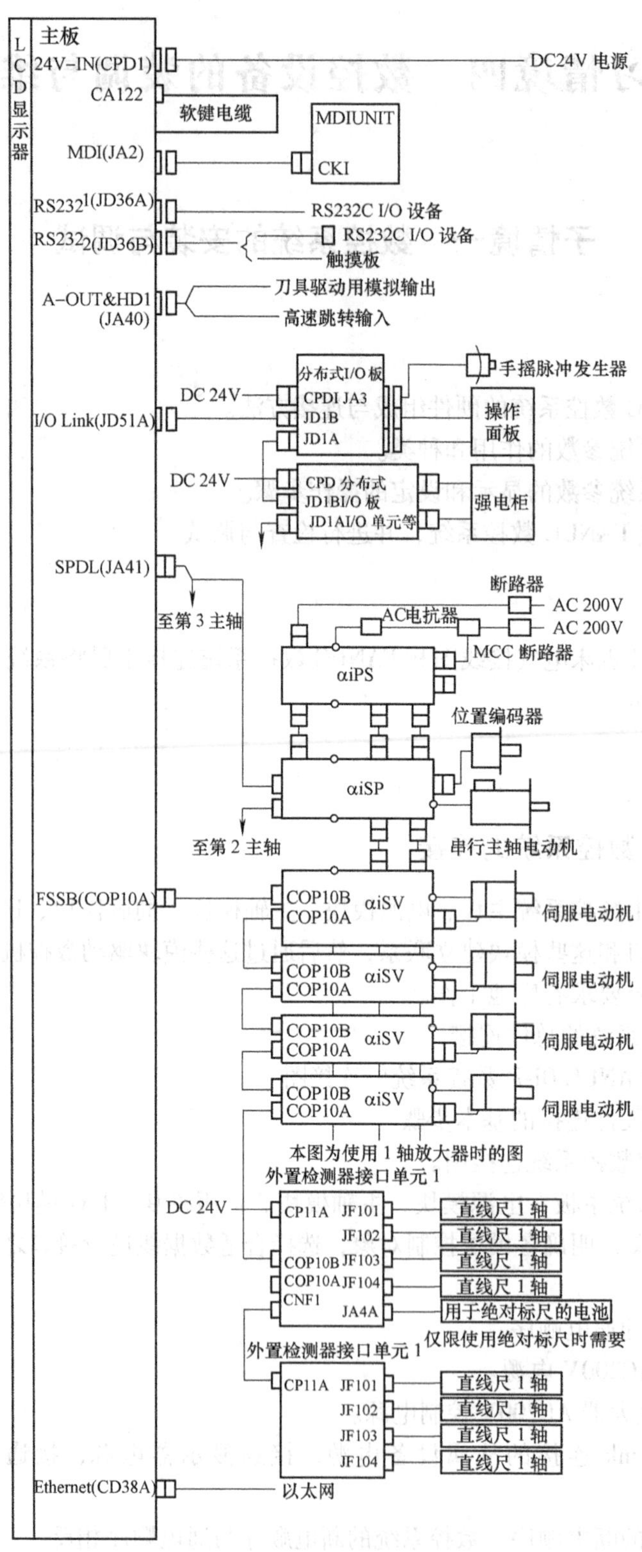

图 4-1　FANUC 0i-D 数控系统连接图

2. FANUC 数控系统的功能连接

FANUC 0i-D 数控系统的主板结构与接口布置如图 4-2 所示。主板上方有两个风扇，便于主板散热。主板右下方有 DC 3V 的锂电池，是存储器的后备电池。用户所编制的零件加工程序、刀具偏置量以及系统参数等存储在控制单元的 CMOS 存储器中，当系统主电源切断时，依靠锂电池记忆这些数据。当电池电压下降到一定程度，显示器上出现“BAT”报警时，应及时更换电池，防止数据丢失。

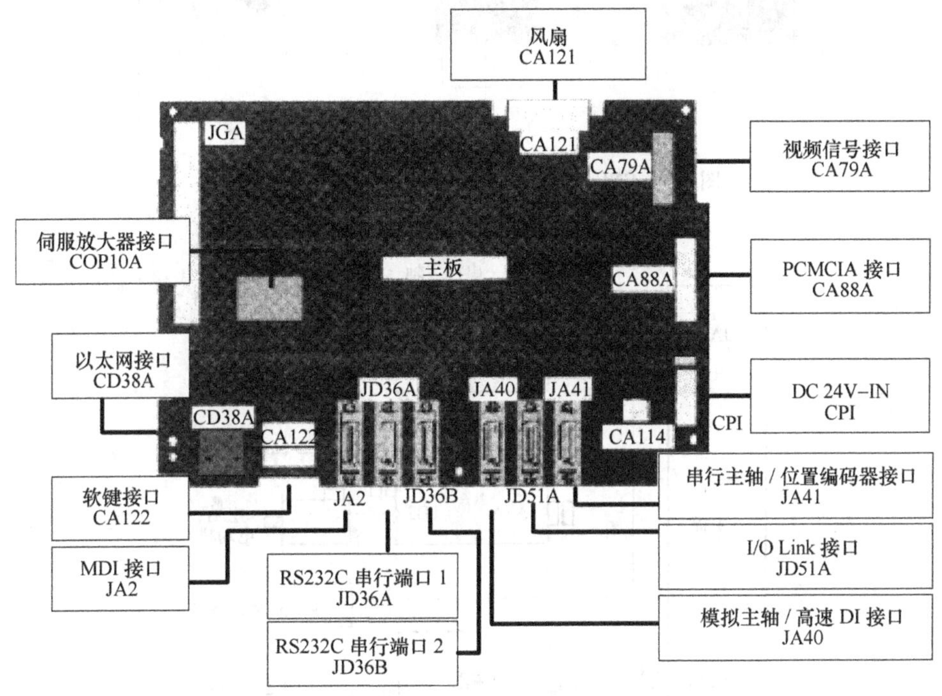

图 4-2　FANUC 0i-D 的主板结构与接口布置图

（1）电源接口 CP1　外部 AC200V 电源经过开关电源整流后变为 DC24V，通过 CP1 接口输入，供主板工作。

（2）串行主轴或位置编码器接口 JA41　数控系统将串行主运动指令通过 JA41 接口传递给主轴放大器，如 SPM 的 JA7B 接口，主轴放大器经过变频调速控制向主轴电动机输出动力电源。CNC、主轴放大器、主轴电动机之间的连接关系如图 4-3 所示。

串行主轴接口 JA41 有以下几点需要说明：

1）该接口所连接的放大器一定是串行主轴放大器。

2）当系统使用模拟主轴时，应使 CNC 模拟主轴接口与放大器连接，JA41 接口此时用于连接模拟主轴位置编码器。

3）当数控系统控制多个串行主轴时，连接方式如图 4-4 所示。

（3）I/O Link 接口 JD51A　对于数控机床的顺序逻辑动作，即在用户加工程序中 M、S、T 指令部分，由 PMC 控制实现，其中包括主轴速度控制、刀具选择、工作台更换、转台分度、工件夹紧与松开等。这些来自机床侧的输入、输出信号与 CNC 之间是通过 I/O Link 建立通信联系的。

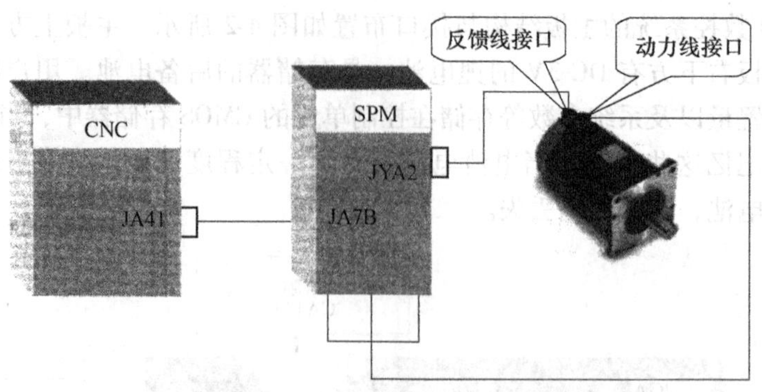

图 4-3　CNC 与主轴放大器、主轴电动机的连接

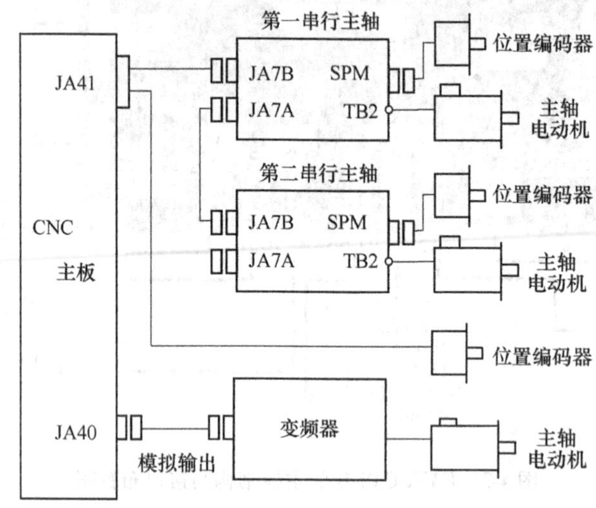

图 4-4　多主轴模块与 CNC 的连接

根据 PMC 控制点数的不同，需要通过 I/O Link 连接电缆连接多个 I/O 模块。I/O Link 的两个接口分别叫作 JD51A（JD1A）、JD1B，电缆总是从一个单元的 JD51A（JD1A）连接到下一个单元的 JD1B。CNC、I/O 模块、机床控制信号之间的连接关系如图 4-5 所示。

（4）模拟主轴接口 JA40　如果采用非 FANUC 公司的主轴电动机，则可以采用变频器驱动，变频器和 CNC 之间通过 JA40 接口连接，这时 CNC 通过 JA40 接口给变频器提供 0 ~ +10V模拟指令信号。CNC、变频器、主轴电动机连接图如图 4-6 所示。

（5）RS232C 串行端口 JD36A、JD36B　通过数据线，该接口可以和外部计算机相连，实现梯形图的上传和下传，还可以通过外部计算机监控梯形图的运行状态以及实现加工程序的 DNC 传送等。一般使用左边接口（JD36A），右边接口（JD36B）为备用接口。如果使用存储卡可以替代数据传输接口功能，此接口可以不连接。

（6）MDI 接口 JA2　它是 MDI 键盘与数控系统连接接口，数控系统出厂时已经连接好，不需要改动，但要检查是否松动。

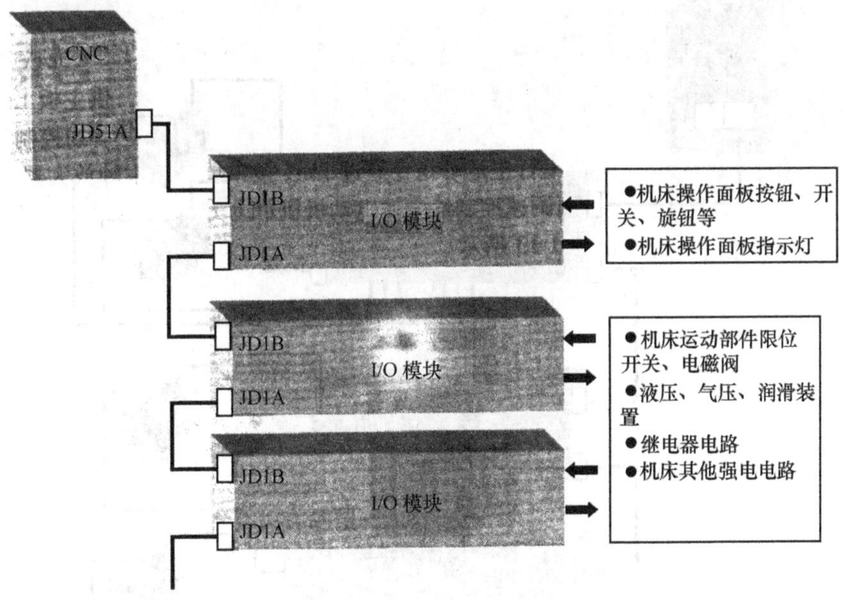

图 4-5　CNC、I/O 模块、机床控制信号的连接

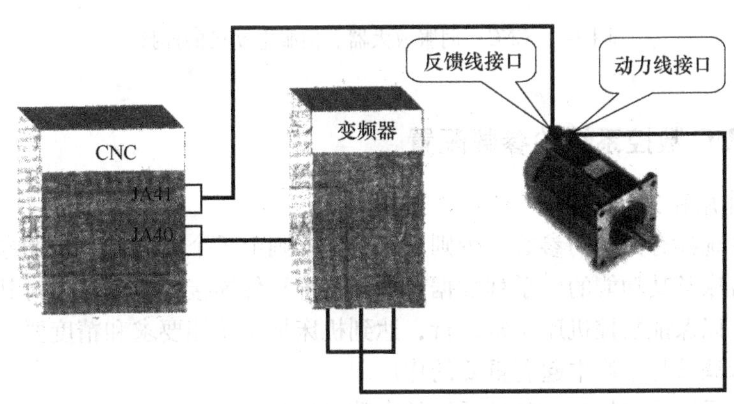

图 4-6　CNC、变频器、主轴电动机的连接

（7）软键接口 CA122　它是显示器下面软键与数控系统连接的接口，数控系统出厂时已经连接好，不需要改动。

（8）伺服放大器接口 COP10A　伺服放大器 SVM 通过 COP10A、COP10B 接口接受 CNC 发出的进给运动速度和位移指令信号，对传送过来的信号进行转换和放大处理，驱动各轴伺服电动机运转，实现刀具和工件之间的相对运动。FANUC 数控系统与伺服放大器接口之间的连接采用 FSSB（FANUC Seria1 Servo Bus）总线，该总线采用专用光缆。对于 FANUC 单台伺服放大器，有驱动 1 轴的，有驱动 2 轴的，有驱动 3 轴的；从另外一个角度，一台数控机床根据进给轴数量不同、伺服放大器驱动轴数的不同有多种配置方式。CNC、伺服放大器、伺服电动机之间的连接如图 4-7 所示。

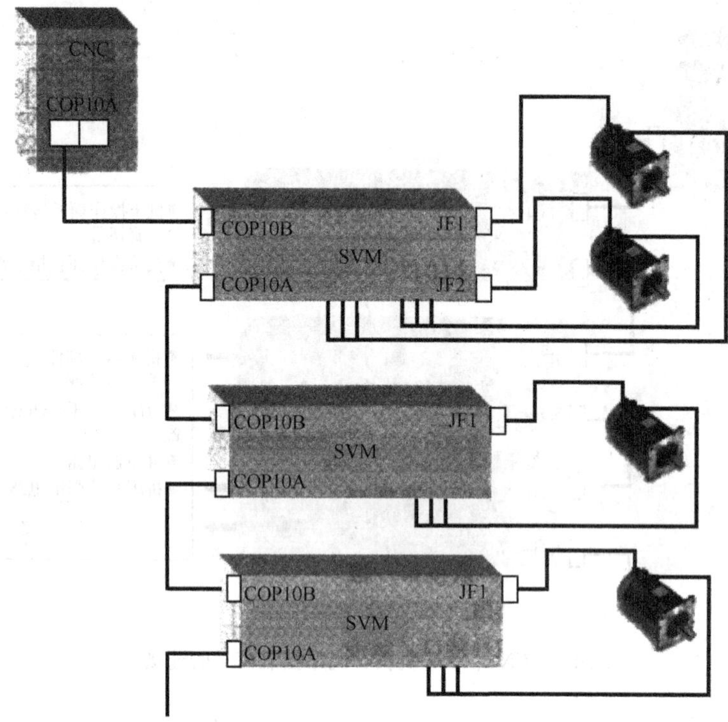

图 4-7　CNC、伺服放大器、伺服电动机的连接

二、FANUC 数控系统的参数配置

1. 参数的作用和分类

每种数控系统都有大量的参数，少则几百个，多则上千个，数控系统的参数是数控系统用来匹配数控机床及其功能的一系列数据。数控系统硬件连接完成后，要对其进行系统参数的设定和调整，以保证数控机床正常运行，达到机床加工功能要求和精度要求；同时，参数设置在数控机床调试与维修中起着重要的作用。

按参数的表示形式来划分，数控系统的参数可分为 3 类。

（1）状态型参数　状态型参数是指每项参数的 8 位二进制数位中，每一位都表示了一种独立的状态或者是某种功能的有无。例如 FANUC0-TD 系统的 1 号参数项中的各位所表示的就是状态型参数。

（2）比率型参数　比率型参数是指某项参数设置的某几位所表示的数值都是某种参量的比例系数。例如 FANUC0-TD 系统的 512、513、514 号参数项中每项的 8 位二进制数所表示的就是比率型参数。

（3）真实值参数　真实值参数是表示某项参数是直接表示系统某个参数的真实值。这类参数的设定范围一般是规定好的，用户在使用时一定要注意其所表示的范围，以免设定参数的值超出范围。例如 FANUC0-TD 系统的 522、523、524、525 号参数项中每项的 8 位二进制数所表示的就是真实值参数。

2. 参数的显示与搜索

下面以 FANUC 0i Mate-MD 系统为例来具体说明其操作步骤。

1）按 MDI 键盘上的功能键［SYSTEM］一次后，再按软键［PARAM］选择参数的画面。

2）参数画面由多个页面组成。通过下面两种方法找到需要显示的参数所在的页面。

①用 MDI 键盘上的翻页键或光标移动键，逐页寻找所要的参数页面。

②通过 MDI 键盘输入想显示的参数号，然后按软键［NO. SRH］。这样可显示包括指定参数所在的页面，光标同时在指定参数的位置（数据部分变成反转文字显示）。

3. 用 MDI 方式设定参数

（1）使参数处于改写状态　数控系统参数设定完成后，处于写保护状态，在该状态下不允许更改参数。要想修改或调整参数，应使参数置于可改写状态，即需要解除写保护。

1）写保护的解除。写保护解除的操作步骤如下：

①将数控系统置于 MDI 方式或急停状态。

②按功能键［SETTING］一次或多次后，再按软键［SETTING］，可显示 SETTING 页面的主页。

③将光标移至“PARAMETER WRITE”处。

④按软键［OPRT］显示操作选择软键。

⑤按软键［ON：1］或输入 1，再按软键［INPUT］，使“PARAMETER WRITE”=1。这样参数成为可写入状态，同时 CNC 发生 P/S 报警 100#（允许参数写入）。

2）注意事项。解除参数写保护操作时，注意以下几点：

①如果发生 100#报警，即切换为报警页面。

②把参数 3111#7（NPA）设置成 1，便可使发生报警时也不会切换成报警页面（通常发生报警时必须让操作者知道，上述参数通常应设成 0）。

③在解除急停状态后，同时按住［CAN］和［RESET］键，也可以解除 100#报警。

（2）参数的常规设定方式　参数的常规设定步骤如下：

1）按功能键［SYSTEM］一次或多次后，再按软键［PARAM］，显示参数页面。

2）将光标置于需要设定的参数的位置上。

3）输入数据，然后按［INPUT］软键。输入的数据将被设定到光标指定的参数中。

4）若需要则重复步骤 2）和 3）。

5）参数设定完毕，需将参数设定画面的“PARAMETER WRITE”设定为 0，禁止参数设定。

6）复位 CNC，解除 P/S 报警 100#。但在设定参数时，有时会出现 P/S 报警 000#（需切断电源），此时请关掉电源再开机。

4. FANUC 数控系统数据备份及恢复

数控系统中的加工程序、参数、螺距误差补偿、宏程序、PMC 程序、PMC 数据等，在机床不使用时是依靠控制单元上的电池进行保存的。如果发生电池失效或其他意外，会导致这些数据的丢失，因此有必要做好重要数据的备份工作，一旦发生数据丢失，可以通过恢复这些数据，保证机床的正常运行。下面介绍用存储卡进行 FANUC 0i Mate-MD 数控系统数据备份和恢复的操作方法。

该方法的功能：第一就是将系统 SRAM 存储的全部数据备份到存储卡或存储卡的数据

恢复到系统 SRAM 中；第二就是将系统 FROM 存储的用户数据（梯形图、宏程序等）备份到存储卡或存储卡的数据恢复到系统 FROM 中。

通过该方法备份的数据是系统数据的整体，下次恢复或调试其他相同机床时，可以迅速地完成。但是数据为机器码且为打包形式，不能在计算机上打开。该方法特别适用于系统死机下的数据恢复及全部清除后的系统数据恢复。

数控系统的启动和计算机的启动一样，会有一个引导过程。在通常情况下，使用者是不会看到这个引导过程的，但是使用存储卡进行备份时，必须要在引导系统界面进行操作。在使用这个方法进行数据备份时，首先必须要准备一张符合 FANUC 系统要求的存储卡（工作电压为 5V）。具体方法如下：

（1）开机引导界面的进入　如图 4-8 所示，同时按下显示器下方最右侧的两个软键，与此同时接通数控系统电源，数秒后即进入开机界面主菜单。图 4-9 所示为开机界面主菜单各项含义。

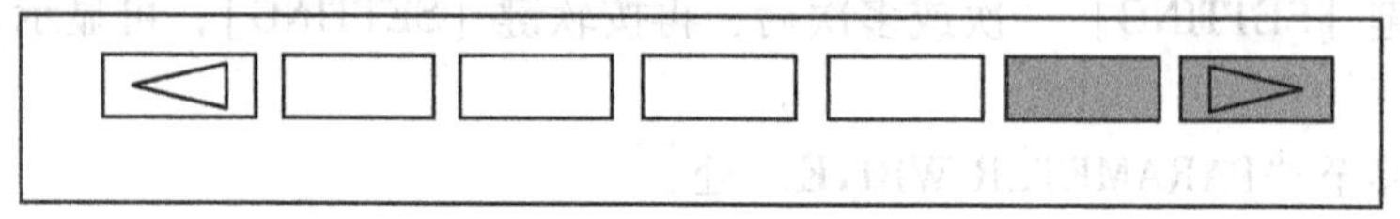

图 4-8　开机界面下端软键

	开机界面主菜单	含义
(1)	SYSTEM MONITOR MAIN MENU 60W3–01	(1) 显示标题。右端显示出 BOOT SYSTEM 的系列版本。
(2)	1.END	(2) 退出 BOOT SYSTEM, 启动 CNC。
(3)	2.USER DATA LOADING	(3) 向 FLASH ROM 写入数据。
(4)	3.SYSTEM DATA LOADING	(4) 向 FLASH ROM 写入数据。
(5)	4.SYSTEM DATA CHECK	(5) 确认 ROM 文件的版本。
(6)	5.SYSTEM DATA DELETE	(6) 删除 FLASH ROM 存储卡文件。
(7)	6.SYSTEM DATA SAVE	(7) 向存储卡备份数据。
(8)	7.SRAM DATA UTILITY	(8) 备份恢复 SRAM 区。
(9)	8.MEMORY CARD FORMAT	(9) 格式化存储卡。
	* * *MESSAGE* * *	
(10)	SELECT MENU AND HIT SELECT KEY. [SELECT][YES][NO][UP][DOWN]	(10) 显示简单的操作方法和错误信息。

图 4-9　开机界面主菜单各项含义

（2）数据备份与恢复的基本操作流程　通过开机界面进行数据备份与恢复时，由于系统尚未启动 CNC 软件，此时 MDI 键盘的多数键不起作用，只能通过开机界面下方的［SELECT］、［YES］、［NO］、［UP］、［DOWN］软键进行“选择”“同意”“不同意”和光标上下移动等相关操作，基本操作过程如下：

1）通过按下［UP］、［DOWN］软键，上下移动光标到所选择的项目。

2）通过按下［SELECT］软键确定光标所在处项目即为所要进行操作的项目。

3）通过按下［YES］、［NO］软键对即将进行的动作进行确认。

4）通过选择“END”选项返回上一级菜单。

(3) 系统数据备份过程　系统数据备份操作过程如图4-10所示。

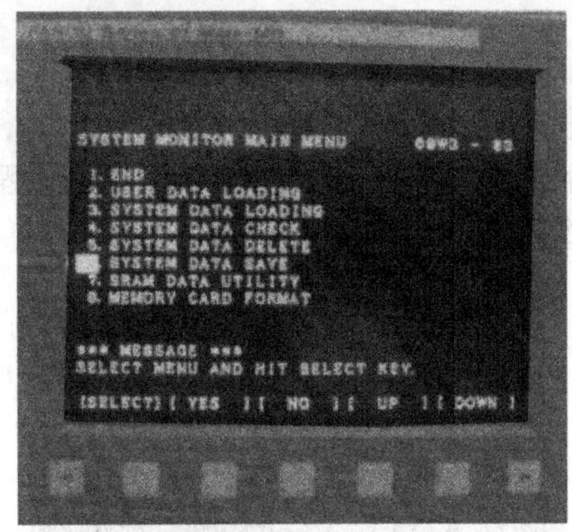

a) 系统数据备份项目的选择与确定

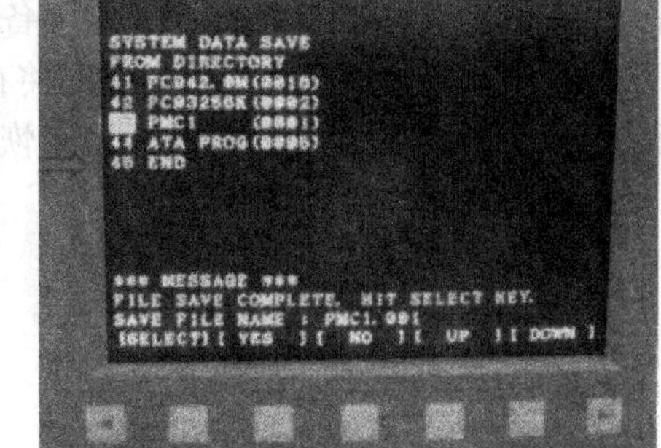

b) 系统数据中PMC1的备份

图4-10　系统数据备份过程

1）将光标移动至“6. SYSTEM DATA SAVE”选项处。
2）按下［SELECT］软键。
3）按MDI下翻页键“PAGE DOWN”数次，将光标移至“PMC1”文件处。
4）按下［SELECT］软键。
5）按下［YES］软键。
6）将光标移至“45. END”项目处。
7）退回到开机主界面。

(4) SRAM中数据备份过程　SRAM中数据备份操作过程如图4-11所示。

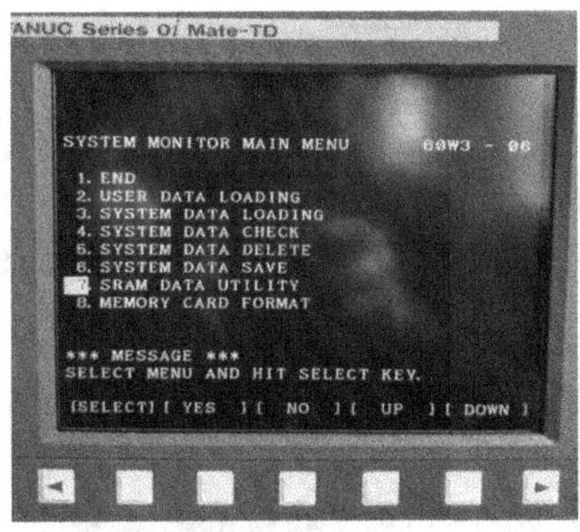

a) SRAM数据备份项目的选择与确定

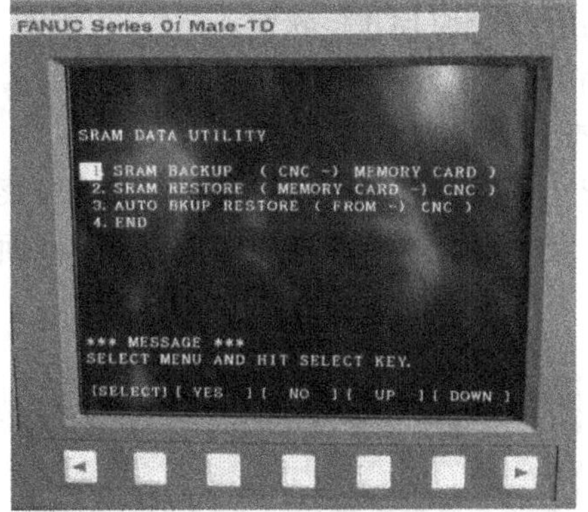

b) SRAM数据实用程序的备份

图4-11　SRAM数据备份过程

1）将光标移动至“7. SRAM DATA UTILITY”选项处。
2）按下［SELECT］软键。
3）将光标移至“1. SRAM BACKUP（CNC -> MEMORY CARD）”选项处。
4）按下［SELECT］软键。

5）按下［YES］软键。

6）按下［SELECT］软键。

7）将光标移至“4. END”处。

8）按下［YES］软键，此时退出了数据备份界面。

（5）用户数据恢复过程　数据恢复就是将存储卡中备份的数据写入 ROM 的过程。进入开机界面后系统数据（主要是 PMC 梯形图）恢复操作过程如图 4-12 所示。

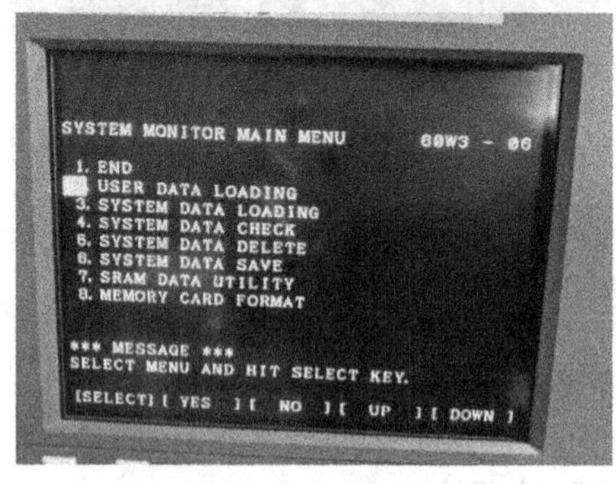

a) 用户数据恢复项目的选择与确定

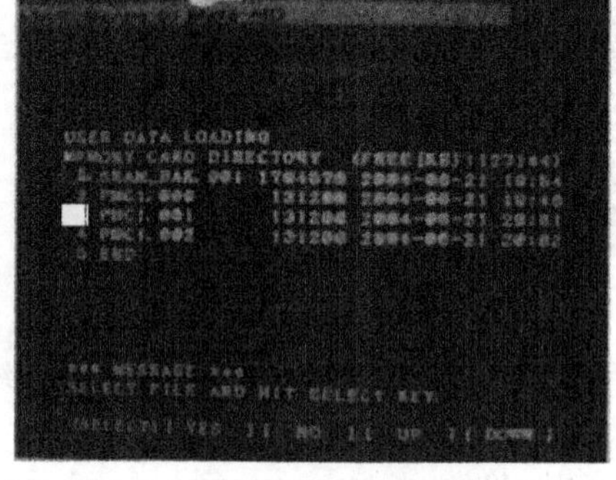

b) 选择 PMC1 文件恢复

图 4-12　系统文件恢复过程

1）将光标移至“2. USER DATA LOADING”选项处。

2）按下［SELECT］软键，进入文件选择界面。

3）将光标移至需要加载的梯形图文件，如“PMC1. 001”。

4）按下［SELECT］软键。

5）按下［YES］软键。

6）按下［SELECT］软键。

7）将光标移至“5. END”。

8）按下［SELECT］软键。

用户文件恢复结束，界面返回到上一级菜单。

（6）SRAM 数据恢复过程　进入开机界面后 SRAM 中参数的恢复操作过程如图 4-13 所示。

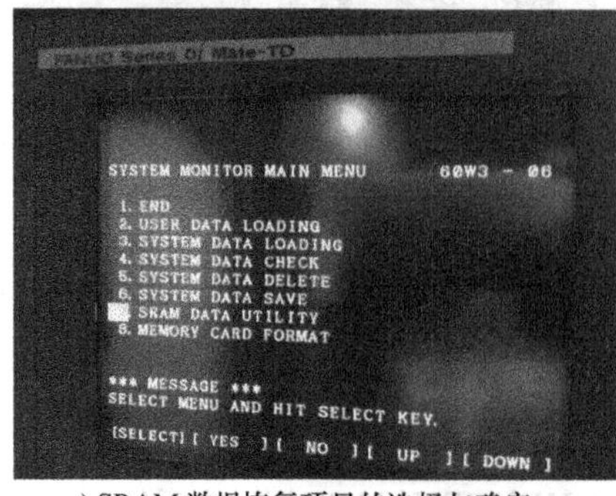

a) SRAM 数据恢复项目的选择与确定

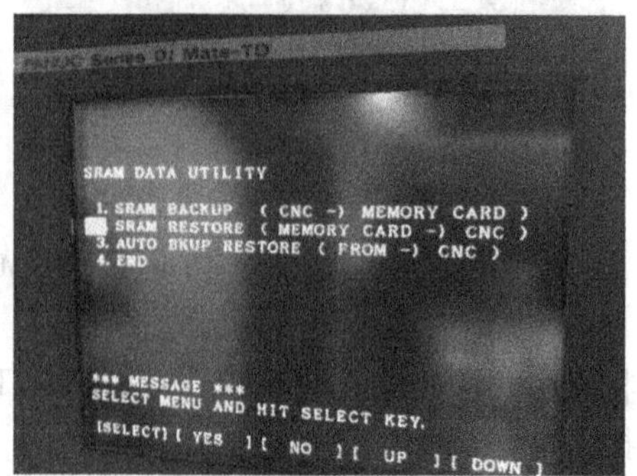

b) 选择 SRAM 数据恢复

图 4-13　SRAM 数据恢复过程

1）将光标移至“7. SRAM DATA UTILITY”选项处。

2）按下［SELECT］软键，进入操作项目选择界面。

3）将光标移至“2. SRAM RESTORE（MEMORY CARD→CNC）”。

4）按下［SELECT］软键。

5）按下［YES］软键。

6）按下［SELECT］软键。

7）将光标移至“4. END”处。

8）按下［SELECT］软键。

参数恢复结束并返回到开机主界面，再选择“END”，则数控系统开始启动运行。

三、FANUC 0i 数控系统的调试

按照设计的数控机床电柜接线图和连接手册将数控系统连接完成之后，接下来就是对系统的调试。系统的调试主要分为以下几个步骤。

1. 通电

拔掉 CNC 系统和伺服（包括主轴）单元的保险，给机床通电。如无故障，再装上保险，给机床和系统通电。此时，系统会有#401 等多种报警。这是因为系统尚未输入参数，伺服和主轴控制尚未初始化。

2. 设定系统功能参数（即所谓的保密参数）

这些参数是订货时用户选择的功能，系统出厂时已经设好，不必设定。

3. 进给伺服初始化

将各进给轴使用的电动机的控制参数调入 RAM 区，并根据丝杠螺距和电动机与丝杠间的变速比配置 CMR 和 DMR。设参数 SVS，使显示器画面显示伺服设定屏（Servo Set）。FANUC 0i 系统设参数# 311 的 1/0 位 = 1，然后在伺服设定屏上设定下列各项。

1）设定初始化位。显示器将显示 P/S000 报警，其意义是要求系统关机，重新启动。但不要马上关机，因为其他参数尚未设定，应返回设定屏继续操作。

2）指定电动机代码（ID）。根据被设定轴实际使用的电动机型号设定该项。

3）AMR 设 0。

4）设定指令倍比 CMR。CMR = 命令当量/位置检测当量，通常设为 1。

5）设定柔性变速比（N/M）。根据滚珠丝杠螺距和电动机与丝杠间的降速比设定该值。计算公式为：N/M = 电动机带轮的直径/丝杠带轮的直径。如果电动机与丝杠通过联轴器直连，N/M 值应设定为 1/1。该式约为真分数，其值即为 N/M。该式适用于经常用的伺服半闭环接法，对全闭环不适应。

6）设定电动机的转向。111 表示电动机正向转动，－111 为反向转动。

7）设定转速反馈脉冲数。固定设为 8129。

8）设定位置反馈脉冲数。固定设为 12500。

9）设定参考计数器容量。机床回零点时要根据该值寻找编码器的一转信号以确定零点。该值等于电动机转一转的进给轴的移动脉冲数。按上述方法对其他各轴进行设定，设定完成后系统关机并重新开机，伺服初始化完成。

4. 设定伺服参数

#1200～#1600 的有关参数是控制进给运动的参数，包括位置增益、G00 的速度、F 的允许值、移动时允许的最大跟随误差、停止时允许的最大误差、加/减速时间常数等。参数设定不当，会产生#4×7 报警。

5. 主轴电动机的初始化

设定初始化位置和电动机的代码。只有 FANUC 主轴电动机才进行此项操作。

6. 设定主轴控制的参数

设定各换档档次的主轴最高转速、换档方法、主轴定向或定位的参数、模拟主轴的零漂补偿参数等。

【任务实施】

一、训练内容

FANUC 0i 数控系统的连接与调试。

二、操作步骤

1. 连接

1）根据各接口的要求，先将数控与驱动单元、MMC、PLC 3 部分分别连接正确。

2）将硬件的 3 大部分互相连接。

2. 检查与调试

全部系统连线完成后需要做一些必要的检查，经检查确认无误后即可进行通电、调试工作。

子情境二　伺服驱动系统的故障诊断与维修

【学习目标】

1）了解伺服系统的作用，熟悉伺服系统的组成及功能。

2）了解伺服系统的分类方法，熟悉各种伺服系统的特点。

3）掌握主轴伺服驱动系统的故障诊断与维修技术。

4）掌握进给伺服驱动系统的故障诊断与维修技术。

【任务描述】

某工厂的 CAK6140 数控车床（沈阳机床集团生产，配置 FANUC-0i 数控系统）的伺服系统损坏，数控机床维修人员按照数控机床装调维修工的职业标准进行故障诊断并修复。

【相关知识】

一、伺服系统的组成及功能

伺服系统是以数控机床运动部件（如工作台、主轴或刀具等）的位置和速度为控制对象的自动控制系统，也称为随动系统或伺服机构。数控机床的伺服系统一般由驱动电路、执行元件、传动装置和位置反馈等环节组成，如图4-14所示。

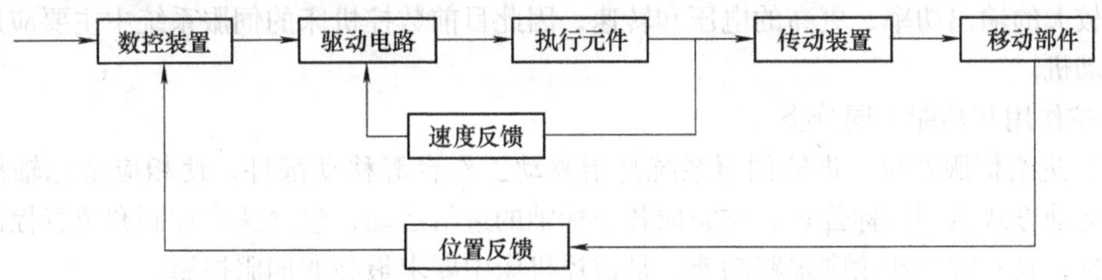

图4-14　伺服系统结构原理框图

1. 驱动电路

驱动电路的功能是接收数控装置发出的指令，并将输入信号转换成电压信号，经过功率放大后，驱动电动机旋转。电动机的转速由指令控制，若要实现恒速控制功能，驱动电路应能接收速度反馈信号，将反馈信号与数控装置的输入信号进行比较，将差值信号作为控制信号，使电动机保持恒速转动。

2. 执行元件

数控机床伺服系统中使用的执行元件主要有步进电动机、直流伺服电动机和交流伺服电动机。

3. 传动装置

执行元件（电动机）通过传动装置将动力传给主轴、工作台等机械部件。传动装置包括减速器和滚珠丝杠等。

4. 位置反馈

位置反馈环节由位置检测元件和反馈电路组成。位置检测元件有感应同步器、光栅和磁栅等。位置检测元件检测的位移信号由反馈电路转变成数控装置能识别的反馈信号送入数控装置，由数控装置进行数据比较后送出差值信号。

5. 速度反馈

速度反馈环节由速度检测装置和反馈电路组成。速度检测装置有测速发电机、脉冲编码器等。测速发电机实际是小型发电机，发电机两端的电压值和发电机的转速成正比，故可将转速的变化量转变成电压的变化量。脉冲编码器能将转速信号变成电压信号。

二、伺服系统的分类及特点

1. 按伺服电动机不同分类

（1）直流伺服系统　直流伺服系统常用的伺服电动机有小惯量直流伺服电动机和永磁直流伺服电动机（也称为大惯量宽调速直流伺服电动机）。小惯量直流伺服电动机最大限度地减少了电枢的转动惯量，快速性较好，主要应用于早期的数控机床。永磁直流伺服电动机转子惯量大，在大过载转矩下能长时间工作，低速下运转平稳，20世纪80年代前后应用较多。

直流伺服电动机的缺点是有电刷，限制了转速的提高。一般额定转速为1000～1500r/min，而且结构复杂，价格较贵。

（2）交流伺服系统　交流伺服系统使用交流异步伺服电动机（一般用于主轴驱动）和永磁同步伺服电动机（一般用于进给驱动）。交流伺服电动机没有直流伺服电动机的缺点，而且有较大的输出功率、更高的电压和转速，因此目前数控机床的伺服系统中主要应用交流伺服电动机。

2. 按作用和功能不同分类

（1）进给伺服系统　进给伺服系统是指驱动工作台等移动部件，使相应坐标轴按指令要求的运动方式达到目标位置。它完成各坐标轴的进给运动，包含速度控制和位置控制的双闭环结构，具有定位和轮廓跟踪功能，是数控机床中要求最高的伺服控制。

（2）主轴伺服系统　主轴伺服系统是一个速度控制系统，具备主轴起停、调速及正反转功能，且有螺纹加工、准停和恒线速控制等功能。

3. 按伺服系统有无检测装置以及检测装置安装位置的不同分类

（1）开环伺服系统　开环伺服系统只能采用步进电动机作为驱动元件，它没有任何位置反馈和速度反馈回路，因此设备投资少，调试维修方便，但精度较低，高速转矩小，广泛用于中、低档数控机床及普通机床的数控化改造中。

（2）半闭环伺服系统　半闭环伺服系统一般将角位移检测装置安装在电动机轴或滚珠丝杠末端，用以精确控制电动机或丝杠的转角，然后转换成工作台的位移。它可以将部分传动链的误差检测出来并得到补偿，因而它的精度比开环伺服系统高。目前在精度要求适中的中小型数控机床上，使用半闭环系统较多。

（3）闭环伺服系统　闭环伺服系统将直线位移检测装置安装在机床的工作台上，将检测装置测出的实际位移量或者实际所处的位置反馈给 CNC 装置，并与指令值进行比较，求得差值，实现位置控制。闭环伺服系统的精度比半闭环伺服系统高，主要用于精度要求高的数控机床。

4. 按反馈比较控制方式不同分类

（1）相位比较伺服系统　相位比较伺服系统是采用相位比较方法实现位置闭环（或半闭环）控制的伺服系统，是数控机床常用的一种位置控制系统。在相位比较伺服系统中，位置检测装置采用相位工作方式，指令信号与反馈信号是用相位表示的，即某个载波的相位。通过指令信号与反馈信号相位的比较，获得实际位置与指令位置的偏差，实现闭环控制。相位比较伺服系统适用于感应式检测装置，精度较高，由于载波频率高、响应快、抗干扰能力强，特别适合于连续控制的伺服系统。

（2）幅值比较伺服系统　幅值比较伺服系统是以位置检测信号的幅值大小反映机械位移的数值，并以此信号作为位置反馈信号，一般还要转换成数字信号才能与指令信号进行比较，而后获得位置偏差信号构成闭环控制系统。幅值比较伺服系统的位置检测装置多用感应同步器或旋转变压器。

（3）数字（脉冲）比较伺服系统　数字（脉冲）比较伺服系统是将数控装置发出的数字（脉冲）指令信号与检测装置的反馈信号（脉冲）直接进行比较，得到位置误差，实现闭环控制。该系统结构简单，容易实现，工作稳定，在数控机床中应用十分普遍。

（4）数字式伺服系统　所谓数字式伺服系统是指伺服系统中的控制信息用数字量来处理。在数控系统中，要处理的控制信息有位置环、速度环和电流环，根据这些信息是用软件来处理还是用硬件来处理，可分为全数字式和混合式。

混合式伺服系统是位置环用软件控制，速度环和电流环用硬件控制。全数字式伺服系统中，由位置、速度和电流构成的三环全部数字化信息都反馈到数控装置，由软件处理，它是当今国内外数控技术发展的主流。全数字式伺服系统具有较高的动、静态特性，容易引进经典和现代理论中的许多控制策略，可以预先设定数值进行反向间隙补偿，可以进行定位精度的软件补偿；热变形或机构受力变形所引起的定位误差也可以通过软件进行补偿。

三、常见伺服系统故障及其诊断

伺服系统故障可利用 CNC 控制系统自诊断的报警号、CNC 控制系统及伺服放大驱动板的各信息状态指示灯、故障报警指示灯等来初步诊断。在诊断故障时可参阅有关维修说明书上介绍的关键测试点的波形、电压值，CNC 控制系统、伺服放大板上有关参数的设定、短路销的设置及相关电位器的调整，以及利用功能兼容板或备板的替换等方法。比较常见的伺服系统故障及其诊断如下所述。

1. 伺服超差

所谓伺服超差，即机床的实际进给值与指令值之差超过限定的允许值。对于此类问题应作如下检查：

1）检查 CNC 控制系统与驱动放大模块之间，CNC 控制系统与位置检测器之间，驱动放大器与伺服电动机之间的连线是否正确、可靠。

2）检查位置检测器的信号及相关的数-模转换电路是否有问题。

3）检查驱动放大器输出电压是否有问题，若有问题，应予以修理或更换。

4）检查电动机轴与传动机械之间是否配合良好，是否有松动或间隙存在。

5）检查位置环增益是否符合要求，若不符合要求，对有关的电位器应予以调整。

2. 机床停止时，有关进给轴振动

1）检查高频脉动信号并观察其波形及振幅，若不符合要求，应调节有关电位器。

2）检查伺服放大器速度环的补偿功能，若不合适，应调节补偿用电位器。一般来说，响应快时，稳定性差、易振动；响应慢时，稳定性好。

3）检查位置检测用编码盘的轴、联轴器、齿轮系是否啮合良好，有无松动现象，若有问题应予以修复。

3. 机床运行时声音不好，有摆动现象

1）首先检查测速发电机换向器表面是否光滑、清洁，电刷与换向器之间是否接触良好。因为问题往往多出现在这里，若有问题应及时进行清理或修整。

2）检查伺服放大部分速度环的功能，若不合适应予以调整。

3）检查伺服放大器位置环的增益，若有问题应调节有关电位器。

4）检查位置检测器与联轴器之间的装配是否有松动。

5）检查由位置检测器来的反馈信号的波形及数-模转换后的波形幅度。若有问题，应进行修理或更换。

4. 飞车现象（即通常所说的失控）

1）位置传感器或速度传感器的信号反相，或者是电枢线接反了，即整个系统不是负反馈而变成正反馈了。

2）速度指令给得不正确。

3）位置传感器或速度传感器的反馈信号没有接或者是有接线断开情况。

4）CNC 控制系统或伺服控制板有故障。

5）电源板有故障而引起逻辑混乱。

5. 所有的轴均不运动

1）用户的保护性锁紧如急停按钮、制动装置等没有释放，或有关运动的相应开关位置不正确。

2）主电源熔丝断。

3）由于过载保护用断路器动作或监控用继电器的触点未接触好，呈常开状态而使伺服放大部分信号没有发出。

6. 电动机过热

1）工作台运动时其摩擦力或阻力太大。

2）热保护继电器脱扣，电流设定错误。

3）励磁电流太低或永磁式电动机失磁，为获得所需力矩也可引起电枢电流增高而使电动机发热。

4）切削条件恶劣，刀具的反作用力太大引起电动机电流增高。

5）运动夹紧、制动装置没有充分释放，使电动机过载。

6）由于齿轮传动系的损坏或传感器有问题，所引入的噪声进入伺服系统而引发周期性噪声，可使电动机过热。

7）电动机本身内部匝间短路而引起过热。

8）带风扇冷却的电动机，若风扇损坏，也可使电动机过热。

7. 机床定位精度不准

1）工作台运动时的阻力太大。

2）位置环的增益或速度环的低频增益太低。

3）机械传动部分有反向间隙。

4）位置环或速度环的零点平衡调整不合理。

5）由于接地、屏蔽不好或电缆布线不合理，而使速度指令信号渗入噪声干扰和偏移。

8. 零件加工表面粗糙

1）首先检查测速发电机换向器的表面光滑状况以及电刷的磨合状况，若有问题，应修整或更换。

2）检查高频脉冲波形的振幅、频率及滤波形状是否符合要求，若不合适应予调整。

3）检查切削条件是否合理，刀尖是否损坏，若有问题需改变加工状态或更换刀具。

4）检查机械传动部分的反向间隙，若不合适应调整或进行软件上的反向间隙补偿。

5）检查位置检测信号的振幅是否合适并进行必要的调整。

6）检查机床的振动状况，如机床水平状态是否符合要求，机床的地基是否有振动，主轴旋转时机床是否振动等。

四、主轴伺服系统故障及其诊断

主轴伺服系统分直流和交流两种。20 世纪 80 年代后期的数控机床，大多采用交流主轴伺服系统，而在此之前都用直流主轴伺服系统。现以 FANUC 公司生产的主轴伺服系统为例，介绍其故障及诊断。

1. FANUC 公司直流主轴伺服系统故障及其诊断

（1）主轴不转　引起这一故障的原因有：①印制电路板太脏；②触发脉冲电路故障，不产生脉冲；③主轴电动机动力线断或主轴控制单元连接不良；④高/低档齿轮切换离合器切换不正常；⑤机床负载太大；⑥机床未给出主轴旋转信号。

（2）电动机转速异常或转速不稳定　造成此故障的原因有：①数-模转换器故障；②测速发电机故障；③速度指令错误；④电动机不良（包括励磁损失）；⑤过负荷；⑥印制电路板不良。

（3）主轴电动机振动或噪声太大　这类故障的起因有：①电源缺相或电源电压不正常；②控制单元上的电源频率开关（50/60Hz 切换）设定错误；③伺服单元上的增益电路和颤抖电路调整不好；④电流反馈电路调整不好；⑤三相输入的相序不对；⑥电动机轴承故障；⑦主轴齿轮啮合不好或主轴负荷太大。

（4）发生过电流报警　发生过电流的原因有：①电流极限设定错误；②同步脉冲紊乱；③主轴电动机电枢线圈内部短路；④+15V 电源异常。

（5）速度偏差过大　其原因有：①负荷太大；②电流零信号没有输出；③主轴被制动。

（6）熔丝烧断。其原因有：①印制电路板不良（LED1 灯亮）；②电动机不良；③发电机不良（LED1 灯亮）；④输入电源反相（LED3 灯亮）；⑤输入电源缺相。

（7）热继电器跳闸　这时 LED4 灯亮，表示过负荷。

（8）电动机过热　这时 LED4 灯亮，表示过载。

（9）过电压吸收器烧坏　这是因为外加电压过高或有干扰。

（10）运转停止　这时 LED5 灯亮，表示电源电压过低，控制电源混乱。

（11）速度达不到高转速　其原因是：①励磁电流太大；②励磁控制回路不动作；③晶闸管整流部分太脏造成绝缘能力降低。

（12）主轴在加/减速时工作不正常　造成此故障的原因有下述几种：①减速极限电路调整不当；②电流反馈回路不良；③加/减速回路时间常数设定和负载惯量不匹配；④传动带连接不良。

（13）电动机电刷磨损严重或电刷上有火花痕迹或电刷滑动面上有深沟　造成此故障的原因有：①过负荷；②换向器表面太脏或有伤痕；③电刷上粘有多量的切削液；④驱动电路设定不正确。

2. FANUC 公司交流主轴伺服系统故障及其诊断

在伺服单元的中间偏左处有 4 个发光二极管，它们从右至左排列分别代表十六进制的 1、2、4、8。表 4-1 列出了相应的故障及其分类。

表 4-1　交流主轴伺服系统的故障分类

故障编号	故障指示灯				故障内容
	8	4	2	1	
1				○	电动机过热
2			○		电动机速度偏离指令值

（续）

故障编号	故障指示灯				故障内容
	8	4	2	1	
3			○	○	直流电路上 F7 熔丝烧毁
4		○			交流输入电路的 F1、F2 或 F3 熔丝熔断
5		○		○	印制电路板上的 AF2 或 AF3 熔丝熔断
6		○	○		电动机速度超过最大额定速度（模拟系统检测）
7		○	○	○	电动机速度超过最大额定速度（数字系统检测）
8	○				+24V 电源电压超过额定值
9	○			○	大功率晶体管模块的散热板过热
10	○		○		+15V 电源电压太低
11	○		○	○	直流电路电压太高
12	○	○			直流电路电流过大
13	○	○		○	CPU 损坏
14	○	○	○		ROM 异常
15	○	○	○	○	选择板故障

故障诊断与处理如下：

报警1：表示电动机过热。可能的原因是电动机超载或电动机的冷却系统太脏或风扇电动机断线等。

报警2：表示电动机速度偏离指令值。可能的原因是：①电动机过载；②转矩极限设定小；③大功率晶体管损坏；④再生放电回路中熔丝熔断，这时需降低加/减速频率；⑤速度反馈信号不对，此时用示波器检查 CH7 和 CH8 的波形并调整 RV18 和 RV19，使波形的占空比为 1∶1；⑥连接断线或接触不良。

报警3：如果此时还发生直流电路上的熔丝 F7 熔断，其原因是：大功率晶体管模块坏了。此时可用机械式万用表检查，如果晶体管模块 C-E 极间、C—B 极间、B-E 极间不是几百欧姆而是无穷大或短路，则说明该模块已损坏。

报警4：表示交流输入电路的熔丝 F1、F2、F3 熔断。可能的原因是：①交流电源侧的阻抗太高，如自耦变压器串联在系统中；②晶体管模块损坏；③二极管模块或晶闸管模块损坏；④交流电源输入端的浪涌吸收器或电容损坏；⑤印制电路板损坏。

报警5：表示印制电路板上熔丝 AF2 或 AF3 熔断，其原因是：交流电源异常或是印制电路板有故障。

报警6：表示模拟系统检测到电动机的转速超过最高的额定转速。可能的原因是：①印制电路板设定不对（特别是 S5 的设定）或未调整好；②ROM 编号不对；③印制电路板不良。

报警7：表示电动机的转速超过最高的额定转速（数字系统检测），其原因同报警6。

报警8：+24V 电压过高。可能的原因是：①交流电压过高，已超过额定值的 +10% 以上；②电源电压切换开关设定错误，应设定为220V。

报警9：大功率晶体管模板的散热板过热，其原因是：负载过大或冷却风扇坏或是灰尘太多。

报警10：+15V太低，其原因是：交流输入电压过低。

报警11：直流电路电压太高。可能的原因是：①熔丝F5、F6熔断，此时应按报警3的方法处理；②交流电源阻抗过高；③印制电路板故障。

报警12：表示直流电路电流过大，其原因是：①电动机绕组短路或接线端子处短路；②晶体管模块损坏；③印制电路板损坏。

报警13：表示印制电路板上的CPU损坏。

报警14：表示印制电路板上的ROM异常，其原因是：ROM编号不对或ROM芯片损坏。

报警15：选择板报警。可能的原因是：①选择板连接故障；②主轴切换电路的功能选择板不良。

五、进给伺服系统故障及其诊断

进给伺服系统的故障，约占数控系统故障的1/3。进给伺服系统也有直流与交流两种，其故障现象均可分为3种类型：①可在CRT上显示的故障信息、代码；②伺服单元板上发光二极管显示的故障；③没有任何报警指示的故障。前一种类型的故障可借助系统维修手册诊断排除，在此不详述。现仍以FANUC公司生产的伺服系统为例分别介绍直流与交流伺服系统后两种类型的故障分析及排除方法。

1. FANUC公司直流进给伺服系统故障及其诊断

（1）CRT和速度控制单元上无报警的故障

1）机床失控（飞车）。可能的原因是：①位置检测器的信号不正常，这很可能是由于连接不良引起的；②电动机和检测器连接故障，往往可用诊断号DGN800~804判断；③速度控制单元不良。

2）机床振动。可能的原因是：①参数设定错误，用于位置控制的参数如DMR、CMR的设定错误；②速度控制单元上的设定棒设定错误；③如上述两项均无问题，则应检查机床的振动周期。如振动周期与进给速度无关，则可将速度控制单元上的检测端子CH5和CH6短路；如振动减小，则可将速度控制单元上的端子S9、S11短路再行观察；如振动继续减小，则是速度控制单元上的设定不合适所致。如在CH5和CH6短路情况下振动不减小，则可减小RV1值（逆时针方向转动）观察振动是否减小。如减小且振动周期在几十赫兹，则是由机床固有振动引起的；如未减小，则是速度控制单元的印制电路板不良。

3）每个脉冲的定位精度太差。除机床本身的问题外，还可能是伺服系统增益太低造成的，这时可将RVI往右调两个刻度来解决。

（2）速度控制单元上的硬件报警　在速度控制单元的印制电路板的右下方有7个报警指示：BRK、HVAL、HCAL、OVC、LVAL、TGLS以及DCAL；在它们的下方还有2个状态指示灯：PRDY（位置已准备好信号）和VRDY（速度已准备好信号）。在正常情况下，一旦电源接通，首先应该是PRDY灯亮，过一会儿VRDY灯才亮，如果不是这个顺序亮灯，则说明伺服单元存在问题。例如BRK报警，它表示空气断路器跳闸动作，这个报警只发生在直流伺服单元中，其故障排除顺序流程图如图 4-15 所示。

2. FANUC 公司交流进给伺服系统故障及其诊断

伺服单元印制电路板上有 6 个指示灯，除 DRDY 指示灯外，从上到下有 HV、HC、LV、DC、OH 5 个指示灯。

（1）DC 报警　原因有：①印制板上控制再生放大的晶体管 Q1 不好；②印制电路板设定错误，如采用侧置式再生放大单元，S2 却设定为 L；③加/减速频率太高，应不超过 1～2 次/s。

（2）LV 报警　原因有：①输入交流电压过低，应检查伺服变压器抽头是否正确；②变压器和印制电路板的连接不好，应检查交流输入和直流电压是否正常；③＋5V 熔丝熔断；④印制电路板不良，特别是电源一接通即发生报警，多为晶体管 Q1 损坏。

（3）HC 报警　原因有：①电动机动力线接错；②数控系统侧的伺服板异常；③电动机线圈内部短路；④晶体管模板损坏。

（4）HV 报警　原因有：①交流输入电压过高，超过允许范围；②负载惯量过大，此时需增加加减速时间常数；③侧置式再生放电单元连接不对；④伺服电动机故障，应检查电动机线圈与机壳间绝缘是否不良。

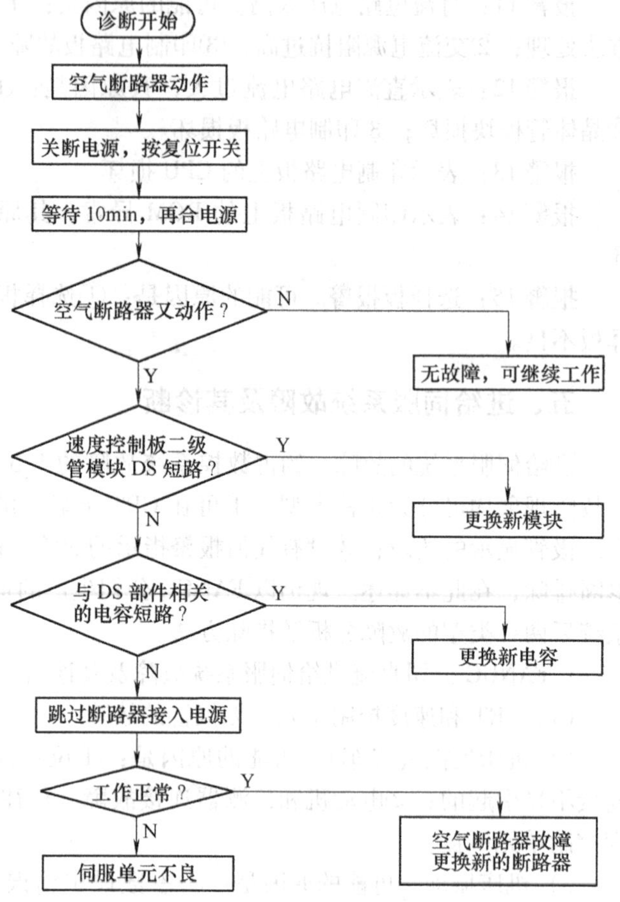

图 4-15　BRK 报警故障排除流程图

（5）OH 报警　原因有：①印制电路板上 S1 设定不正确；②伺服单元过热，散热片上热动开关动作，需改变切削条件或负载；③侧置式再生放电单元过热，需改变加减速频率，减轻负荷，也有可能 Q1 不良；④电源变压器过热，需改变切削条件，减轻负荷或换变压器；⑤电柜散热器的热动开关动作，如果在室温下出现，则说明需更换热动开关。

【任务实施】

一、训练内容

1）主轴伺服驱动系统的故障诊断与维修。

2）进给伺服驱动系统的故障诊断与维修。

二、操作步骤

(1) 故障现象1　一台配置 FANUC 0i 系统的数控铣床，主轴在低速（低于 80r/min）时 S 指令无效，主轴固定以 80r/min 转速运转。

故障分析：由于主轴在低速时固定以 80r/min 转速运转，可能的原因是主轴驱动器以 80r/min 的转速模拟量输入，或是主轴驱动器控制电路存在不良状况。为了判定故障原因，检查 CNC 内部 S 代码信号状态，发现它与 S 指令值一一对应；但测量主轴驱动器的数-模转换输出（测两端 CH2），发现在 S 为 0 时，数-模转换器虽然无数字输入信号，但其输出仍然为 0.5V 左右的电压。由于本机床的最高转速为 8000r/min，对照机床说明书，当数-模转换器输出电压为 0.5V 左右时，转速应为 80r/min 左右，因此可以判定故障原因是数-模转换器（型号：DAC80）损坏引起的。

故障处理：更换同型号的集成电路后，机床恢复正常。

(2) 故障现象2　在 VMC650 数控铣床的加工过程中，发现在加工时表面出现周期性振纹。

故障分析：数控铣床加工时，表面出现振纹的原因很多。在机械方面，如刀具、丝杠、主轴等部件的安装不良，机床的精度不足等都可能产生以上问题。但该机床周期性出现上述问题，且有一定规律，根据通常的情况，应与主轴的位置监测系统有关，但仔细检查机床主轴各部分，却未发现任何不良状况。仔细观察振纹与 X 轴的丝杠螺距相对应情况，维修时再次针对 X 轴进行检查。检查该机床的机械传动装置，其结构是伺服与滚珠丝杠间通过同步带进行连接，位置反馈编码器采用的是分离型布置。检查发现 X 轴的分离式编码器安装位置与丝杠不同心，存在偏心，即编码器中心线与丝杠中心线不在同一直线上，从而造成了 X 轴移动过程中的编码器的旋转不均匀，反映到加工中，就出现周期性振纹。

故障处理：重新安装、调整编码器后，机床恢复正常。

(3) 故障现象3　FANUC 0-TB 数控系统随机性报警停车，CRT 上显示信息为 401 SEVO ALARM（VRDY OFF），414 SEVO ALARM X 轴 DETECT ERR，424 SEVO ALARM Z 轴 DETECT ERR，434 SEVO ALARM 3 轴 DETECT ERR，伺服板上 HC 二极管发亮显示报警。

故障分析与检查：根据报警内容，判断 401 号报警的原因可能是数字伺服控制单元上的电磁接触器 MCC 未接通，数字伺服控制单元没有加上 100V 电源，数字伺服控制板或主控制板接触不良。414 号、424 号、434 号报警是 X 轴、Z 轴和第 3 轴数字伺服系统有故障，很可能是这 3 个轴的输入电源电压太低，伺服电动机不能正常运转。HC 报警的主要原因是伺服板上有电流穿过伺服放大器。根据以上分析，检测 MCC 的线圈、连接导线、浪涌吸收器等元件均无异常。进一步检测观察，发现热保护动作。

故障处理：调整 MCC 热保护开关，使其完全复位。

(4) 故障现象4　一台数控加工中心，配置 FANUC 0-TT 数控系统，在加工过程中出现过载报警。

故障分析与检查：当伺服电动机的过热开关和伺服放大器的过热开关动作时发出过载报警。当发生报警时，要首先确认是伺服放大器过热还是电动机过热，这可以观察过热开关的动作情况确认。因为该报警信号是常闭信号，当电缆断线和插头接触不良也会发生报警，故可先检查过热信号的连接情况，确认电缆、插头是否连接好。如果确认是过热报警，可检查是否由于机械负载过大、加减速的频率过高、切削条件不当引起的过载；检查各过热开关是否正常，各信号的接口是否正常。

故障处理：经检查，该机床 X 轴伺服电动机过热开关损坏。更换同型号的开关，故障排除。

(5) 故障现象 5　一台数控车床，配置 FANUC 0-TE-A2 数控系统，X 轴进给为交流伺服。在加工过程中出现 X 轴伺服板 PRDY（位置准备）绿灯不亮，OV（过载）、TG（电动机暴走）两报警红灯亮，CRT 显示 401 号报警。通过自诊断 DGNOS 功能检查诊断数据 DGN23.7 为“1”状态，无“VRDY”（速度准备）信号；DGN56.0 为“0”状态，无“PRDY”信号。X 轴伺服不动。断电后，NC 重新送电，DGN23.7 为“0”，DGN56.0 为“1”，恢复正常，CRT 上无报警。按 X 轴正、负方向点动，能运行，但运行约 2 ~ 3s，CRT 又出现 401 号报警。

故障分析与检查：因每次送电时，CRT 不报警，说明 NC 系统主板不会有问题，怀疑故障在伺服系统。采用交换法，先更换伺服电路板，即 X 轴与 Z 轴伺服板交换（注意短路棒 s 的位置）。交换后，X 轴可动，但不久出现 400 号报警；而 Z 轴不报警，说明故障在 X 轴上。继续更换驱动部分（MCC）后，X 轴正、负方向运动正常并能加工零件，但加工第 2 个零件时，又出现 400 号报警。查 X 轴机械负载，卸传动带，查丝杠润滑，用手可盘动刀架上下运动，确认机械负载正常。查伺服电动机，绝缘正常。电动机电缆、插接头绝缘正常。用钳形电流表测量 X 轴伺服电动机电流，电流值在 6 ~ 11A 范围内变动。查说明书，X 轴伺服电动机额定电流为 6.8A，而现空载电流已大于 6A，但机械负载正常，只能怀疑是制动抱闸未松开，电动机带抱闸转动。用万用表检查，果然制动电源 90V 没有，查熔丝管又未熔断，再查，发现保险座锁紧螺母松动，板后熔丝管座的引线脱落，造成无制动电源。

故障处理：将上述部位修复后，故障排除。

子情境三　数控机床主要机械部件的故障诊断与维修

【学习目标】

1）了解机械故障及其分类。

2）掌握数控机床机械部分故障的一般处理方法。

3）掌握主传动系统与主轴部件常见故障的诊断与维修方法。

4）掌握进给传动机构常见故障的诊断与维修方法。

5）能编写简明的故障检修计划，思路正确。

6）能正确使用工具仪表，快速找出全部故障点并排除。

【任务描述】

识读数控机床的装配图；遵守机修工和机修技术人员的员工标准；按照修理工艺以及相关技术要求对数控机床的主要机械部件进行故障诊断与维修，通过修理恢复其几何精度和接触精度。

【相关知识】

一、数控机床机械故障诊断概述

1. 机械故障及其分类

所谓机械故障，就是指机械系统（零件、组件、部件或整台设备乃至一系列的设备组合）因偏离其设计状态而丧失部分或全部功能的现象。

机械故障可以从不同的角度来分类：按原因、按性质、按影响程度、按造成的后果、按发生的快慢、按发生的频次、按发生与发展的规律等。

2. 机械故障诊断及其划分

所谓机械故障诊断，就是对机械系统进行监测和诊断，以及时发现机器的故障和预防设备的恶性事故发生，从而避免人员的伤亡、环境的污染和巨大的经济损失，还可以找出生产系统中的事故隐患，从而对机械设备和工艺进行改造，以消除事故隐患。另外，改革设备的维修制度，将传统的定期维修改变为预知维修，可以大大提高机械系统运行的安全性、可靠性和利用率。

3. 常见数控机床机械故障

凡与常规机床机械部分相同的故障可用常规机床机械故障处理规定对待。但由于数控机床多采用电气控制，使机械结构简化，所以机械故障率有明显的降低。

（1）进给传动链故障　由于数控机床的传动链大多采用滚动摩擦副，所以这方面的故障大多表现为运动品质下降，如反向间隙增大、定位精度达不到要求、机械爬行、轴承噪声变大（尤其有机械硬碰撞之后易产生）等。这部分的故障常与运动副的预紧力、松动环和补偿环节的调整密切关联。

（2）主轴部件故障　这部分故障多与刀柄的自动拉紧装置、自动变速装置及主轴运动精度下降等有关。因为数控机床采取电气自动调速后，已取消了机械变速装置，有时虽有变速箱但也十分简单，结构上简化使故障大为减少。

（3）刀具自动交换装置（ATC）故障　据统计，刀具自动交换装置（ATC）故障占数控机床机械故障的一半以上。主要故障现象有：

1）刀库运动故障。

2）定位误差超差。

3）机械手夹持刀柄不稳定。

4）机械手动作不准。

所有这些故障现象，都会导致换刀动作紧急停止，整机因不能实现刀具自动交换而停机。

（4）位置检测用行程开关压合故障　数控机床配备了许多限位行程开关，使用一段时间后，运动部件运动特性的变化，以及压合行程开关的机械与行程开关本身的品质、特性的下降都会影响整机的运动。这就需要很好地检查、更换或调整。

（5）配套附件可靠性下降产生的故障　数控机床的配套附件包括：

1）冷却装置。

2）排屑装置。

3）防护装置（其中有切削液防护罩、导轨防护罩等）。

4）主轴冷却恒温箱以及液压油箱。

5）气动泵及恒压气柜等。

这些部件的损坏或动作不灵都会产生故障，使机床运动停止。因此，对这些部位的检查不应忽略。如有的加工中心换刀动力依靠压缩空气，若气泵供压不够，或储气柜漏气使气压下降，会使机床换刀动作暂停，使机床的运动约束条件不满足从而产生报警而停机。只要排除了这些因素，使机床约束条件得到满足，就会取消报警，转入正常工作。

二、主传动系统与主轴部件故障的诊断与维修

数控机床的主传动是承受主切削力的传动运动，它的功率大小与回转速度直接影响着机床的加工效率，而主轴部件是保证机床加工精度和自动化程度的主要部件，它们对数控机床性能有着决定性的影响。

1. 主传动系统

主传动系统常采用的配置形式有：

1）齿轮变速的形式。

2）带传动的形式。

3）调速电动机直接驱动的形式。

2. 主轴部件

（1）对主轴部件的性能要求　高回转精度、足够的功率输出、高刚度、高抗振性、低温升以及自动变速、准停和自动换刀等。

（2）主轴部件的结构　成组高精度轴承（滚动/静压/磁力/陶瓷）及其配置、轴承间隙调整装置、润滑密封结构（图 4-16）以及工件的自动装夹装置。

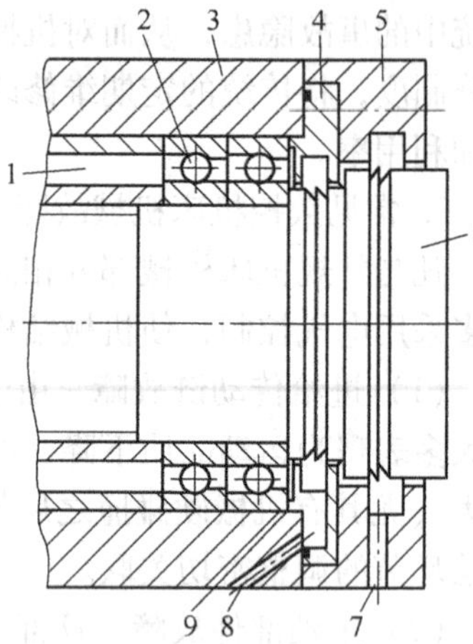

图 4-16　主轴前支承的密封结构
1—进油口　2—轴承　3—套筒
4、5—法兰盘　6—主轴
7—泄漏孔　8—回油斜孔
9—泄孔

（3）主轴的维护特点

1）主轴润滑。减少摩擦、带走热量（磨损和热变形）。

循环润滑方式：液压泵供油强力润滑和油脂润滑。油气润滑方式：定时定量把油雾送进轴承空隙中。喷注润滑方式：较大流量的恒温油喷注到主轴轴承（大容量恒温油箱）。

2）防泄露。

主轴部件常见故障及其诊断方法见表 4-2。

表 4-2　主轴部件常见故障及其诊断方法

序号	故障现象	故障原因	排除方法
1	加工精度达不到要求	机床在运输过程中受到冲击	检查对机床精度有影响的各部位，特别是导轨副，并按出厂精度要求重新调整或修复
		安装不牢固、安装精度低或有变化	重新安装调平、紧固

（续）

序号	故障现象	故障原因	排除方法
2	切削振动大	主轴箱和床身联接螺钉松动	恢复精度后紧固联接螺钉
		轴承预紧力不够、游隙过大	重新调整轴承游隙。但预紧力不宜过大，以免损坏轴承
		轴承预紧螺母松动，使主轴窜动	紧固螺母，确保主轴精度合格
		轴承拉毛或损坏	更换轴承
		主轴与箱体超差	修理主轴或箱体，使其配合精度、位置精度达到要求
		其他因素	检查刀具或切削工艺问题
		如果是车床，则可能是转塔刀架运动部位松动或压力不够而未卡紧	调整修理
3	主轴箱噪声大	主轴部件动平衡不好	重做动平衡
		齿轮啮合间隙不均匀或严重损伤	调整间隙或更换齿轮
		轴承损坏或传动轴弯曲	修复或更换轴承，校直传动轴
		传动带长度不一或过松	调整或更换传动带，不能新旧混用
		齿轮精度差	更换齿轮
		润滑不良	调整润滑油量，保持主轴箱的清洁度
4	齿轮和轴承损坏	变速压力过大，齿轮受冲击产生破损	按液压原理图，调整到适当的压力和流量
		变速机构损坏或固定销脱落	修复或更换零件
		轴承预紧力过大或无润滑	重新调整预紧力，并使之润滑充足
5	主轴无变速	电器变档信号无输出	电气人员检查处理
		压力不够	检测并调整工作压力
		变速液压缸研损或卡死	修去毛刺和研伤，清洗后重装
		变速电磁阀卡死	检修并清洗电磁阀
		变速液压缸拨叉脱落	修复或更换
		变速液压缸窜油或内泄	更换密封圈
		变速复合开关失灵	更换开关
6	主轴不转动	主轴转动指令未输出	电气人员检查处理
		保护开关没有压合或失灵	检修压合保护开关或更换
		卡盘未夹紧工件	调整或修理卡盘
		变速复合开关损坏	更换复合开关
		变速电磁阀体内泄漏	更换电磁阀

（续）

序号	故障现象	故障原因	排除方法
7	主轴发热	主轴轴承预紧力过大	调整预紧力
		轴承研伤或损坏	更换轴承
		润滑油脏或有杂质	清洗主轴箱，更换新油
8	液压变速时齿轮推不到位	主轴箱内拨叉磨损	选用球墨铸铁作拨叉材料
			在每个垂直滑移齿轮下方安装塔簧作为辅助平衡装置，减轻对拨叉的压力
			活塞的行程与滑移齿轮的定位相协调
			若拨叉磨损，予以更换

三、进给传动机构故障的诊断及维修

1. 齿轮副故障的诊断与维修

对于开环控制系统，数控系统对整个机械传动部分无任何误差检测及补偿，或根据测试数据只有静态的补偿，机械传动精度直接影响着加工精度。

由于齿轮副存在齿侧间隙，当工作台反向运动时，会使工作台的反向动作落后于数控指令，引起加工误差。数控机床齿轮传动要解决的主要问题是消除齿侧间隙（简称消隙）。

（1）直齿圆柱齿轮副消隙（偏心套调整法） 齿轮的齿侧轮廓线为圆的渐开线，调整偏心套的工作位置实际上就是改变齿轮副的中心距，准确说就是缩短齿轮副的中心距。齿轮副设计时理论上应保证齿侧无间隙，实际上为了润滑齿轮及避免轮齿因摩擦发热膨胀而卡死，齿侧留有很小的间隙，此间隙用齿厚公差来保证，使齿轮副在圆的渐开线的不同部位啮合，达到消隙的目的。

（2）锥度齿轮调整法 一对相互啮合的直齿圆柱齿轮，若将它们的分度圆直径沿轴向制成一个较小的锥度，调整轴向垫片的厚度，就可以使齿轮沿轴向移动。当分度圆直径变化而齿数不变时，齿轮厚度是会发生变化的，不同齿厚的齿轮啮合时，齿侧间隙是会变化的，据此通过调整可以消隙。

（3）双齿轮错齿调整法 双齿轮错齿是通过弹簧的张力实现的，而且这是一种柔性调整法。随着加工的进行，轮齿间侧隙的改变，可以通过改变弹簧的弹力来调节。

2. 滚珠丝杠副故障的诊断与维修

（1）轴向间隙的调整 调整滚珠丝杠的轴向间隙是为了保证反向传动精度和轴向刚度。滚珠丝杠调整方式有垫片调整式、螺纹调整式和齿差调整式，如图 4-17～图 4-19 所示。

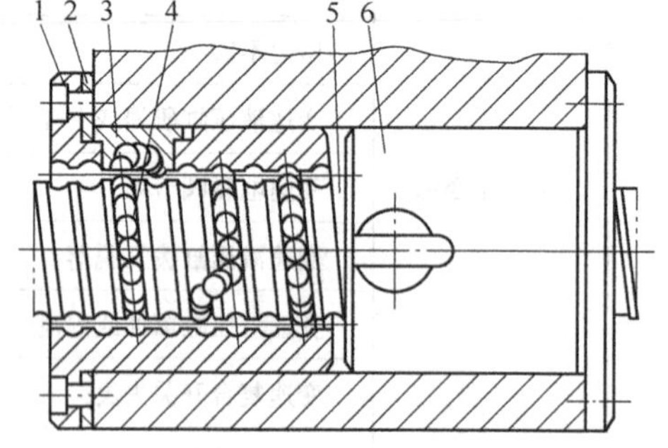

图 4-17 垫片调整式滚珠丝杠副
1、6—螺母 2—调整垫片 3—返向器 4—钢球 5—螺杆

（2）支承轴承的定期检查 定期检查丝杠支承与床身的连接是否有松动以及轴承是否损坏。

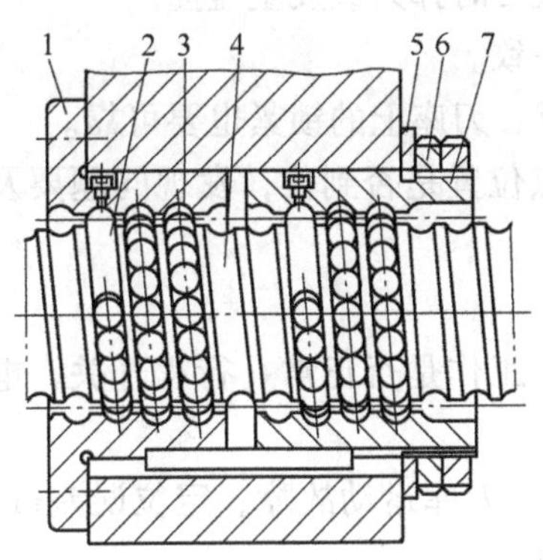

图4-18　螺纹调整式滚珠丝杠副

1、7—螺母　2—返向器　3—钢球　4—螺杆　5—垫圈　6—圆螺母

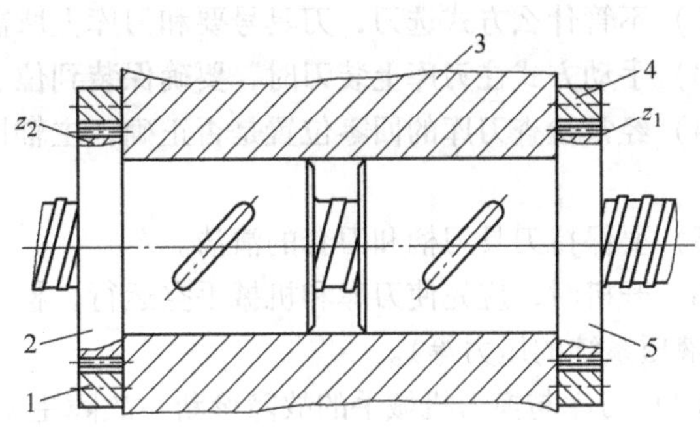

图4-19　齿差调整式滚珠丝杠副

1、4—内齿圈　2、5—螺母　3—螺母座

（3）滚珠丝杠副的润滑　润滑剂（油/脂）可提高耐磨性和传动效率（工作前半年）。

（4）滚珠丝杠的防护　防止硬质灰尘或切屑污物的进入，可采用防护罩或防护套管等。

（5）常见故障　滚珠丝杠副故障大部分是运动质量下降、反向间隙过大、机械爬行、轴承噪声大等，见表4-3。

表4-3　滚珠丝杠副常见故障及其原因

序号	故障现象	故障原因
1	噪声大	丝杠支承轴承损坏或压盖压合不好、联轴器松动、润滑不良或丝杠副滚珠有破损
2	丝杠运动不灵活	轴向预紧力太大、丝杠或螺母不灵活、轴线与导轨不平行、丝杠弯曲

3. 导轨副故障的诊断与维修

（1）导轨副的维护

1）间隙调整。保证导轨面之间合理的间隙，避免摩擦力大、磨损大、运动失去准确性和平稳性、失去导向精度。

2）滚动导轨的预紧。提高刚度、消除间隙。

3）导轨的润滑。降低摩擦因数、减少磨损、防止导轨面锈蚀。

润滑方式：人工加油、油杯供油、压力油润滑。

润滑油：黏度变化小、润滑性好、油膜刚度大。

4）导轨的防护

防止切屑、磨粒或切削液散落在导轨上而引起磨损、擦伤和锈蚀，导轨面上应有可靠的防护装置。常用的防护装置有刮板式防护罩、卷帘式防护罩和叠层式防护罩。导轨需要经常进行清理和保养。

（2）导轨故障诊断　数控机床导轨的主要失效形式是导轨由于保护不当造成异物进入造成的研伤，或由于润滑不当造成的早期失效。导轨的主要故障是直线运动精度下降，或导轨运动产生爬行等。

4. 刀库及自动换刀装置故障的诊断与维修

（1）刀库与换刀机械手的维护要点

1）严禁把超重、超长的刀具装入刀库，防止机械手换刀时掉刀或发生碰撞。

2）不管什么方式选刀，刀具号要和刀库上所需刀具一致。

3）手动方式往刀库上装刀时，要确保装到位、装牢靠；刀座上的锁紧也要可靠。

4）经常检查刀库的回零位置是否正确，主轴回换刀点位置是否到位，发现问题要及时调整。

5）要保持刀具刀柄和刀套的清洁。

6）开机时，应先使刀库和机械手空运行，检查各部分工作是否正常（行程开关、电磁阀、液压系统的压力等）。

（2）刀库与换刀机械手的故障诊断　故障主要表现在：刀库运动故障、定位误差过大、机械手夹持刀柄不稳定和机械手运动误差过大等，见表4-4。

表4-4　刀库与换刀机械手常见故障分析

序　号	故障现象	故障原因
1	刀库刀套不能卡紧刀具	刀套上的调整螺母位置不对
2	刀库不能旋转	电动机轴和蜗杆间联轴器松动
3	刀具从机械手中脱落	刀具超重、机械手卡紧销损坏或没有弹出来
4	刀具交换时掉刀	换刀时主轴没有回到换刀点
5	换刀速度过快或过慢	气压太高或太低，或节流阀开口太大或太小

【任务实施】

一、训练内容

滚珠丝杠副和导轨副常见故障的诊断与维修。

二、操作步骤

（1）故障现象1　XK7132型数控铣床加工过程中X轴出现跟踪误差过大报警。

故障分析：该机床采用闭环控制系统，伺服电动机与丝杠采用直连的连接方式。在检查系统控制参数无误后，拆开电动机防护罩，在电动机伺服带电的情况下，用手旋动丝杠，发现丝杠与电动机有相对位移，可以判断是由于电动机与丝杠连接的胀紧套松动所致。

故障处理：紧定紧固螺钉后，故障消除。

（2）故障现象2　CK6136型数控车床在Z向移动时有明显的机械抖动。

故障分析：该机床在Z向移动时，明显感受到机械抖动，在检查系统参数无误后，将Z轴电动机卸下，单独转动电动机，电动机运行平稳。用扳手转动丝杠，振动手感明显。拆下Z轴丝杠防护罩，发现丝杠上有很多小铁屑及脏物，初步判断为丝杠故障引起的机械抖动。拆下滚珠丝杠副，打开丝杠螺母，发现螺母反向器内也有很多小铁屑及脏物，造成钢球流动不畅，有阻滞现象。

故障处理：用汽油认真清洗，清除杂物，重新安装，调整好间隙，故障排除。

（3）故障现象3　CK6140型数控车床加工圆弧过程中X轴出现加工误差过大。

故障分析：在自动加工过程中，从直线到圆弧时接刀处出现明显的加工痕迹。用千分表分别对车床的Z、X轴的反向间隙进行检测，发现Z轴为0.008mm，而X轴有0.08mm。可以确定该现象是由X轴间隙过大引起的。分别对电动机连接的同步带、带轮等检查无误后，将X轴分别移动至正、负极限处，将千分表压在X轴侧面，用手推拉X轴中拖板，发现有0.06mm的移动值。可以判断是X轴导轨镶条引起的间隙。

故障处理：松开镶条止退螺钉，调整镶条调整螺母，移动X轴，X轴移动灵活，间隙测试值还有0.01mm，锁紧止退螺钉，在系统参数里将“反向间隙补偿”值设为10，重新启动系统运行程序，上述故障现象消失。

（4）故障现象4　CJK6136型数控车床运动过程中Z轴出现跟踪误差过大报警。

故障分析：该机床采用半闭环控制系统，在Z轴移动时产生跟踪误差报警。在参数检查无误后，对电动机与丝杠的连接等部位进行检查，结果正常。将系统的显示方式设为负载电流显示，在空载时发现电流为额定电流的40%左右，在快速移动时就出现跟踪误差过大报警。用手触摸Z轴电动机，明显感受到电动机发热。检查Z轴导轨上的压板，发现压板与导轨间隙不到0.01mm，可以判断是由于压板压得太紧而导致摩擦力太大，使得Z轴移动受阻，导致电动机电流过大而发热，快速移动时产生丢步而造成跟踪误差过大报警。

故障处理：松开压板，使得压板与导轨间的间隙在0.02～0.04mm之间，锁紧紧定螺母，重新运行，机床故障排除。

习题与思考题

1. 简述数控系统的基本组成及功能。
2. 简述FANUC 0i-D数控系统的组成与连接方式。
3. 数控系统的参数有什么作用？
4. 按参数和表达形式，数控系统的参数分为哪几种？
5. 简述FANUC系统参数设定的操作步骤。
6. 简述FANUC系统参数备份的操作步骤。
7. 数控系统的常见故障有哪些？
8. 数控系统故障诊断与维修的方法主要有哪些？
9. 伺服系统有哪些常见故障？
10. 主轴伺服系统常见的故障形式有哪些？
11. 进给伺服系统的故障形式有哪几种？怎样处理？
12. 试分析滚珠丝杠副反向误差大的故障原因及排除方法。
13. 造成数控机床主轴噪声大的原因是什么？
14. 数控机床在进给运动时出现Z轴超程，其可能原因是什么？
15. 加工中心出现进给轴抖动，可能的原因是什么？应如何排除？

学习情境五　矿山提升设备的装配与维修

【学习目标】

1）能够编制日常工作措施。
2）会检查滚筒的完好情况。
3）会检查制动盘的加工质量。
4）会看液压系统图并绘制电磁铁的动作图。
5）会检查制动装置的磨损情况。
6）会诊断及处理提升机常见的故障。
7）能编制故障检修安全技术措施。

【任务描述】

识读矿井提升机结构图；遵守机修工和机修技术人员的员工标准；按照修理工艺以及相关技术要求对矿井提升机进行拆装、调整和维修。

【相关知识】

一、矿井提升机概述

（一）矿井提升机的主要组成、作用及原理

1. 主要组成

图 5-1 所示为 JK 型双筒矿井提升机示意图。矿井提升机作为一种大型的机械-电气机组，它的主要组成有：工作机构（包括主轴装置及主轴承）；制动系统（包括制动器和制动器控制装置）；机械传动装置（包括减速器、离合器和联轴器）；润滑系统（包括润滑油泵站和管路）；检测及操纵系统（包括操纵台、深度指示器及传动装置和测速发电装置）；拖动、控制和自动保护系统（包括主电动机、电气控制系统、自动保护系统和信号系统）以及辅助部分（包括机座、机架、护罩、导向轮装置和车槽装置）等。

2. 主要组成部分的作用

（1）工作机构（包括主轴装置及主轴承）的作用

1）缠绕或搭放提升钢丝绳。

2）承受各种正常载荷（包括固定静载荷和工作载荷），并将此载荷经过轴承传给基础。

3）承受在各种紧急制动情况下所造成的非常载荷，在非常载荷作用下，主轴装置的各部分不应有残余变形。

4）当更换提升水平时，能调节钢丝绳的长度（仅限于单绳缠绕式双滚筒提升机）。

（2）制动系统（包括制动器和液压传动装置）的作用

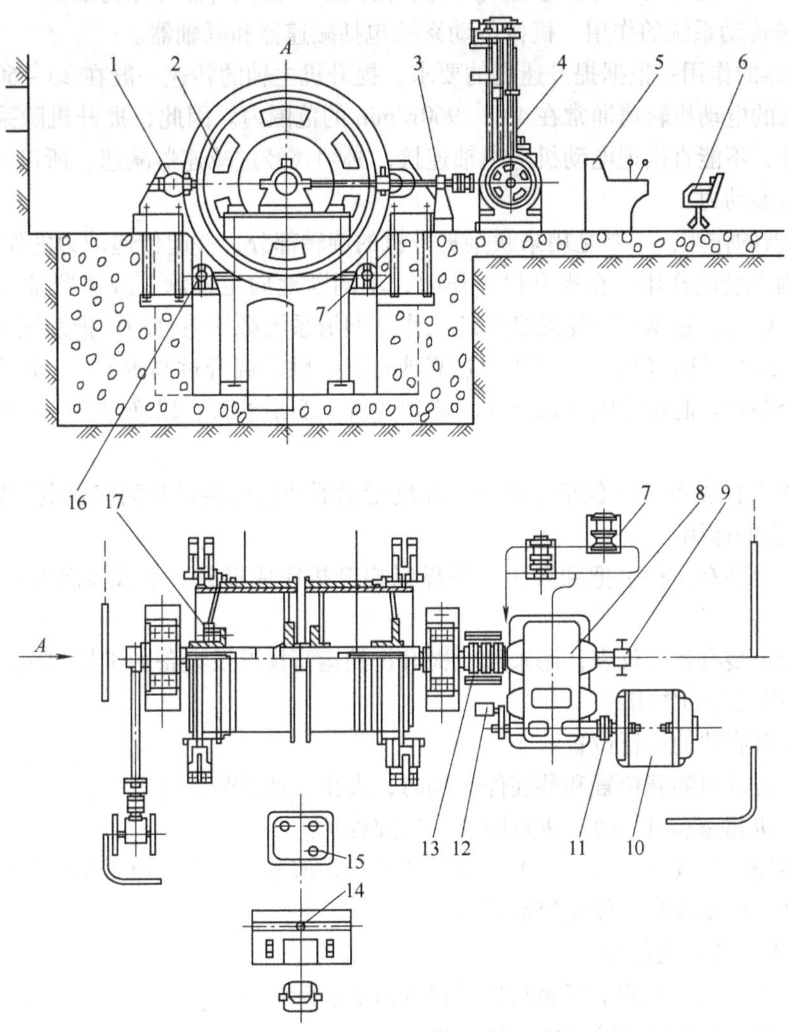

图 5-1　JK 型双筒矿井提升机示意图

1—制动器　2—主轴装置　3—深度指示器传动装置　4—牌坊式深度指示器　5—操纵台　6—座椅　7—润滑油站　8—减速器　9—圆盘式深度指示器传动装置　10—电动机　11—弹性联轴器　12—测速发电机　13—齿轮联轴器　14—圆盘式深度指示器　15—液压站　16—锁紧器　17—齿轮离合器

1）制动器的作用：

①在提升机停止工作时，能可靠地闸住滚筒。

②在减速阶段及下放重物时，参与提升机的控制。

③紧急制动情况时，能使提升机安全制动，迅速停车。

④双筒提升机在调节钢丝绳的长度时，应能制动住提升机的游动滚筒。

2）制动器控制装置的作用：

①调节制动力矩。

②在任何事故状态下进行紧急制动（即安全制动）。

③为单绳双筒提升机调绳装置的调绳离合器液压缸提供所需的压力油。

（3）机械传动系统的作用　机械传动系统包括减速器和联轴器。

1）减速器的作用：根据提升速度的要求，提升机主轴的转速一般在 20～60r/min 之间，而拖动提升机的电动机转速通常在 480～960r/min 的范围内。因此，提升机除采用低速直流电动机拖动外，不能直接把电动机与主轴连接，必须要经过减速器减速。所以，减速器的作用是减速和传递动力。

2）联轴器的作用：主要是用来联接提升机的旋转部分，并起传递动力的作用。

（4）润滑系统的作用　在提升机工作时，不间断地向主轴承、减速器轴承和啮合齿面压送润滑油，以保证轴承和齿轮能良好地工作。润滑系统必须与自动保护系统和主电动机联锁，即润滑系统失灵时（如润滑油压力过高或过低、轴承温升过高等），主电动机断电，提升机进行安全制动。起动主电动机之前，必须先开动润滑油泵，以确保提升机在充分润滑的条件下工作。

（5）检测及操纵系统（包括操纵台、深度指示器及传动装置和测速发电装置）的作用

1）操纵台的作用：

①操纵台上装有各种手把和开关，是操纵提升机完成提升、下放及各种动作的操纵装置。

②操纵台上装有各种仪表，用来显示提升机的运行情况及设备的工作状况。

2）深度指示器的作用：

①指示提升容器的运行位置。

②容器接近井口卸载位置和井底停车场时，发出减速信号。

③当提升机超速和过卷时，进行限速和过速保护。

④对于多绳摩擦式提升机，深度指示器还能自动调零，以消除由于钢丝绳在主导轮摩擦衬垫上的滑动、蠕动和自然伸长等造成的指示误差。

3）测速发电装置的作用：

①通过设在操纵台上的电压表来显示提升机的实际运行速度。

②参与等速运行和减速阶段的超速保护。

（6）拖动、控制和自动保护系统的作用　拖动、控制和自动保护系统包括主电动机、电气控制系统、自动保护系统和信号系统。

主拖动电动机可采用交流绕线型感应电动机或他励直流电动机。直流拖动较之交流拖动的优点是：调速性能好，且与负荷大小无关；从一种工作方式向另一种工作方式转换方便；低速特性硬：调速时电能消耗小；容易实现自动化等。但是直流拖动需要增加一套整流装置，特别是采用变流机组时，需要增加两个与主电动机同等大小的大型发电机。交流拖动虽然没有直拖动的优点，但在采用了双电机拖动、动力制动、低频制动和计算机控制拖动等措施之后，在技术性能上基本满足了提升机的要求，因而获得了广泛的应用。目前我国因受高压换向器和交流接触器容量的限制，单机 1000kW 以上，双机 2×1000kW 以上时才使用直流拖动。随着电子工业的发展，直流拖动的应用范围有所扩大。今后在大容量的副井提升和多绳摩擦提升上，PLC 控制的拖动方式将会更加广泛。

自动保护系统的作用是在司机不参与的情况下，发生故障时能自动将主电动机断电并同时进行安全制动而实现对系统的保护。

3. 工作原理

目前我国广泛使用的提升机可分为两大类：单绳缠绕式和多绳摩擦式。

单绳缠绕式提升机的工作原理是：把钢丝绳的一端缠绕在提升机滚筒上，另一端绕过天轮悬挂提升容器，这样，利用滚筒转动方向的不同，将钢丝绳缠上或放松，以完成提升或下放提升容器的任务。目前这种提升机在我国矿山应用得比较广泛。

多绳摩擦式提升机的工作原理是把钢丝绳搭放在主导轮（摩擦轮）上，两端各悬挂一个提升容器（也可一端悬挂平衡锤），当电动机带动主导轮转动时，借助于安装在主导轮的衬垫与钢丝绳之间的摩擦力转动钢丝绳，完成提升和下放重物的任务。这种提升机体积小、重量轻、提升能力大，适用于中等深度和比较深的矿井（不超过1700m），是提升机发展的方向。

（二）提升设备的检修制度简介

对提升设备建立正常的检查和修理制度是设备安全运转和提高设备效率的必要保证。提升设备的检查一般包括：日检、周检（半月检）、月检。设备的检查工作主要由运转人员、值班维修人员及专职维修人员组织实施。提升设备的检查内容应按检修规程要求执行。日检、周检（半月检）、月检工作主要是以机械设备的保养为主，同时为必要的调整和检修做好记录，为提升设备定期修理创造条件。

提升设备的检修分为小修、中修和大修，检修周期一般按表5-1规定执行，检修内容应按提升设备检修规程执行。

表5-1　检修周期

检修类别	检修周期/月	检修类别	检修周期/月。
小　修	6～12	大　修	72～144
中　修	24～48		

提升设备的小、中、大修是保证提升设备正常和高效率运转的重要环节。下面将叙述提升机主要部件在检修过程的修理与装配问题。

二、提升机减速器的修理与装配

减速器的修理与装配质量的主要标志是齿轮啮合间隙及齿面接触是否良好、正常。减速器由箱体、轴、齿轮、轴承组成，这些零件的修理与质量要求可参考有关文献。

检查齿轮时，如发现有齿面磨损不均、反常痕迹或局部剥落情况，应立即检查齿轮中心距，各轴平行度，齿轮啮合间隙，各轴的水平度、同轴度及接触情况，润滑油质量情况及是否有其他金属或非金属物进入减速器中，以及齿轮、键和螺母是否松动等。检查中发现某齿面剥落，但面积不超过齿轮有效面积的30%，其他部位正常时，可以继续使用。若齿面剥落不断增加，运行状况逐渐恶化，应立即进行更换。当发现两个齿轮磨损相差很大时（小齿轮磨损严重），更换小齿轮只是权宜之计，最好成对更换。

对封闭式减速器的修理，主要是更换已磨损或损坏的滚动轴承，或对滑动轴承轴瓦进行检修，调整轴瓦间隙，清洗箱体及箱体内零件，更换润滑油。

减速器下箱体也是盛润滑油的油池。上、下箱体结合面漏油，是减速器普遍存在的问题，解决这个问题的关键是密封。一般减速器上、下箱体连接时，可采用垫片或涂料法密封。用涂料法（红丹或沥青）密封，拆卸时较困难，用垫片法较普遍。垫片的材料有：纸板、铜片、耐油橡胶、皮革等。密封面积越大，越粗糙时，垫片厚度应越厚。装配时垫片必须压紧，如发现垫片正失去弹性和损坏应及时更换。图 5-2 所示为上、下箱体结合处密封图。其中，图 5-2a 是用纸板密封；图 5-2b 是用聚氯乙烯绳或铜、铅丝密封（单根或数根），效果良好；图 5-2c 是用板垫和止口密封；图 5-2d 是用刮研的锥形止口密封。一般对大型箱体，尤其是对易变形的焊接箱体，采用专用涂料或水玻璃填满接合缝更为可靠。在减速器箱体接合表面上开回油槽对防漏油有一定作用。

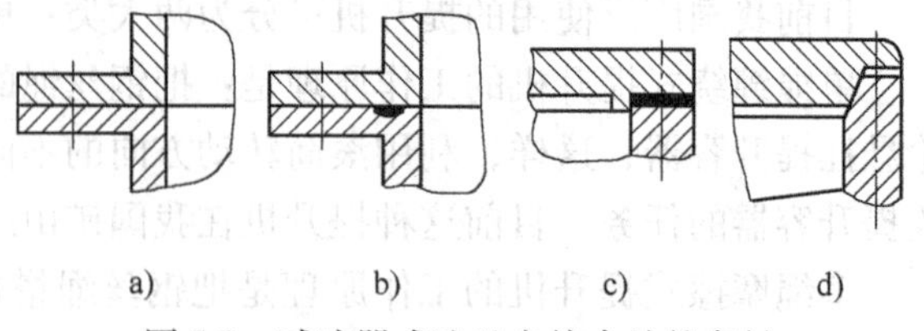

图 5-2　减速器或法兰盘接合处的密封

三、提升机卷筒的修理与装配

根据构造的不同，提升机的卷筒可分为铸造、铆接和焊接 3 种。一般直径 3m 以下的卷筒多是铸造的，直径 4m 以上的多为焊接；直径 1.6m 以下的为整体结构，直径 1.6m 以上的为两半结构。铸造辐轮一般用灰铸铁铸造。焊接辐轮的轮毂用铸钢，轮辐及轮缘用中碳钢板焊接。卷筒筒壳与辐轮多用螺栓联接。卷筒与主轴连接形式分为固定连接和活动连接，固定连接用两个互成 120^0 的切向键固定在主轴上，活动连接的卷筒轮毂内装有青铜轴套。

目前矿山使用的提升机卷筒筒壳均采用 12 ~ 18mm 厚的钢板制成，在筒壳外表面上装有木衬，作为钢丝绳的软垫，以减少钢丝绳磨损。在木衬上加工有螺旋槽，有利于卷筒壳板均匀承受压力，并防止钢丝绳在卷筒上排列时乱绳和咬绳，卷筒结构如图 5-3 所示。

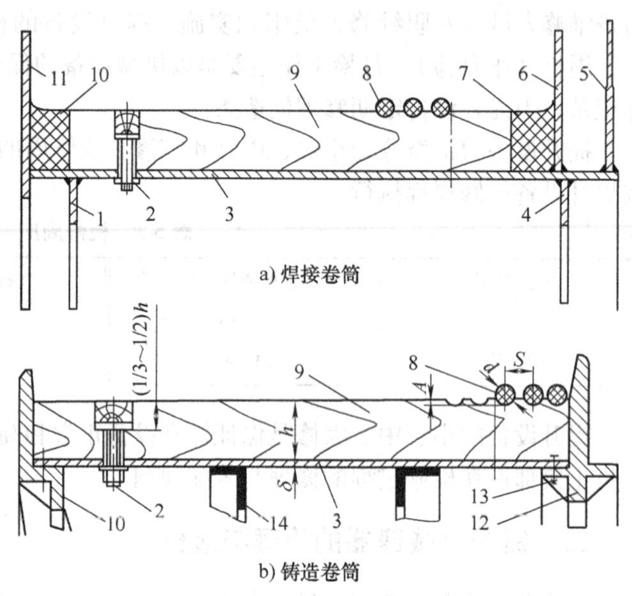

图 5-3　卷筒结构图

1、4—辐板　2—联接螺栓、垫圈、螺母　3—铁卷筒板　5—制动盘　6、11—挡绳板　7—过渡块　8—钢丝绳　9—木衬　10—左辐轮　12—右辐轮　13—联接螺栓　14—支环

安装卷筒时应使卷筒筒壳紧贴在轮毂上，在螺栓固定处接合面不得有间隙，其余结合面间隙不得大于 0.5mm；轮毂两半的结合面应紧贴，不得加垫，必须对齐，不应有错位；卷筒筒壳两半的对合处，应留有间隙，但间隙不得大于 5mm；卷筒的外径对轴线的径向圆跳动应小于表 5-2 中的数值。

表 5-2　卷筒外径对轴线的径向圆跳动

卷筒直径/m	2 ~ 2.5	3 ~ 3.5	4 ~ 5
径向圆跳动/mm	7	10	12

卷筒衬木磨损对卷筒工作影响很大，一般磨损到原厚度的25%～40%时，就要停车，根据具体情况，采取全部更换、局部更换或局部修整。

卷筒衬木应用柞木、橡木、水曲柳或桦木等硬木制作。衬木厚度应为钢丝绳直径的3～3.5倍，宽度根据卷筒直径适当选取，一般在100～150mm。卷筒与衬木之间不得有间隙，不准加垫，固定衬木的螺栓头应沉入衬木厚度的1/2，螺栓沉孔应用同质木塞沾胶水堵牢。

卷筒衬木上必须刻制绳槽，车削卷筒衬木和绳槽时，不宜有锥度和凸凹不平，两卷筒直径差不应大于2mm。绳槽深度及螺距按下式确定

$$A = 0.35d$$

$$S = d + (2 \sim 3)$$

式中　A——绳槽深度（mm）；

S——绳槽螺距（两相邻绳槽的中心距）mm；

d——钢丝绳直径（mm）。

车削绳槽的方法是将衬木全部固定到卷筒筒壳上后，利用卷筒转动，通过交换齿轮装置、丝杠、刀架及刀具来加工绳槽。

交换齿轮装置可利用主轴上的深度指示器锥齿轮或深度指示器传动装置的锥齿轮，也可以用链传动。在卷筒前方固定一台临时车床或用一根丝杠做一个简单床架，在床架上固定一刀架，并装上切削刀具（能完成纵、横进退刀）。以圆锯片组成的切削刀具如图5-4所示，先将多个锯片拼成毛坯并加工出圆弧，再对每片锯片开齿后组装（有铣床整体加工成锯齿更好）。以圆锯片组成的刀具加工出的绳槽质量好，而且效率较高。车削时卷筒转动可用人工盘车。

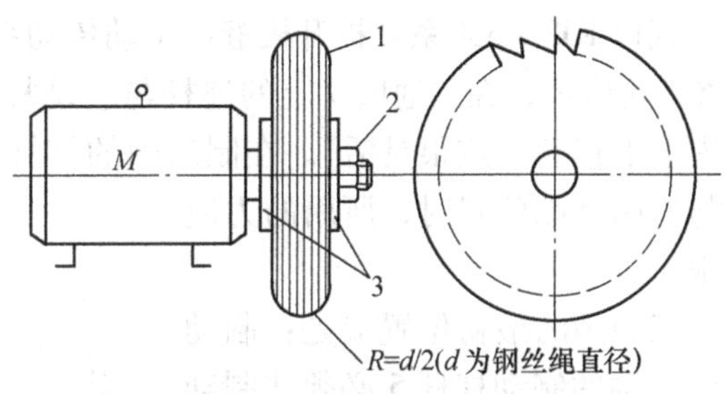

图5-4　多片锯片切削刀具

1—多片锯片拼成刀具　2—螺母　3—铁夹板

四、提升机制动系统的装配、调整及修理

制动系统是提升设备在正常停车及在运转中出现故障或出现异常情况时实现紧急制动的重要部分。因此，对制动系统的修理、装配及调整是提升设备正常、安全运转的重要保证。

1. 制动器的装配与调整

瓦块式制动器各铰接处应能自由转动，制动梁的摆动中心轴应平行于制动轮的传动轴，其平行度偏差不得大于0.1mm/100mm；铰接处的间隙引起的杠杆系统的自由行程，不得超过总行程的10%。

闸的工作行程最大不得超过全行程的3/4，有1/4作调整用。制动时闸瓦或闸木必须与制动轮紧密接触；松闸时闸瓦与制动轮间隙保持在1～2mm之间，平移式制动盘应不大于2mm，角移式最大为2.5mm，间隙限制器应在间隙超过2mm时起作用，如闸瓦是平移式，上下端间隙应相等。制动器的接触面积不应少于闸瓦总面积的60%。

制动器的各铰接处转动必须灵活可靠，润滑良好，销与套的配合间隙应符合表5-3的规定。

表 5-3　销与套的配合间隙　(单位：mm)

轴　径	18 ~ 30	30 ~ 50	50 ~ 80	80 ~ 120	120 ~ 180
标准间隙	0.03 ~ 0.13	0.04 ~ 0.15	0.05 ~ 0.18	0.06 ~ 0.21	0.08 ~ 0.25
磨损限度	0.3	0.5	0.5	0.6	0.7

制动轮的圆度偏差在检修后一般不超过0.5 ~ 1mm，使用超过1.5mm后应重新车光或更换。新的制动轮必须车光，表面应光滑，使用后如果发现深达1 ~ 1.5mm的沟痕，并且有沟痕部分超过制动宽度1/10时，应更换或车光。

液压制动缸活塞下端面距离缸底的最小间隙应为3 ~ 5mm，以免撞击。安全制动时，制动缸的活塞与缸底的间隙不应小于50mm，以保证制动行程的可靠。

闸瓦与制动轮的宽度中心线应一致，偏摆不得大于闸瓦宽度的10%。闸瓦质量要符合要求，当闸瓦磨损到固定螺栓顶端闸瓦曲面10 ~ 15mm时，即应更换，必要时可在闸瓦背面加垫调整，但不得超过20mm。

2. 液压制动传动机构的装配与调整

现以KJ2 × 3M系列提升机液压制动传动系统为例，说明其装配与调整方法、工作原理。如图5-5所示，在三通阀9上的连杆与差动杠杆10连接前，用手动方法使三通阀阀芯在阀体内上下移动（应很灵活）。在制动闸的杠杆系统与三通阀相连之后，操纵手柄11移到抱闸与松闸极端位置时，所用的力应当很小。

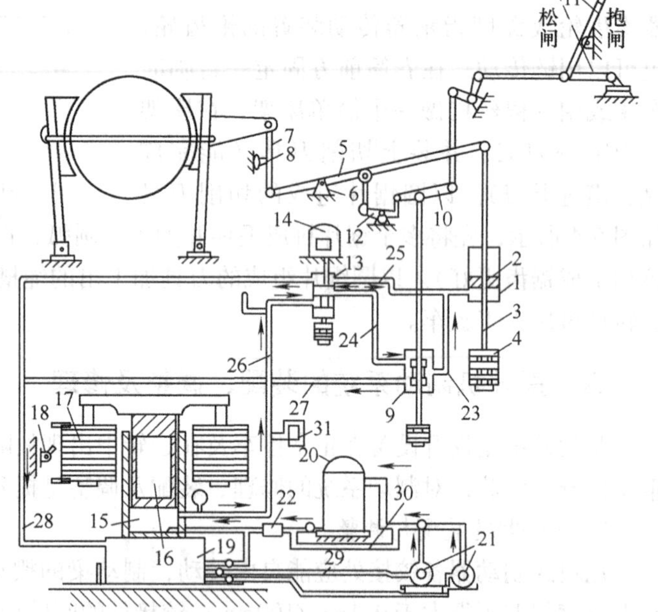

图5-5　KJ2 × 3M系列提升机制动工作原理示意图

1—制动缸　2—活塞　3—悬杆　4—制动重锤　5—制动杠杆　6—铰接支座　7—立杆　8—闸瓦磨损开关　9—三通阀　10—差动杠杆　11—操纵手柄　12—小杠杆　13—四通阀　14—电磁铁　15—蓄压器　16—蓄压器活塞　17—重锤　18—蓄压器终点开关　19—油箱　20—滤油器　21—工作和备用的齿轮油泵　22—逆止阀　23 ~ 30—管路代号　31—安全阀

三通阀的最初位置应是：制动传动机构的制动杠杆5必须使制动缸1的活塞2与制动缸顶端相接触，而制动重锤4位于上端位置；制动操纵手柄11应在松闸位置；被电磁铁吸上的四通阀13的阀芯应位于上方，此时三通阀阀芯都处于阀体顶端位置。

闸阀的调试顺序：在蓄压器15的活塞上升之后，将蓄压器通到三通阀、四通阀及制动缸油管上的阀门慢慢打开，在压力油作用下制动系统不应漏油。重锤应被制动缸内的油压顶起在上方位置，此时，可将原来支持制动杠杆5及制动重锤4在上方位置的垫木除去，使制动杠杆及重锤作用于三通阀上。

用手将差动杠杆10慢慢下推，使油液从制动缸1排出，重锤落下，卷筒闸住。当重锤制动动作达到与整个制动系统的动作平衡时，制动缸活塞的最大行程（即重锤最大行程），不得超过规定数值。松闸和抱闸要连续进行几次。在制动杠杆5和制动重锤4位于最上方的稳定位置时，确定好差动杠杆10的位置，再将差动杠杆与制动杠杆连接起来。松闸时，为了使制动重锤4保持在上方稳定的位置，三通阀内的阀芯应经常把油孔稍微打开一点，以便补充制动缸内漏出的油。

从“松闸”位置移动手柄，三通阀的阀芯也往下移动，从而将油孔打开。制动闸在作用过程中，手柄移动必须使制动锤有相应移动。当手柄在中间某一固定位置时，通过制动杠杆5、小杠杆12和差动杠杆10的动作，使三通阀的阀芯返回原来的中间位置。三通阀可行性要按此测定。

在工作闸调整后，应用四通阀、电磁铁来调整与检查安全闸的工作。电磁铁的行程在50～100mm以内，当电磁铁芯向上吸时，四通阀的阀芯距液压缸顶盖的间隙应为2～5mm，以免电磁铁通电时，阀芯与液压缸顶盖相撞。

电磁铁通、断电时，阀芯应立即产生上升与下降动作（松闸与制动），其上升、下降的距离，要等于行程的全高。电磁铁不应有响声和发热。

3. 制动器的检查与修理

1）闸瓦局部发热过高，可能是由于调整不正确引起的。闸瓦绝对禁止水冷。如果闸瓦上部发热，对平移式制动器，应放松上部拉杆，直到不再发热为止。闸瓦下部发热时，须放松下部主拉杆。如中部发热，表明某一闸木修整不正确，须将中部稍加修平，达到全面接触。

2）当传动装置的活塞和闸瓦动作不灵活时，须将与之相关的活节小轴拆下检查，必要时检查液压缸与活塞表面。

3）闸的活节部分每天均需注以润滑油，并适时清洗。

4）制动器的维护与修理，一般是对杠杆系统进行松紧调整和清洗污垢。

各配合连接处应采用间隙配合，表面按IT8级精度加工。当配合间隙超过规定数值时，必须进行修理。杠杆系统的磨损不应超过孔径的10%；如已超过，可用铰刀将孔铰一下，或采用其他方法加工后更换销轴，也可以补焊杠杆或杠杆的孔后再进行加工，必要时还可以扩孔镶套或更换损坏零件。

制动器上的杠杆和连接板弯曲，应在室温状态下矫正。

小轴或插销的磨损超过其直径的5%，圆度误差大于0.5mm时，应考虑更换。

4. 盘式制动器的修理与调整

在盘式制动器调整前，应将提升容器停放在井口或井底位置，并将卷筒用地锁锁住。盘式制动器的结构如图5-6所示。

（1）盘式制动器闸瓦间隙的调整　调整盘式制动器闸瓦间隙时，先向Y腔充入压力油（见图5-6），使制动器处于全松闸状态。取下盖17，松开紧定螺钉12，向前或向后旋动调整螺栓13，使柱塞11、筒体4、衬板2和闸瓦1向前或向后移动，并用塞尺测量闸瓦与制动盘间隙，使间隙保持在1mm左右，再将紧定螺钉12旋紧，上好盖顶。闸瓦间隙调整好后，应将Y腔压力油放出，使提升机全抱闸，检查闸瓦与制动盘的接触情况。然后再充入压力油，使提升机全松闸，检查闸瓦间隙是否符合要求，如需调整时，重复上述过程。

在松闸状态时，如发现闸瓦没有完全离开制动盘，应将恢复弹簧20压紧些，直到将闸瓦拉回到规定位置为止。

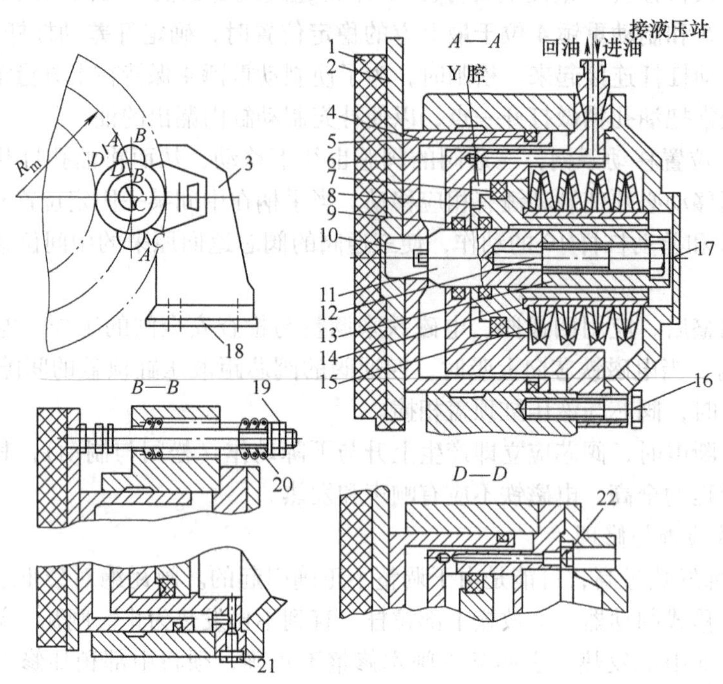

图 5-6　盘式制动器结构图

1—闸瓦　2—衬板　3—支座　4—筒体　5—O 形密封圈　6—液压缸　7、9—V 形密封圈
8—活塞　10—销子　11—柱塞　12—紧定螺钉　13—调整螺栓　14—活塞套
15—碟形弹簧　16—螺栓　17—盖　18—垫板　19—拉紧螺栓
20—恢复弹簧　21—塞头　22—放气钉

放气钉 22 可将压力油中的气体放出，在装配时应旋紧。在 Y 腔送入压力油的同时，应将放气钉旋松一些，进行放气，直到发现气孔冒油为止，再把放气钉旋紧。

（2）盘式制动器的维护及修理

1）碟形弹簧的检查。盘式制动器的制动力是由碟形弹簧产生的，碟形弹簧的失效或疲劳损坏都会影响制动的可靠性，因此必须加强对碟形弹簧的检查维护。碟形弹簧可按下述方法检查：首先使闸合上，提升机处于全制动状态，再逐渐向液压缸充入压力油，使制动缸内压力慢慢升高，各闸在不同压力下逐个松开，记录各闸瓦的松开压力，如果各闸瓦松开的压力有明显差别时，应检查低压松开的闸，并检查其碟形弹簧。同一副闸瓦松开压力差超过 5% 时，应拆开在低压松开的那半个闸进行检查；各副闸之间最高松开压力与最低松开压力差不应超过 10%。当碟形弹簧出现失效或疲劳损坏时要及时更换。

2）同一制动闸两闸瓦工作面的平行度偏差不得超过 0.5mm。

3）制动时，闸瓦与制动盘的接触面积不得小于 60%。

4）松闸后，闸瓦与制动盘的间隙为 1mm，不得超过 1.5mm。

5）闸瓦厚度大约为 15mm。粘接的闸瓦当磨损到 5mm 时，必须更换；用铜钉固定在衬板上的闸瓦，应使螺钉不研磨制动盘。

6）应定期检查各密封处的 O 形密封圈是否损坏，如有损坏应及时更换。

7）制动盘磨损的修理与制动轮修理相同。

5. 天轮的修理与装配

天轮是连接井筒与卷筒的中间导绳轮，如发生故障（如钢丝绳跳出）就会造成重大事故，因此天轮的修理与装配应符合下列要求。

1）天轮轴、轴承的修理参考有关文献。一旦天轮与轴产生活动，绝对禁止采用定位焊法修理。

2）天轮的辐条不得弯曲，辐条与轮毂和轮缘结合部分必须紧密，不得松动。

3）天轮的径向圆跳动偏差和轴向圆跳动偏差不得超过表5-4的规定。

表5-4　天轮及导向轮圆跳动偏差表　（单位：mm）

天轮直径	径向圆跳动		轴向圆跳动	
	修理和新装时	最大允许值	修理和新装时	最大允许值
5000以上	3	6	5	10
5000～3000	2	4	3	6
3000以下	2	4	4	8

4）无衬垫的V形天轮沟槽不得有裂纹、砂眼、气孔，绳槽侧面及底面的磨损量均不得大于原厚度的20%，沟槽质量标准参照表5-5。

表5-5　无衬垫天轮沟槽质量标准　（单位：mm）

钢丝绳公称直径	<26	28	30	32.5	34.5	37	39	43.5	52
V形沟底直径	28～29	30～31	32～33	34.5～36	36.5～38	39～41	41.5～43	46～48	55～56
允许侧面磨损	3	3.5	3.5	3.5	4	4	4	5	5
允许槽底磨损	按厚度的20%计算								

5）有衬垫的天轮，衬垫不得松动，有关尺寸参照图5-7和表5-6。

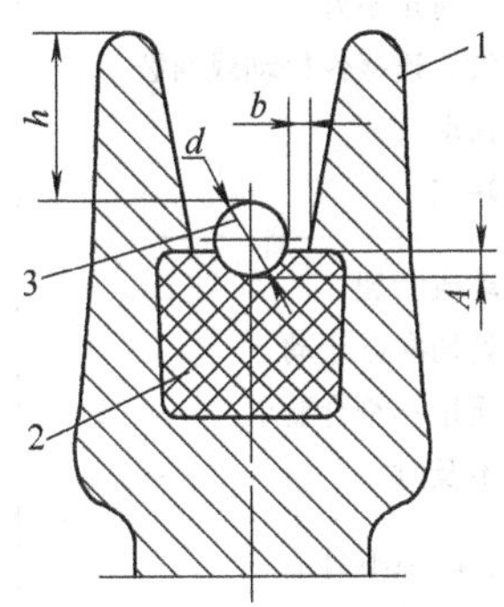

图5-7　有衬垫的天轮沟槽

1—天轮　2—衬垫　3—钢丝绳

表5-6　有衬垫天轮沟槽质量标准

新制品	使用极限	说　明
$A \leqslant 0.35d$ $h = 1.5d$	$A = d$ $b > 0.5d$	达到或超过使用极限时应重新更换

6）天轮轴的水平度偏差不得超过0.2%。

五、提升设备常见故障的分析与处理

提升设备常见故障的分析与处理见表5-7。

表5-7 提升设备常见故障的分析与处理

故障种类	故障现象	原因分析	处理措施及方法
主轴及滚筒	主轴出现断裂事故	（1）长期超负荷运行，特别是因使用维护不当造成外伤产生裂纹	（1）提升机严禁超负荷使用
		（2）主轴滑动配合表面润滑不良，在长期缺油的情况下运行，造成较大的集中应力，进而出现疲劳裂纹，在冲击载荷作用下，最后出现主轴断裂	（2）维修人员必须定期检查固定滚筒支轮，游动滚筒左支轮、右支轮与主轴滑动配合表面的配合情况
		（3）拆装主轴上的零件时损伤主轴，使主轴出现裂口，成为裂纹源，由于裂纹不断扩展，最后造成断轴	（3）在拆装主轴上的齿轮联轴器、固定滚筒支轮等处的切向键、游动滚筒的铜瓦时，严禁打伤和碰坏主轴
		（4）装齿轮联轴器的轴肩处是主轴最薄弱的部位，应力最高，易在此处断轴	（4）定期对主轴实行无损检测
	滚筒产生异响	（1）连接件松动或断裂，造成连接部位相对位移和振动	（1）进行紧固或更换
		（2）焊缝开裂，发出声响	（2）进行补焊
		（3）筒壳强度不够，产生开裂、变形	（3）更换筒板或加固
		（4）衬套与轴磨损，间隙过大	（4）更换衬套，适当加润滑油
		（5）离合器松动	（5）进行检修，调整
	滚筒产生裂纹	（1）对接焊缝焊接质量不好	（1）重新焊接
		（2）局部受力过大，连接件松动或断裂	（2）局部进行加强，紧固或更换连接件
		（3）衬木断裂或松动	（3）紧固或更换衬木
		（4）钢板材质有缺陷	（4）处理缺陷部位
	滚筒轮毂或内支轮松动	（1）联接螺栓松动或断裂	（1）紧固或更换联接螺栓
		（2）与主轴连接处切向键松动	（2）装紧或更换切向键
		（3）加工与装配质量不符合要求	（3）重新检修或更换支轮
		（4）维护、加油不及时	（4）加强维护，及时注油润滑
减速器	减速器齿轮有异物和振动过大	（1）齿轮装配啮合间隙不合适	（1）进行调整
		（2）齿轮加工精度低或齿形不好	（2）修理或更换
		（3）轮齿表面粗糙、磨损严重	（3）研磨或更换
		（4）两齿轮轴线不平行或不垂直	（4）进行调整校正
		（5）轴瓦松旷或间隙过大	（5）进行检修或更换
		（6）润滑不良	（6）加强润滑
	减速器轮齿磨损过快	（1）加工与装配不符合要求，啮合不好	（1）重新检修、调整
		（2）润滑不良或油有杂质	（2）加强润滑或换油
		（3）承载过大	（3）合理调整载荷
		（4）材质不良或疲劳	（4）调整或更换

（续）

故障种类	故障现象	原因分析	处理措施及方法
减速器	减速器轮齿折断	（1）两齿间掉入金属杂物 （2）突然重载冲击或反复重载冲击 （3）材质不良或疲劳	（1）检查 （2）严禁超负荷运行 （3）更换齿轮
	减速器传动轴弯曲或折断	（1）各轴线不平行或不垂直，轴弯曲应力过大 （2）齿间掉入金属杂物或断齿进入另一齿间隙时使齿相撞 （3）材质有缺陷或疲劳 （4）加工及装配质量不符合要求	（1）进行调整、校正 （2）检查取出杂物，修齿形或更换 （3）进行修理或更换 （4）重新装配按标准验收
制动系统	制动系统制动或松闸不灵活	（1）各传动杆件不灵活 （2）销轴缺油或烧住 （3）制动缸卡住 （4）油压不够或气压太低	（1）调整制动杆件 （2）清洗或注油，拆卸检修或更换 （3）检查并调整制动缸 （4）检查管路是否堵塞或泄漏
	闸瓦局部过热或烧焦	（1）制动力分布不均匀，调整不当 （2）局部接触，单位压力过大 （3）闸瓦与闸轮间隙不均匀	（1）调整拉杆长度 （2）进行检修调整 （3）调整间隙，增加闸瓦接触面积
	闸瓦偏磨或磨损较快	（1）闸瓦与闸轮中心偏差过大 （2）闸瓦间隙不均匀，偏斜 （3）闸瓦与闸轮接触表面粗糙 （4）闸瓦材质不符合要求	（1）调整一致 （2）调整间隙 （3）调整闸瓦或车削闸轮 （4）更换闸瓦
	制动力矩不足	（1）制动重锤重量不够或盘形弹簧弹力不够 （2）闸瓦与闸轮或制动盘接触面积小，表面粗糙度低，使摩擦系数降低 （3）制动缸严重磨损	（1）验算制动力矩或检查盘形弹簧弹力是否合适及有无疲劳现象 （2）提高表面粗糙度，增加闸瓦与闸轮或制动盘接触面积 （3）检修或更换制动缸
	制动器抱闸或松闸的速度缓慢	（1）传动拉杆长度不符合要求，调整机构调整得不合适 （2）销轴与孔松旷，磨损过大，或锈蚀严重 （3）制动器操纵手柄给不到位置或移动角度不合适 （4）制动力矩不够或弹簧弹力小	（1）进行适当调整 （2）修配或更换销轴和清洗除锈 （3）检修或调整操纵手柄 （4）检修或更换弹簧
	制动缸卡住	（1）活塞皮碗老化变硬或与缸壁配合过紧 （2）滤油器失效，压力油太脏 （3）活塞底部压环螺钉松动脱落，使压环偏斜	（1）调整松紧程度或更换皮碗 （2）清洗过滤器，定期换油 （3）紧固压环螺钉，安装防松装置
	制动油压上不去	（1）液压泵中进入空气或叶片有锈卡现象 （2）密封件损伤，产生泄漏 （3）油质太脏，堵塞油路	（1）排除空气或检修液压泵 （2）更换密封件 （3）换油，疏通油路

【任务实施】

一、训练内容

提升机制动装置的维护与检修。

二、操作步骤

1）检查盘形制动器。

①闸瓦与制动盘的间隙为1~1.5mm。如闸瓦磨损超过2mm时应及时调整，以免影响制动力矩，同时检查闸瓦磨损开关是否起作用。

②在连续下放重物时，必须严格注意闸瓦的温升，其最高温升不得超过1000℃，以免闸瓦产生高温，降低摩擦因数，甚至造成闸瓦烧焦，影响制动力矩。

③要经常检查制动盘和闸瓦工作表面是否沾有油污，如有油污必须清洗干净。及时处理盘形闸和调绳装置渗漏油处，否则将会影响制动力矩。

2）检查液压站。

①液压站制动油压最大不得超过6.5MPa，其工作油压应根据实际提升载荷来确定，最大工作油压的残压不得超过0.5MPa，其制动力矩不得超过《煤矿安全规程》的规定。

②检修或调整液压站时，除应使安全阀电磁铁断电外，还应利用锁紧装置将滚筒锁住以确保安全。

③应经常观察液压站油箱内的油量，确保其在油面指示线范围内。当油面有大量泡沫沉淀物时或是油变质及混入水分时，必须立即更换。

3）调整平移式制动器。

4）调整盘形制动器。

①放气。装配制动器及管路或维修后重新充油时，都必须放出管路和制动缸中的空气，如不放出空气，对制动器的功能会有很大的影响。其方法是将液压油以0.5MPa的低压充入制动缸，再慢慢地旋松放气螺钉，直到有气和油冒出为止，随即将放气螺钉旋紧。

②压缩弹簧。先将闸瓦间隙指示器的指针取下，旋出调节螺母紧固螺钉，再旋转调节螺母，使闸瓦紧贴于制动盘上，然后充入机器给定的最大工作油压，此时碟形弹簧组即被压缩。

③调节闸瓦间隙。在制动缸内充入最大工作油压的状态下，用扳手旋转调节螺母，使闸瓦逐渐靠近制动盘工作面，同时用一块1mm厚的钢尺置于制动盘与闸瓦之间，当能用手紧紧地抽出时，表示闸瓦间隙已到1mm，反复试验数次，以求无误。

④调整闸瓦间隙指示器和弹簧疲劳指示器，当分别调整闸瓦间隙达到2mm时和弹簧疲劳量为1mm时，微动开关应动作。

5）联合调试液压站和斜面操作台

①制动手柄在全抱闸位置时，斜面操作台上的毫安表电流读数为零，制动缸压力表残压小于0.5MPa。

②制动手柄在松闸位置时，记录下毫安表电流值，制动缸应为最大工作油压值。

③制动手柄在中间位置时，毫安表读数应近似为松闸位置时的2倍，而油压值应近似为

松闸位置时的1/2。根据毫安表读数值调整控制屏上的电阻，保证自整角机转角为手柄全行程，尽量减少手柄空行程。

④测定制动特性曲线，应近似为直线关系，即电流和电压应成为近似正比关系，方法是，将制动手柄由抱闸位置到全松闸位置分若干等距级数（一般可分为1 5级左右），手柄每推动一级，记录毫安表电流值和油压值，手柄从全制动位置逐级拉回到全松闸位置各做3次，将记录的电流和油压值作出特性曲线图，作为整定其他部分的依据。最后调整好后，再调整制动器闸瓦间隙，并确定闸瓦贴闸时的油压和电流值。将确定后的贴闸电流和全松闸、全抱闸的电流值供电气控制部分作为初步整定电控的依据。最后电控整定所需的电流值，还要到负荷试车阶段才能最后确定，因负荷试车时，最大工作油压值还要调整，因此电流值还要改变。

习题与思考题

1. 矿井提升机的主要组成部分有哪些？
2. 矿井提升机的工作原理如何？
3. 深度指示器的作用是什么？
4. 滑动轴承与滚动轴承各用在矿井提升机的什么地方？
5. 滑动轴承与滚动轴承的养护方法是什么？
6. 矿井提升机日常维护的具体内容是什么？
7. 液压油与机械油能否替换使用，为什么？
8. 矿井提升机制动器的主要检测项目有哪些？怎么修理？

参 考 文 献

［1］ 周师圣．机械维修与安装［M］．北京：冶金工业出版社，2001.
［2］ 陈冠国．机械设备维修［M］．2 版．北京：机械工业出版社，2005.
［3］ 吴先文．机电设备维修［M］．北京：机械工业出版社，2005.
［4］ 马光全．机电设备装配安装与维修［M］．北京：北京大学出版社，2008.
［5］ 晏初宏．机械设备修理工艺学［M］．2 版．北京：机械工业出版社，2010.
［6］ 郁君平．设备管理［M］．北京：机械工业出版社，2001.
［7］ 田景亮，刘丽华．车床维修教程［M］．北京：化学工业出版社，2008.
［8］ 牛志斌，韦刚．数控车床故障诊断与维修技巧［M］．北京：机械工业出版社，2005.
［9］ 张春雷，宋家成，于文磊．常用机电设备电气维修［M］．北京：中国电力出版社，2007.